国家级一流本科专业建设成果教材

铝电解生产工艺与技术

金会心　主编
黎志英　谢红艳　副主编

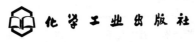

·北京·

内 容 简 介

《铝电解生产工艺与技术》主要介绍了现代铝电解生产工艺基础理论与技术，内容涉及铝电解生产概况、铝电解质体系及其性质、铝电解过程的机理、铝电解的电流效率和电能效率、铝电解槽的物理场、铝电解的生产操作和氟化盐的消耗、铝电解新技术及原铝的精炼、铝电解生产中的烟气治理与固体废料的回收利用、铝电解过程控制、铝电解智能工厂等方面。本书既反映了铝电解国内外较新的研究成果，也融入了现代铝电解智能制造概况及智能工厂建设的相关内容，具有很强的理论指导性与实践操作性。

本书适合作为冶金工程专业本科生和研究生的教材，也可作为有色金属冶金和轻金属冶金行业科研人员和工程技术人员的参考书籍。

图书在版编目（CIP）数据

铝电解生产工艺与技术 / 金会心主编；黎志英，谢红艳副主编. -- 北京：化学工业出版社，2025.1.
ISBN 978-7-122-44873-6

Ⅰ.TF111.52

中国国家版本馆 CIP 数据核字第 2024KL0351 号

责任编辑：任睿婷　杜进祥　　　　装帧设计：关　飞
责任校对：刘曦阳

出版发行：化学工业出版社
　　　　　（北京市东城区青年湖南街 13 号　邮政编码 100011）
印　　装：高教社（天津）印务有限公司
787mm×1092mm　1/16　印张 13¾　字数 326 千字
2025 年 4 月北京第 1 版第 1 次印刷

购书咨询：010-64518888　　　　　售后服务：010-64518899
网　　址：http://www.cip.com.cn
凡购买本书，如有缺损质量问题，本社销售中心负责调换。

定　价：49.00 元　　　　　　　　　版权所有　违者必究

前言 QIANYAN

21世纪以来，我国铝工业取得了突飞猛进的发展。在国际金融市场博弈加剧、贸易竞争激烈等诸多复杂因素的影响下，人工智能、数字化转型升级、工业互联网和物联网等新技术将在铝行业中加快应用，对与时俱进的铝行业专门人才产生了迫切需求。为培养基础理论扎实、专业技能过硬，具有较强创新、实践及解决复杂铝电解工程问题能力，在铝工业及相关领域从事生产、设计、科研等工作的高素质专门人才，服务于区域和地方经济发展，编者力图在吸收国内外已有相关专著精华的基础上，优选、扩大铝电解的基础理论和现代工程技术知识。本书详细介绍了铝电解的基础理论知识和现代铝电解工程技术，实用性较强。

本书以现代大型预焙铝电解槽炼铝为背景，侧重于阐述现代铝电解基础理论与生产实践，详细介绍了铝电解的发展、铝电解质体系及其性质、铝电解过程机理、铝电解槽物理场及其数值模拟、铝电解生产过程烟气治理与固体废料回收利用、铝电解生产过程的控制及铝电解新技术等。近年，在"中国制造2025"和"工业4.0"等计划的推动下，发展智能制造符合铝行业发展需求，是实现铝行业转型升级的必要选择。根据当前国内外科技发展和市场需要，本书增加了铝电解智能工厂概述、架构及建设等新内容，系统介绍了国内外铝电解科技发展的成果与新理论、新观点以及应用的新技术和新设备。

本书为贵州大学冶金工程专业国家级一流本科专业的建设成果教材，由金会心主编，黎志英、谢红艳副主编。黎志英编写第1~4章，金会心编写第5章，黄碧芳编写第6章，唐晓宁编写第7章、第8章，谢红艳编写第9章、第10章。金会心负责本书的整体思路、结构与章节规划和统稿。本书第10章的编写得到贵阳铝镁设计研究院有限公司路辉高级工程师的大力支持，谨此表示衷心感谢！

由于编者水平有限，书中不当之处在所难免，敬请读者批评指正。

编　者

2024年6月

目录 MULU

第1章 铝电解生产概况 / 001

1.1 铝的性质和用途 ········ 001
- 1.1.1 铝的性质 ········ 001
- 1.1.2 铝的用途 ········ 003

1.2 铝电解的发展及生产工艺流程 ········ 004
- 1.2.1 炼铝简史 ········ 004
- 1.2.2 铝电解槽技术的发展 ········ 005
- 1.2.3 铝电解生产工艺流程 ········ 007

1.3 铝电解的原料 ········ 008
- 1.3.1 氧化铝 ········ 008
- 1.3.2 冰晶石 ········ 010
- 1.3.3 其他氟化盐 ········ 012

1.4 铝电解的炭阳极 ········ 015
- 1.4.1 自焙阳极和预焙阳极 ········ 015
- 1.4.2 生产预焙阳极的主要原料 ········ 016
- 1.4.3 预焙阳极制备工艺流程 ········ 020
- 1.4.4 改善阳极性能的途径 ········ 026

思考题 ········ 027

第2章 铝电解质体系及其性质 / 028

2.1 研究铝电解质的意义 ········ 028
- 2.1.1 铝电解质在铝电解中的作用 ········ 028
- 2.1.2 霍尔-埃鲁特法对铝电解质的要求 ········ 028

2.2 铝电解质的相平衡图 ········ 029
- 2.2.1 $NaF\text{-}AlF_3$ 二元系相图 ········ 029
- 2.2.2 $Na_3AlF_6\text{-}Al_2O_3$ 二元系相图 ········ 031
- 2.2.3 $Na_3AlF_6\text{-}AlF_3\text{-}Al_2O_3$ 三元系相图 ········ 032

2.3 工业铝电解质的物理化学性质 ········ 033
- 2.3.1 熔度 ········ 033
- 2.3.2 密度 ········ 034

2.3.3 电导率 036
2.3.4 黏度 038
2.3.5 表面性质 039
2.3.6 蒸气压 041
2.3.7 离子迁移数 041
思考题 042

第3章 铝电解过程的机理 / 043

3.1 冰晶石-氧化铝熔体结构 043
  3.1.1 NaF-AlF$_3$ 系熔体结构 043
  3.1.2 Na$_3$AlF$_6$-Al$_2$O$_3$ 系熔体结构 044
3.2 电解质各组分的分解电压 046
  3.2.1 分解电压的概念 046
  3.2.2 Al$_2$O$_3$ 的分解电压 047
  3.2.3 电解质中其他组分的分解电压 050
3.3 两极主反应 050
  3.3.1 阴极主反应 050
  3.3.2 阳极主反应 051
3.4 阴极副反应 051
  3.4.1 铝的溶解和再氧化损失 051
  3.4.2 其他离子析出 053
3.5 阳极副反应 056
  3.5.1 阳极过电压 056
  3.5.2 阳极效应 059
思考题 063

第4章 铝电解的电流效率和电能效率 / 064

4.1 电流效率 064
  4.1.1 电流效率的基本概念 064
  4.1.2 电流效率的测定 065
  4.1.3 电流效率降低的原因 067
  4.1.4 影响电流效率的因素 068
4.2 电能效率 073
  4.2.1 电能效率的基本概念 073
  4.2.2 理论电耗和实际电耗 074
  4.2.3 铝电解槽的平均电压 075
  4.2.4 铝电解槽的节能途径 076
思考题 079

第 5 章 铝电解槽的物理场 / 080

5.1 物理场的概况 …… 080
5.1.1 物理场的基本概念 …… 080
5.1.2 物理场对铝电解过程的影响 …… 080
5.1.3 物理场的研究方法 …… 081

5.2 铝电解槽的电场 …… 082
5.2.1 电场的表征 …… 082
5.2.2 电流分布 …… 083
5.2.3 电场的计算模型 …… 085

5.3 铝电解槽的磁场 …… 087
5.3.1 磁场对电解过程的影响 …… 087
5.3.2 磁场设计的目标以及磁场补偿技术 …… 087
5.3.3 电解系列磁场解析 …… 088
5.3.4 磁场的计算模型 …… 090

5.4 铝电解槽的热场 …… 092
5.4.1 热场的研究和计算分析的作用 …… 092
5.4.2 热场设计的基本原则 …… 093
5.4.3 热场的计算模型 …… 094

5.5 铝电解槽的流场 …… 096
5.5.1 流场对电解过程的影响 …… 096
5.5.2 铝液的运动形式及减少铝液波动的方法 …… 096
5.5.3 铝液流场的计算模型 …… 097

5.6 铝电解槽的应力场 …… 099
5.6.1 应力场对铝电解槽的影响 …… 099
5.6.2 热应力场的计算模型 …… 100

5.7 物理场与铝电解槽运行特性的关系 …… 101
思考题 …… 102

第 6 章 铝电解的生产操作和氟化盐的消耗 / 103

6.1 铝电解槽的焙烧 …… 103
6.1.1 焙烧的目的 …… 103
6.1.2 焙烧方法 …… 103

6.2 铝电解槽的常规作业 …… 106
6.2.1 启动 …… 106
6.2.2 加料 …… 107
6.2.3 出铝 …… 108
6.2.4 阳极作业 …… 109

6.3 铝电解槽正常生产的特征及技术条件 …… 110

6.3.1 正常生产的特征 ………………………………………………………………… 110
6.3.2 正常生产的技术条件 …………………………………………………………… 111
6.4 氟化盐的消耗 ………………………………………………………………………… 112
6.4.1 电解质的蒸发 …………………………………………………………………… 112
6.4.2 电解质水解引起的氟化盐消耗 ………………………………………………… 113
6.4.3 原料中的杂质引起的氟化盐消耗 ……………………………………………… 115
6.4.4 电解过程中阴极内衬吸收电解质引起的氟化盐消耗 ………………………… 115
6.4.5 铝电解槽启动时的氟化盐消耗 ………………………………………………… 116
6.4.6 阳极效应引起的氟化盐消耗 …………………………………………………… 116
6.5 电解质成分的变化及调整 …………………………………………………………… 117
6.5.1 电解质成分变化经过及原因 …………………………………………………… 117
6.5.2 电解质成分的调整 ……………………………………………………………… 118
思考题 ……………………………………………………………………………………… 119

第7章 铝电解新技术及原铝的精炼 / 121

7.1 铝电解新技术 ………………………………………………………………………… 121
7.1.1 氯化铝熔盐电解法 ……………………………………………………………… 121
7.1.2 电热法熔炼铝硅合金 …………………………………………………………… 126
7.1.3 铝硅合金提取纯铝 ……………………………………………………………… 132
7.2 原铝的精炼 …………………………………………………………………………… 133
7.2.1 原铝的质量 ……………………………………………………………………… 133
7.2.2 三层液电解精炼 ………………………………………………………………… 134
7.2.3 凝固提纯法制取高纯铝 ………………………………………………………… 136
7.2.4 有机溶液电解精炼 ……………………………………………………………… 138
思考题 ……………………………………………………………………………………… 138

第8章 铝电解生产中的烟气治理与固体废料的回收利用 / 139

8.1 铝电解槽烟气的干法净化 …………………………………………………………… 139
8.1.1 铝电解槽烟气的组成 …………………………………………………………… 139
8.1.2 干法净化的理论基础 …………………………………………………………… 139
8.1.3 干法净化的工艺过程及设备原理 ……………………………………………… 141
8.2 铝电解槽烟气中 SO_2 的净化技术 …………………………………………………… 142
8.2.1 脱硫技术 ………………………………………………………………………… 142
8.2.2 脱硫效率和脱硫副产物 ………………………………………………………… 144
8.3 铝电解槽阳极炭渣的回收处理和利用 ……………………………………………… 144
8.3.1 阳极炭渣的组成 ………………………………………………………………… 144
8.3.2 阳极炭渣中炭的产生与生成机理 ……………………………………………… 145
8.3.3 阳极炭渣的处理与回收技术 …………………………………………………… 147
8.4 铝电解槽废旧阴极内衬的处理和利用 ……………………………………………… 149
8.4.1 废旧阴极内衬的组成及毒性分析 ……………………………………………… 149

8.4.2　废旧阴极内衬的综合利用 ……………………………………………………… 150
　8.5　铝灰渣资源的回收和利用 …………………………………………………………… 152
　　8.5.1　铝灰渣的产生和组成 ………………………………………………………… 152
　　8.5.2　铝灰渣的回收和利用 ………………………………………………………… 153
　思考题 ……………………………………………………………………………………… 155

第9章　铝电解过程控制　/ 156

　9.1　铝电解控制系统的发展概况 ………………………………………………………… 156
　　9.1.1　单机群控系统 ………………………………………………………………… 156
　　9.1.2　集中式控制系统 ……………………………………………………………… 156
　　9.1.3　集散式（或分布式）控制系统 ……………………………………………… 157
　　9.1.4　先进的集散式控制系统——网络型控制系统 ……………………………… 159
　9.2　铝电解控制系统的基本结构与功能 ………………………………………………… 159
　　9.2.1　核心控制装置——槽控机简介 ……………………………………………… 159
　　9.2.2　系统配置实例 ………………………………………………………………… 161
　　9.2.3　系统功能设计实例 …………………………………………………………… 162
　9.3　铝电解生产过程的控制 ……………………………………………………………… 164
　　9.3.1　铝电解过程的诊断与控制 …………………………………………………… 164
　　9.3.2　槽电压的控制 ………………………………………………………………… 165
　　9.3.3　槽电阻控制（极距调节） …………………………………………………… 167
　　9.3.4　氧化铝浓度控制 ……………………………………………………………… 174
　　9.3.5　电解质摩尔比控制（AlF_3添加控制） ……………………………………… 178
　思考题 ……………………………………………………………………………………… 184

第10章　铝电解智能工厂　/ 185

　10.1　铝电解智能工厂概况 ………………………………………………………………… 185
　　10.1.1　铝电解传统工厂现状 ………………………………………………………… 185
　　10.1.2　铝电解智能化的发展 ………………………………………………………… 185
　　10.1.3　铝电解智能工厂特点 ………………………………………………………… 186
　　10.1.4　铝电解智能工厂管理目标 …………………………………………………… 186
　10.2　铝电解智能工厂总体架构 …………………………………………………………… 188
　　10.2.1　技术架构 ……………………………………………………………………… 188
　　10.2.2　智能应用 ……………………………………………………………………… 189
　　10.2.3　工业安全 ……………………………………………………………………… 190
　10.3　铝电解智能工厂建设内容 …………………………………………………………… 191
　　10.3.1　生产数据采集 ………………………………………………………………… 191
　　10.3.2　人工智能控制 ………………………………………………………………… 195
　　10.3.3　生产管理系统 ………………………………………………………………… 197

10.3.4	智能感知系统	198
10.3.5	数字孪生工厂	204
10.3.6	远程大数据炉况诊断	205
10.3.7	数据融合平台	206
思考题		207

参考文献 / 208

第1章 铝电解生产概况

1.1 铝的性质和用途

1.1.1 铝的性质

(1) 铝的物性参数

铝是银白色的金属,它以轻而兼具其他各种特性著称。铝的化学符号为 Al,原子序数为 13,原子量为 26.98154,具有面心立方晶格,熔点为 660.37℃,沸点为 2467℃,密度为 2.6989kg/m³(20℃时)。表 1-1 列举出铝的各种主要物理性质。

表 1-1 铝的物性参数

性质	纯铝(质量分数 99.5%)	精铝(质量分数 99.99%)
空间点阵		面心立方
晶格距离×10⁸/cm		4.0413
密度/(g/cm³)	2.70(20℃)	2.6989(20℃)
		2.38(700℃)
体积增长率/%	6.5	
压缩性×10⁻⁶/(cm²/kg)	1.45(20℃)	
	1.70(200℃)	
平均线膨胀系数×10⁻⁶/K⁻¹	24.0(20~100℃)	23.86(20~100℃)
	25.8(20~300℃)	25.45(20~300℃)
	27.9(20~500℃)	27.68(20~500℃)
	28.5(20~600℃)	
线收缩率/%	1.7~1.8(650~20℃)	
比热容/[J/(g·K)]	0.894(20℃)	
	1.024(300℃)	
	1.128(658℃)	
	1.045(700℃)	

续表

性质	纯铝(质量分数99.5%)	精铝(质量分数99.99%)
熔点/℃	658	660.24
熔化热/(J/g)	386.2	396.6
蒸气压/Pa	133.3(1540℃)	
	1333(1780℃)	
	5332.8(1853℃)	
	13332(2080℃)	
	53328(2320℃)	
	101325(2467℃)	
蒸发热/(J/g)	11286	
燃烧热/(kJ/mol)	556	
热导率/[W/(m·K)]	209(0℃)	
	217.36(200℃)	
电导率×10^2/(S/m)	26~26.5(20℃)（在300℃下软化退火）	
	34~35(20℃)（在500℃下软化退火）	
	33(20℃)铸造	
电化当量/[g/(A·h)]	0.3356	
理论电量/[(A·h)/g]	2.980	

在室温下，铝的热导率大约是铜的54.11%。铝线的电导率大约是铜线的61.83%。铝的比热容比其他金属大得多，是铁的2倍，是铜和锌的2.3倍。铝的熔化热也很大（396.6J/g，99.99%铝）。金属铝具有良好的延性和展性，因此可以拉成铝线，压成铝板和铝箔。

（2）铝的化学性质

① 铝与氧、碳、硫的反应　铝在空气中生成一层致密的氧化铝薄膜，其厚度约为2×10^{-5}cm。这层薄膜可防止铝继续被氧化，从而提高了铝的抗腐蚀能力。在空气中强烈加热铝粉或铝箔，铝燃烧并产生炫目的亮光，生成氧化铝。Al_2O_3的生成热为1672kJ/mol。

铝和碳在高温下反应生成碳化铝（Al_4C_3），冰晶石可以催化此反应。碳化铝呈黄色，遇水即分解，生成氢氧化铝和甲烷：

$$Al_4C_3 + 12H_2O = 4Al(OH)_3 + 3CH_4 \qquad (1-1)$$

铝和硫在温度1000℃以上时，反应生成硫化铝（Al_2S_3），其熔点为1100℃。硫化铝遇水分解，生成$Al(OH)_3$和H_2S。也可从熔融的硫化铝中电解出铝。

② 铝与酸、碱的反应　铝可溶于盐酸、硫酸和碱液，但冷硝酸不论稀、浓对铝都不起作用。硝酸加热之后，与铝发生强烈反应。

③ 铝的氟化物　在铝的卤化物当中，氟化铝（AlF_3）在常压下不熔化，在1260℃时升华。氟化铝和碱金属氟化物（MF_x）生成铝氟酸盐，已知有三种型式：$MAlF_4$、M_2AlF_5、M_3AlF_6。后者是冰晶石型化合物，有钠冰晶石（$3NaF·AlF_3$）、锂冰晶石（$3LiF·AlF_3$）

和钾冰晶石（$3KF \cdot AlF_3$）等几种。在氧化铝电解中用作熔剂的是钠冰晶石，它通常简称为冰晶石。

④ 铝的其他低价化合物　铝有多种低价化合物（如 AlF、$AlCl$、Al_2S、Al_2O 等）。铝原子的外层电子构型是 $3s^23p^1$，如果失去 3p 轨道上的一个电子，则生成一价铝离子 Al^+，如果同时失去 3p 轨道上的一个电子和 3s 轨道上的一个电子，则生成二价铝离子 Al^{2+}，如果同时失去 3p 轨道上的一个电子和 3s 轨道上的两个电子，则生成三价铝离子 Al^{3+}。表 1-2 为铝原子的电离势值。

表 1-2　铝原子的电离势值

生成的离子	电子构型	电离势/(kJ/mol)
Al^+	$3s^23p^0$	573.9
Al^{2+}	$3s^13p^0$	1800.0
Al^{3+}	$3s^03p^0$	2725.8

一级电离势与二级电离势之间的差值很大，表明在铝原子中 3p 电子跟核心的结合力较弱，因此容易生成一价铝化合物。一价铝化合物通常由铝与铝的三价化合物（$AlCl_3$ 或 AlF_3）在高温下反应生成。它在高温下稳定，但在低温下歧解成铝和铝的三价化合物：

$$3AlX \rightleftharpoons AlX_3 + 2Al \tag{1-2}$$

应用这个原理，可从不纯的铝中提取纯铝。

1.1.2　铝的用途

铝的优异性质使它的应用领域极为广泛。

① 铝的密度较小　利用铝轻的特性，制成铝合金，广泛用于飞机、汽车、火车、船舶、舰艇、装甲车和坦克等制造工业、建筑业和航空航天领域。如民用飞机的铝合金构件约占总质量的 70%～80%，导弹、运载火箭、空间站也大量应用铝合金，尤其是焊接性能好的 Al-Cu-Mg 系合金，强度在 600MPa 以上的 Al-Cu-Li 系合金已用于制造焊接燃料箱等。

② 铝的导电性好　广泛用于电器制造工业、电线电缆工业和无线电工业，90% 的高压电导线是用铝制作的。

③ 铝的导热性好　工业上可用铝制造各种热交换器、散热材料和炊具等。

④ 铝的延展性好　广泛用于包装香烟、食品、药品等，还可制成铝丝、铝条，并能轧制各种铝制品，如超薄铝箔用于保存食品、药品，能防止紫外线、气味和细菌的污染，十分安全。

⑤ 铝的耐腐蚀性好　制造化学反应器、医疗器械、冷冻装置、石油精炼装置、石油和天然气管道等。

⑥ 铝的反射性好　制造高质量的反射镜，如太阳灶反射镜等。

⑦ 铝的吸音性好　用于广播室、现代化大型建筑室内的天花板等。

⑧ 铝的其他性能　在冶金工业上可用纯铝还原高熔点金属（如铬、钨）和碱土金属（如钙、锶、钡），同时还可用作炼钢脱氧剂或发热剂。高纯铝具有良好的性能，广泛应用在

低温电工技术和其他重要领域。

总的来说，由于铝的质量轻、导电性好、加工性能优越，并具有特殊的抗氧化性，广泛应用于电力、交通、建筑、包装、国防以及航空航天和人民生活等各个领域，同时铝还可循环再利用。

1.2 铝电解的发展及生产工艺流程

1.2.1 炼铝简史

有关铝的文字记录最早出现于公元 1 世纪罗马作家盖斯·普利纽斯（Gaius Plinius）的论文集。但是，准确地说，铝的问世应是 1825 年，丹麦人奥斯特（H. C. Oersted）用钾汞齐还原无水氯化铝，得到几毫克金属铝。1827 年德国韦勒（F. Wöhler）用钾还原无水氯化铝得到少量金属粉末，1845 年他使氯化铝气体通过熔融金属钾的表面，得到一些铝珠，每颗质量约 10～15mg。1854 年法国戴维尔（S. C. Deville）用钠代替钾还原 $NaAlCl_4$ 络合盐，制得金属铝。1886 年美国霍尔（C. M. Hall）和法国埃鲁特（L. T. Héroult）几乎同时分别获得用冰晶石-氧化铝熔盐电解法制取金属铝的专利，即霍尔-埃鲁特法（Hall-Héroult 法，简称 H-H 法），这一方法仍是近代铝冶金工业的基础。自冰晶石-氧化铝熔盐电解法发明之后，1888 年 11 月霍尔在美国 Pittsburgh 建厂实现工业化生产，1889 年埃鲁特在瑞士 Neuhausen 建厂生产铝，开启了电解法工业炼铝阶段。但冰晶石熔盐电解法炼铝对氧化铝原料的质量要求较高，在当时的条件下，缺乏生产满足电解要求的氧化铝的技术，冰晶石熔盐电解法难以实现大规模工业生产应用。直到 1889 年奥地利科学家卡尔·拜耳（Karl Joseph Bayer）发明了碱法从铝土矿提取氧化铝的专利技术，为冰晶石熔盐电解法提供了氧化铝原料保障，才进一步推动了世界铝电解工业快速发展。1956 年世界铝产量开始超过铜而居有色金属的首位，成为产量仅次于钢铁的金属。

冰晶石-氧化铝熔盐电解法发明 130 多年来，全世界的铝产量已有很大的增长。1970 年达到 1000 多万吨，1980 年 1625 万吨，2000 年约 2400 万吨，2010 年超过 4200 万吨，2021 年突破了 6700 万吨。表 1-3 是 2010—2021 年世界原铝的产量，图 1-1 是 2010—2021 年我国原铝产量及在世界的占比情况。

表 1-3 2010—2021 年世界原铝产量

年份	2010	2011	2012	2013	2014	2015	2016	2017	2018	2019	2020	2021
产量/万吨	4235.3	4627.5	4916.7	5229.1	5464.7	5845.6	5989	6340.4	6416.6	6365.7	6529.6	6734.3

目前冰晶石-氧化铝熔盐电解法仍然是工业炼铝的唯一方法。多年以来，为了探索新的炼铝方法，曾经试验了多种炼铝新方法，如碳热法、氯化铝法等，虽然取得了一定的进展，但还不能在经济上和规模上与电解法相匹敌。

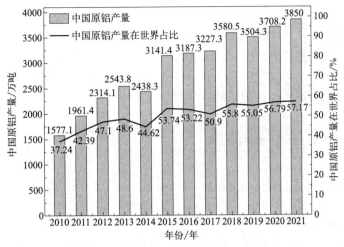

图 1-1　2010—2021 年我国原铝产量及在世界的占比情况

1.2.2　铝电解槽技术的发展

130 多年来，电解炼铝虽然仍是建立在霍尔-埃鲁特冰晶石-氧化铝熔盐电解的基础上，但无论是理论上还是工艺上都取得了长足的进步，并且在继续向前发展，铝电解技术的进步主要体现在铝电解槽技术的发展。

20 世纪 80 年代以前，工业铝电解槽的发展经历了几个重要阶段，其标志性的变化有：铝电解槽电流强度由 24kA、60kA 增加至 100～150kA；槽型主要由侧插棒式（及上插棒式）自焙阳极铝电解槽变为预焙阳极铝电解槽（如图 1-2～图 1-4 所示）；电能消耗由 22000kW·h 降低至 15000kW·h；电流效率由 70%～80% 逐步提高到 85%～90%。

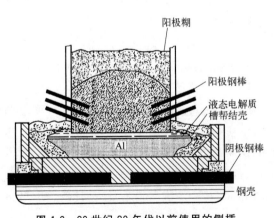

图 1-2　20 世纪 80 年代以前使用的侧插阳极棒自焙阳极铝电解槽

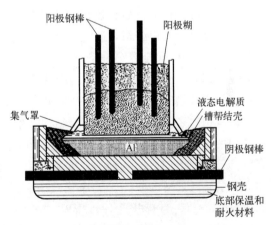

图 1-3　20 世纪 80 年代以前使用的上插阳极棒自焙阳极铝电解槽

1980 年开始，铝电解槽技术突破了 175kA 的壁垒，采用了磁场补偿技术，配合点式下料及电阻跟踪的过程控制技术，使铝电解槽能在氧化铝浓度很窄的范围内工作，为此逐渐改进了电解质性质，降低了电解温度，为最终获得高电流效率和低电耗创造了条件。在以后的

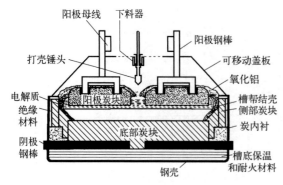

图1-4 现代的预焙阳极铝电解槽

年份中,吨铝最低电耗曾达到12900~13200kW·h,阳极效应频率比以前降低了一个数量级。

20世纪80年代中期,铝电解槽更加大型化,点式下料量降低到2kg氧化铝,采用了单个或多个废气的捕集系统,使用计算机控制,每5s进行采样分析铝电解槽能量参数,还采用了自动供料系统,减少了灰尘对环境的影响。

20世纪90年代起,国内外在智能制造理论、技术和系统等方面进行了广泛的研究,在铝电解生产过程中实现自动化监控,使铝电解槽保持在最佳状态,能量和物料始终平衡。虽然铝电解槽容量进一步增大,但通过对铝电解过程的优化控制有效地提高了铝工业生产质量,降低了能耗,保证了安全。

20世纪90年代以来,铝电解槽的技术发展有如下特点:

① 电流效率达到96%。

② 电解过程的能量效率接近50%,其余的能量成为铝电解槽的热损失而耗散。

③ 阳极消耗减少,其利用效率超过85%。

④ 尽管设计和材料方面都有很大的进步,然而铝电解槽侧部仍需要保护性的槽帮存在,否则金属质量和铝电解槽寿命都会受负面影响。

⑤ 维护铝电解槽的热平衡(和能量平衡)更显出重要性,既需要确保极距,以产生足够的热能保持生产的稳定,又需要适当增大热损失以形成完好的槽帮提高槽寿命。

从2008年起,铝电解产能规模发展迅猛。400kA铝电解槽迅速开始了大规模的推广,与此同时,500kA、600kA超大型铝电解槽的开发也提上了日程。2011年9月,由沈阳铝镁设计研究院设计的世界首条500kA铝电解生产线在中铝连城分公司落户投产。2011年湖南中大冶金设计有限公司在新疆设计了520kA电解系列,共安装320台铝电解槽,年产能45万吨。2013年,全球第一条(186台)600kA(NEUI600)电解铝生产线正式在山东魏桥创业集团有限公司启动建设。NEUI600采用"数值模拟+经验"的模式:开发了磁流体稳定性"双补偿"技术和母线装置,铝电解槽母线用量与传统的"单补偿"技术相比降低12%;首创的多阶分体式管桁架梁结构技术,提高了NEUI600kA级铝电解槽超大跨度上部钢结构的安全性和稳定性,降低了电解车间轨顶标高约1m,降低了电解车间土建投资约5%;研发的高位分区集气结构和烟气干法净化技术等成套环境总量控制技术,实现了99.6%的集气效率和99.7%的净化效率。经过半年多的运行测试:槽平均电压3.95V;电流效率94.6%;直流电耗12443kW·h/t;阳极效应系数0.01次/(槽·日)。打破了世界超大型槽体的纪录,具有单槽容量最大、吨铝投资最少、液态铝质量最好、能耗最低、生产环境最优、自动化程度最高、用工最少的优势,吨铝直流电耗低于12450kW·h。以上数据表明,我国铝电解技术已达到国际先进水平,但是我国多数中小规模铝厂离此水平还有相当大的差距,有待改进提高。

2020年以后,大型预焙阳极铝电解槽的出现,使电解炼铝技术迈向了大型化、现代化、自动化、智能化和信息化发展的新阶段,铝电解槽的容量已发展到660kA,铝电解槽的设计、安装、操作控制都建立在现代技术的基础上。电解炼铝的技术经济指标和环境保护水平都在继续向前发展。

1.2.3 铝电解生产工艺流程

冰晶石-氧化铝熔盐电解法炼铝工艺分为两大组成部分，即原料（包括氧化铝、冰晶石和电解所需的其他原料，如氟化盐及炭素材料）的生产和金属铝的电解生产，现代电解炼铝的工艺流程如图1-5所示。

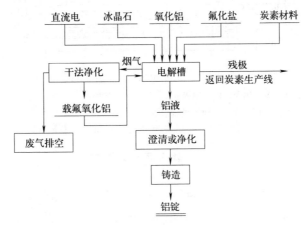

图1-5 现代电解炼铝工艺流程

铝电解在铝电解槽中进行（见图1-6和图1-7），电解所用的原料为氧化铝，电解质为熔融的冰晶石，采用炭阳极。电解作业在950～980℃下进行，电解的结果是阴极上得到熔融铝液，阳极上析出CO_2。由于熔融铝的密度大于电解质（冰晶石熔体），因而沉在电解质下部的炭阴极上。铝液定期用真空抬包从槽中抽吸出来，装有金属铝的抬包运往铸造车间，倒入混合炉，进行成分的调配，或者配制合金，或者经过除气和排杂质等净化作业后进行铸锭。槽内排出的气体，通过槽上捕集系统送往干式清洗器中进行处理，达到环境要求后再排放到大气中。

图1-6 现代铝电解槽示例

从整流供给的直流电流通过铝电解槽上的阳极，流经熔融电解质进入铝液层熔池和炭阴极。铝液层熔池同炭阴极联合组成了阴极，铝液的表面为阴极表面。阴极炭块内的钢棒汇集了电流，再由接地母线导向下一台铝电解槽的阳极母线。

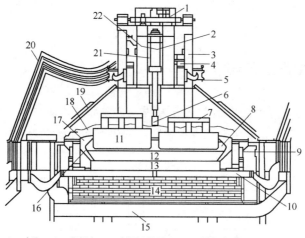

1—浓相输送；2—气缸；3—铝导杆；4—阳极横母线；5—阳极卡具；6—打壳锤头；7—钢爪；
8—冰晶石电解质；9—钢壳；10—阴极钢棒；11—阳极炭块；12—铝液；13—底部炭块；
14—热绝缘层；15—母线；16—侧部槽帮；17—顶部结壳；18—上部保温料；
19—槽盖板；20—立柱母线；21—氧化铝仓；22—槽气体出口

图 1-7　现代铝电解槽剖面图

氧化铝由浓相输送系统供应到槽上料箱，在计算机控制下通过点式下料器经打壳下料加入到电解质中。吨铝阳极的消耗约为 450kg，阳极消耗到一定程度时用新组装好的阳极更换，约 4 周更换一次，换阳极的频率由阳极的设计和铝电解槽的操作规程决定。残极送往阳极准备车间处理。

1.3　铝电解的原料

1.3.1　氧化铝

铝电解的主要原料是氧化铝。它是一种白色粉状物质，熔点为 2054℃，沸点为 2980℃，真密度为 $3.6g/cm^3$，表观密度约为 $1g/cm^3$。它的流动性很好，不溶于水，能溶于冰晶石熔体中。

当前氧化铝生产绝大部分采用铝土矿为原料，生产方法主要为碱法。碱法生产氧化铝又有拜耳法、碱石灰烧结法和拜耳-烧结联合法等多种流程。碱法是用碱（工业烧碱 NaOH 或纯碱 Na_2CO_3）处理铝土矿，使矿石中的氧化铝转变为铝酸钠溶液。矿石中的铁、钛等杂质和绝大部分的硅成为不溶性的化合物进入残渣（赤泥）。铝酸钠溶液经过净化与分解后得到氢氧化铝，经分离、洗涤与煅烧后成为氧化铝。

电解炼铝对氧化铝的质量要求包括氧化铝的纯度和氧化铝的物理性质。

（1）氧化铝的纯度

工业氧化铝中通常含有 98.5%（质量分数）Al_2O_3 以及少量的 SiO_2、Fe_2O_3、TiO_2、

Na_2O、CaO 和 H_2O。在电解过程中，那些电位正于铝的元素的氧化物杂质，如 SiO_2 和 Fe_2O_3，在电解过程中会优先于铝离子在阴极析出，析出的硅、铁进入铝内，从而降低原铝的质量；而那些电位负于铝的元素的氧化物杂质，如 Na_2O 和 CaO，会分解冰晶石，使电解质组成发生改变并增加氟化盐消耗量。根据计算，氧化铝中 Na_2O 质量分数每增加 0.1%，每生产 1t 原铝需多消耗价格昂贵的氟化铝 3.8kg。氧化铝中残存的结晶水以灼减表示，它也是有害杂质，因为水与电解质中的 AlF_3 作用生成 HF，造成了氟化盐的损失，并且污染了环境。此外，当灼减高或吸湿后的氧化铝与高温熔融的电解质接触时，会引起电解质爆溅，危及操作人员的安全。P_2O_5 则会降低电流效率。所以铝工业对氧化铝的化学纯度提出了严格的要求。例如，$w(V_2O_5) < 0.003\%$，$w(P_2O_5) < 0.003\%$，$w(ZnO) < 0.005\%$，$w(TiO_2) < 0.005\%$。

氧化铝质量与生产方法有关，拜耳法生产氧化铝的纯度要高于烧结法。我国冶金级氧化铝的行业质量标准列于表 1-4。

表 1-4　我国冶金级氧化铝质量标准（YS/T 803—2023）

牌号	化学成分(质量分数)/%					
	Al_2O_3	SiO_2	Fe_2O_3	Na_2O	CaO	灼减
	不小于	不大于				
YAO-1	98.6	0.020	0.020	0.45	0.03	1.0
YAO-2	98.5	0.040	0.020	0.55	0.04	1.0

（2）氧化铝的物理性质

铝电解生产用氧化铝除对化学成分有严格要求外，还要求氧化铝能够较快地溶解在冰晶石熔体中，减少铝电解槽槽底沉淀和加料时的飞扬损失，并且能够严密地覆盖在阳极炭块上，防止阳极炭块在空气中氧化。当氧化铝覆盖在电解质结壳上时，可起到良好的保温作用。在气体净化中，要求它具有足够大的比表面积，从而能够有效地吸收 HF 气体。这些物理性能取决于氧化铝晶体的安息角、$\alpha\text{-}Al_2O_3$ 含量、堆积密度、粒度、比表面积、磨损系数等。

① 安息角　是指物料在光滑平面上自然堆积的倾角。安息角较小的氧化铝在电解质中较易溶解，在电解过程中能够很好地覆盖于电解质结壳上，飞扬损失也较小。

② $\alpha\text{-}Al_2O_3$ 含量　$\alpha\text{-}Al_2O_3$ 含量反映了氧化铝的煅烧程度。煅烧程度越高，$\alpha\text{-}Al_2O_3$ 含量越多，氧化铝的吸湿性随着 $\alpha\text{-}Al_2O_3$ 含量增大而变小。所以，电解用的氧化铝要求含一定数量的 $\alpha\text{-}Al_2O_3$。但 $\alpha\text{-}Al_2O_3$ 在电解质中的溶解性能较 $\gamma\text{-}Al_2O_3$ 差。

③ 堆积密度　氧化铝的堆积密度是指在自然状态下单位体积的物料质量。通常堆积密度小有利于氧化铝在电解质中的溶解。

④ 粒度　氧化铝的粒度是指粗细程度，氧化铝的粒度必须适当，过粗在电解质中溶解速度慢，甚至会形成槽底沉淀，过细则容易产生加料时的飞扬损失。工业上采用的氧化铝的粒度一般在 40～50μm。

⑤ 比表面积　氧化铝的比表面积是指单位质量物料的外表面积与内孔表面积之和，是表示物质活性高低的一个重要指标。比表面积大的氧化铝在电解质中溶解性能好，活性大，但易吸湿。

⑥ 磨损系数　磨损系数是指氧化铝在控制一定条件下的流化床上磨撞后，试样中粒级含量改变的百分数，是表征氧化铝强度的一项物理指标。

按照氧化铝的物理特性，可将其分为面粉状、砂状和中间状氧化铝，物理性质见表1-5。

表1-5　不同类型氧化铝的物理性质

物理性质	氧化铝类型		
	面粉状	砂状	中间状
≤44μm 的微粒含量/%	20～50	10	10～20
平均直径/μm	50	80～100	50～80
安息角/(°)	>45	30～35	30～40
比表面积/(m²/g)	<5	>35	>35
堆积密度/(g/cm³)	0.95	>0.85	>0.85

砂状的 Al_2O_3 具有较小的堆积密度，较大的比表面积，略小的安息角，含较少量的 $\alpha\text{-}Al_2O_3$，粒度较粗且均匀，强度较高，流动性好，化学活性好，对 HF 吸附能力强，很好地满足了电解炼铝对氧化铝物理性质的要求。面粉状氧化铝则有较大的堆积密度，小的比表面积，含有较多的 $\alpha\text{-}Al_2O_3$，粒度较细，强度差。中间状氧化铝的物理性质介于二者之间。

目前，国际上广泛采用大型中间下料预焙铝电解槽和干法烟气净化系统，对砂状氧化铝的需求日趋增加。因为砂状氧化铝具有流动性好、溶解快、对氟化氢气体吸附能力强等优点，正好满足大型中间下料预焙铝电解槽和干法烟气净化系统的要求。

1.3.2　冰晶石

铝电解生产中所用熔剂主要为冰晶石和氟化铝，此外还有一些用来调整和改善电解质性质的添加剂，如氟化钙、氟化镁、氟化钠和氟化锂。

氧化铝可溶于由冰晶石和其他几种氟化物组成的熔剂里，构成冰晶石-氧化铝熔液。这种熔液在电解温度 950℃ 左右能够良好地导电。它的密度大约是 $2.1g/cm^3$，比同一温度下铝液的密度 $2.3g/cm^3$ 小 10% 左右，因而能够保证铝液跟电解液分层。在这种熔液里基本上不含有比铝更正电性的元素，能够保证电解产物铝的质量。此外，冰晶石-氧化铝熔液基本上不吸水，不易潮解，在电解温度下它的蒸气压不高，因而具有较大的稳定性。

冰晶石即氟铝酸钠，分子式为 Na_3AlF_6，或 $3NaF \cdot AlF_3$。冰晶石分天然和人造两种。天然冰晶石（$3NaF \cdot AlF_3$）产于格陵兰岛，因外观酷似冰而得名。属于单斜晶系，无色或雪白色，密度为 $2.95g/cm^3$，莫氏硬度为 2.5，熔点为 1008.5℃。由于天然冰晶石在自然界中储量很少，不能满足全世界铝工业需要，故现代铝工业均采用人造冰晶石。

人造冰晶石实际上是冰晶石（$3NaF \cdot AlF_3$）和亚冰晶石（$5NaF \cdot 3AlF_3$）的混合物，其摩尔比为 2.1 左右，属酸性，呈白色粉末，略黏手，微溶于水。人造冰晶石的质量标准如表 1-6 所示，本标准适用于由氢氟酸制得的冰晶石，其主要用于炼铝工业，也用于冶炼、焊接等工业。

表 1-6 人造冰晶石的质量标准（GB/T 4291—2017）

分类	牌号	化学成分(质量分数)/%									物理性能 灼减量/%
		不小于		不大于							
		F	Al	Na	SiO_2	Fe_2O_3	SO_4^{2-}	CaO	P_2O_5	湿存水	
高摩尔比冰晶石	CH-0	52.0	12.0	33.0	0.25	0.03	0.50	0.10	0.02	0.20	1.5
	CH-1	52.0	12.0	33.0	0.36	0.05	0.80	0.15	0.03	0.40	2.5
普通冰晶石	CM-0	53.0	13.0	32.0	0.25	0.05	0.50	0.20	0.02	0.20	2.0
	CM-1	53.0	13.0	32.0	0.36	0.08	0.80	0.60	0.03	0.40	2.5

注：1. 冰晶石按其摩尔比（人造冰晶石中 NaF 与 AlF_3 的物质的量之比）分为 4 个牌号：CH-0、CH-1、CM-0、CM-1。摩尔比为 2.80～3.00 的为高摩尔比冰晶石，摩尔比为 1.00～2.80 的为普通冰晶石。

2. 冰晶石牌号以 2 个英文字母加横线"-"再加 1 位数字的形式表示。字母 C 表示冰晶石标识代号（C 为冰晶石英文名称的第一个字母）；字母 H 和 M 表示冰晶石类别，其中 H 为高摩尔比冰晶石，M 为普通冰晶石，数字（0 或 1）为顺序号。

人造冰晶石（以下简称冰晶石）生产方法主要有酸法、碱法、磷肥副产法和干法多种。目前以酸法应用最广。

（1）酸法生产冰晶石

酸法生产冰晶石有两道工序：

① 制酸 用萤石精矿粉（CaF_2 质量分数 95% 以上）和硫酸（H_2SO_4 质量分数 90%～92.5%）在回转窑内制备氟化氢气体。用水吸收，得粗氢氟酸，其中含有少量硅氟酸（H_2SiF_6）。硅氟酸是由四氟化硅与氟化氢起作用而生成的。然后加碳酸钠脱除硅氟酸，得精氢氟酸。另一生成物为硅氟酸钠（Na_2SiF_6），可用作农业杀虫剂，或轻工业搪瓷生产。制酸过程中的副产物硫酸钙可用于水泥制造工业。在制酸过程中发生的主要反应是：

$$CaF_2 + H_2SO_4 = 2HF + CaSO_4 \tag{1-3}$$

$$SiO_2 + 4HF = SiF_4 + 2H_2O \tag{1-4}$$

$$SiF_4 + 2HF = H_2SiF_6 \tag{1-5}$$

$$H_2SiF_6 + Na_2CO_3 = Na_2SiF_6 + H_2O + CO_2 \tag{1-6}$$

② 制盐 使精氢氟酸同氢氧化铝浆液起反应，生成氟铝酸（H_3AlF_6），然后用碳酸钠中和，生成冰晶石泥浆。过滤后得冰晶石软膏。最后在 130～140℃下干燥，得到产品冰晶石。在制盐过程中发生的主要反应是：

$$Al(OH)_3 + 6HF = H_3AlF_6 + 3H_2O \tag{1-7}$$

$$2H_3AlF_6 + 3Na_2CO_3 = 2Na_3AlF_6 + 3CO_2 + 3H_2O \tag{1-8}$$

总反应式是：

$$12HF + 2Al(OH)_3 + 3Na_2CO_3 = 2Na_3AlF_6 + 3CO_2 + 9H_2O \tag{1-9}$$

（2）碱法生产冰晶石

碱法的特点是无需生产 HF，对萤石的质量要求也不高，所有作业都可以在钢制器械中进行。其过程是将萤石粉碎至 0.25mm（60 目），与石英粉和纯碱按 1.3:0.7:1 的质量比混合，在 900～950℃的温度下进行烧结：

$$CaF_2 + Na_2CO_3 + SiO_2 = 2NaF + CaSiO_3 + CO_2 \tag{1-10}$$

烧结过程可以在回转窑中进行，也可以采用反射炉灼烧。烧结块经粉碎后，在搅拌浸出槽内用水浸出，NaF 进入溶液，其余为残渣，经洗涤后丢弃。NaF 溶液经澄清后，用硫酸将其 pH 值调到 5 左右，并加热至 85℃，加入热硫酸铝溶液后发生反应：

$$12NaF + Al_2(SO_4)_3 = 2Na_3AlF_6 + 3Na_2SO_4 \quad (1-11)$$

经过滤、洗涤、干燥和粉碎即得成品冰晶石。

在碱法合成冰晶石时，除上述方法外，还可将含 NaF 的溶液和铝酸钠溶液一起进行碳酸化分解：

$$6NaF + NaAlO_2 + 2CO_2 = Na_3AlF_6 + 2Na_2CO_3 \quad (1-12)$$

这种冰晶石往往含有 Al_2O_3，但不妨碍它在铝电解生产中使用。

（3）磷肥副产法生产冰晶石

磷酸盐矿石中含氟约 3%～4%（质量分数）。在磷肥生产的废气中以 HF（气）和 SiF_4（气）的形态排出，用水淋洗后，回收 H_2SiF_6，过滤后用它来合成冰晶石。此种方法副产的冰晶石中磷（P_2O_5）质量分数必须低于 0.05%，才能用于铝电解。如果 P_2O_5 含量过高，则会产生有害的作用。例如，降低铝电解的电流效率。故副产冰晶石中 P_2O_5 含量应有一定限度。

（4）干法生产冰晶石

其工艺要点是使氟化氢气体在 400～700℃下，通过氢氧化铝、氯化钠或碳酸钠，于 720℃下煅烧，生成的氟铝酸再与氯化钠反应制冰晶石。

1.3.3 其他氟化盐

（1）氟化铝

氟化铝为白色粉末，系针状结晶，AlF_3 晶体是共价化合物，有较强的硬度，密度 2.883～3.13g/cm³，不熔化而直接升华，升华温度 1272℃，在高温下可被水蒸气分解为 Al_2O_3，并释放出 HF 气体。其难溶于水，在 25℃时 100mL 水中溶解度为 0.559g，在氢氟酸溶液中有较大的溶解度。无水氟化铝的化学性质非常稳定。在铝电解中，它是冰晶石-氧化铝熔体的一种添加剂，主要用于降低电解质的摩尔比和电解温度。氟化铝在铝电解槽中的消耗速度较大，这是因为铝电解槽里挥发性的物质大多数是 $NaAlF_4$，另外氟化铝也因下列水解反应而消耗：

$$2Na_3AlF_6 + 3H_2O = Al_2O_3 + 6NaF + 6HF \quad (1-13)$$

氟化铝也是一种人工合成产品，是由精氢氟酸与氢氧化铝浆液起反应而制得的：

$$Al(OH)_3 + 3HF = AlF_3 \cdot 3H_2O \quad (1-14)$$

$AlF_3 \cdot 3H_2O$ 在 500～550℃下可以完全脱水，但同时会发生部分水解作用。所以工业上一般是在较低的温度（350～400℃）下进行脱水，制取含有半个结晶水的氟化铝（$AlF_3 \cdot 0.5H_2O$）。

干法生产是用气态氟化氢在流化床反应器中、600℃下同氢氧化铝进行气-固反应而制得氟化铝。此法流程简便，产品为无水氟化铝，有许多优点，正在取代传统的湿法工艺。

铝电解所用的氟化铝质量标准如表 1-7 所示，本标准适用于由氟化氢或氢氟酸与氢氧化铝作用制得的氟化铝。

表 1-7 铝电解用氟化铝质量标准（GB/T 4292—2017）

牌号	化学成分(质量分数)/%								物理性能
	不小于		不大于						不小于
	F	Al	Na	SiO_2	Fe_2O_3	SO_4^{2-}	P_2O_5	灼减量	松装密度/(g/cm^3)
AF-0	61.0	31.5	0.30	0.10	0.06	0.10	0.03	0.5	1.5
AF-1	60.0	31.0	0.40	0.32	0.10	0.60	0.04	1.0	1.3
AF-2	60.0	31.0	0.60	0.35	0.10	0.60	0.04	2.5	0.7

注：1. 表中化学成分含量以自然基计算。
2. 数值修约规则按 GB/T 8170—2008 规定进行，修约位数与表中所列极限位数一致。

（2）氟化钙

氟化钙是白色粉末或立方体结晶，密度 $3.18g/cm^3$，熔点 1402℃，沸点 2497℃。能溶于浓无机酸，并分解放出氟化氢。微溶于稀无机酸，不溶于水。铝电解常用的氟化钙是由天然萤石经过精选而得，其成分是 $w(CaF_2)>95\%$，$w(CaCO_3)<2\%$，$w(SiO_2)<1\%$。用它作为添加剂能降低冰晶石-氧化铝熔体的初晶温度，增大电解质在铝液界面上的界面张力，减小熔液的蒸气压。它的缺点是稍微减小氧化铝溶解度和电解质的电导率。由于 CaF_2 来源广泛，价格低廉，故被许多铝厂使用，其添加质量分数为 $4\%\sim6\%$。工业所用氟化钙的质量标准见表 1-8。

表 1-8 氟化钙的质量标准（GB/T 27804—2011）   质量分数/%

等级		CaF_2	HF	SiO_2	Fe_2O_3	Cl	P_2O_5	H_2O
Ⅰ类		≥99.0	≤0.10	≤0.3	≤0.005	≤0.20	≤0.005	≤0.10
Ⅱ类	一等品	≥98.5	≤0.15	≤0.4	≤0.008	≤0.50	≤0.010	≤0.20
	合格品	≥97.5	≤0.20	—	≤0.015	≤0.80	—	—

（3）氟化镁

氟化镁为无色晶体或粉末，密度 $3.148g/cm^3$，熔点 1248℃，沸点 2239℃，极微溶于水，溶于硝酸，不溶于乙醇。氟化镁也是一种人工合成产品。氟化镁是由氢氟酸与碳酸镁起反应而制得：

$$MgCO_3+2HF\Longrightarrow MgF_2+H_2O+CO_2 \tag{1-15}$$

中国铝工业在 20 世纪 50 年代开始采用氟化镁作电解质的添加剂，其作用与氟化钙相似，但在降低电解温度、改善电解质性质方面比氟化钙更为明显。实践表明这是一种良好的添加剂。工业铝电解对氟化镁的质量要求见表 1-9。

表 1-9 氟化镁的质量标准（YS/T 691—2009）

牌号	质量分数/%						
	F	Mg	Ca	SiO_2	Fe_2O_3	SO_4^{2-}	H_2O
	不小于		不大于				
MF-1	60	38	0.3	0.20	0.3	0.6	0.2
MF-2	45	28	—	0.9	1.1	1.3	1.0

（4）氟化钠

氟化钠是一种无色发亮晶体或白色粉末，熔点993℃，沸点1695℃，密度1.02g/cm³。溶于水、氢氟酸，微溶于醇。氟化钠同样是电解质的一种添加剂，但它主要用于新槽启动初期调整摩尔比。氟化钠也是一种人工合成产品。氟化钠由氢氟酸与碳酸钠起反应制得：

$$Na_2CO_3 + 2HF = 2NaF + H_2O + CO_2 \tag{1-16}$$

其质量标准见表1-10，本标准适用于由氢氟酸或硅氟酸与碳酸钠作用而制得的氟化钠。

表1-10 氟化钠的质量标准（YS/T 517—2009）

等级	化学成分(质量分数)/%						
	NaF	SiO_2	CO_3^{2-}	SO_4^{2-}	HF	水中不溶物	H_2O
	不小于	不大于					
一级	98	0.5	0.37	0.3	0.1	0.7	0.5
二级	95	1.0	0.74	0.5	0.1	3	1.0
三级	84	—	1.49	2.0	0.1	10	1.5

注：1. 表中"—"表示不作规定。
2. 表中化学成分按干基计算。

由于碳酸钠比氟化钠更易溶解，价格低廉，所以在工厂多用碳酸钠，其作用与氟化钠相同，用以提高电解质的摩尔比。碳酸钠在高温下易分解成氧化钠，氧化钠再与冰晶石反应生成氟化钠，可以起到提高摩尔比的作用。

$$Na_2CO_3 = Na_2O + CO_2 \tag{1-17}$$

$$3Na_2O + 2Na_3AlF_6 = 12NaF + Al_2O_3 \tag{1-18}$$

（5）氟化锂

氟化锂是一种白色粉末或立方晶体，密度2.635g/cm³，熔点848℃，沸点1681℃（于1100~1200℃挥发）。其难溶于水，在25℃时100mL水中溶解度为0.13g。不溶于乙醇和其他有机溶剂，可溶于酸。

氟化锂作为铝电解质的组分所起的作用主要是降低电解质的初晶温度，提高其电导率，此外还减小其蒸气压和密度。其缺点是减小氧化铝在电解质中的溶解度。氟化锂的质量标准见表1-11。

表1-11 氟化锂的质量标准（GB/T 22666—2008）

牌号	化学成分(质量分数)/%						
	Li	Mg	SiO_2	Fe_2O_3	SO_4^{2-}	Ca	水分
	不小于	不大于					
LF-1	99.0	0.05	0.10	0.05	0.20	0.10	0.10
LF-2	98.0	0.08	0.20	0.08	0.40	0.15	0.20
LF-3	97.5	0.10	0.30	0.16	0.50	0.20	0.30

工业上常用碳酸锂代替氟化锂。碳酸锂在高温下发生分解，生成Li_2O，然后Li_2O同冰晶石发生反应生成LiF：

$$Li_2CO_3 = Li_2O + CO_2 \tag{1-19}$$

$$2Na_3AlF_6 + 3Li_2O = 6LiF + 6NaF + Al_2O_3 \tag{1-20}$$

往酸性和中性电解质中添加锂盐，且当 $n(\text{LiF}+\text{NaF})/n(\text{AlF}_3) \leqslant 3$ 时，则生成化合物 $2\text{NaF} \cdot \text{LiF} \cdot \text{AlF}_3$ ($\text{Na}_2\text{LiAlF}_6$)。往碱性电解质中添加锂盐，且 $n(\text{LiF}+\text{NaF})/n(\text{AlF}_3) > 3$ 时，则化合物 $\text{Na}_2\text{LiAlF}_6$ 分解成 Na_3AlF_6 和 Li_3AlF_6。

但是生产实践表明，必须限制锂盐添加量。不仅因为 LiF 对 Al_2O_3 溶解不利，也因为在较高浓度下会有少量金属锂析出，锂对铝的加工性能，例如对铝箔的压延性能有不利影响。

1.4 铝电解的炭阳极

在铝电解生产过程中，由于所采用的冰晶石-氧化铝熔盐电解体系具有温度高、腐蚀性强等特点，作为阴、阳两极的导电材料，消耗量非常大。在各种材料当中，能够抵抗这种侵蚀性并且良好地导电而又价格低廉的唯有炭素材料。因此，铝工业普遍采用炭阳极和炭阴极。阴极原则上只破损而不消耗，在阴极上经常有一层铝液覆盖着，这层铝液实际上就是阴极。而阳极在电解过程中参与电化学反应而连续消耗，吨铝消耗阳极约为 430～450kg。

由于阳极要向铝电解槽导入直流电和参与电化学反应，阳极质量和工作状况的好坏，直接影响着铝电解生产的主要工艺技术指标，诸如能量效率和电流效率，同时也直接影响着铝电解的生产成本；此外，阳极质量优劣与铝电解生产过程的稳定性和工人的劳动强度紧密相关。因此，现代铝电解对阳极的要求是耐高温和不受熔盐侵蚀，有较高的电导率和纯度，有足够的机械强度和热稳定性，透气率低和抗 CO_2 及抗空气的氧化性能好。

1.4.1 自焙阳极和预焙阳极

铝电解槽使用的阳极有自焙阳极和预焙阳极两种。

（1）自焙阳极

自焙阳极用于上插自焙阳极铝电解槽和侧插自焙阳极铝电解槽，这两者是按导电金属棒从上部或侧部插入阳极而区分的，在铝电解槽结构上也是不同的，但阳极是连续工作的。自焙阳极采用阳极糊为阳极的原料。阳极糊加入到这类铝电解槽的阳极铝箱中，依靠电解的高温，自下而上地将其焙烧成为阳极，随着它的消耗，上部焙烧好的糊料随阳极下行继续工作，因此得以连续。由于阳极糊在自焙过程中产生大量沥青烟，对环境污染严重，我国已于 2000 年明令禁止，淘汰小型自焙阳极铝电解槽。

（2）预焙阳极

预焙阳极由预先焙烧好的多个阳极炭块组成，每个阳极炭块组由 2～4 个阳极炭块及导杆、钢爪等组成。

预焙阳极多为间断式工作，每组阳极可使用 18～28 天。当阳极炭块被消耗到原有高度的 25% 左右时，为了避免钢爪熔化，必须将旧的一组阳极炭块吊出，用新的阳极炭块组取代，取出的炭块称为"残极"。由于预焙阳极操作简单，没有沥青烟，易于机械化操作和铝电解槽的大型化，因此，国内外新建大型铝厂以及自焙阳极铝电解槽的改造都采用此种阳极。我国所用炭阳极的质量标准见表1-12。

表1-12 我国现行炭阳极质量标准（YS/T 285—2022）

牌号	表观密度/(g/cm³)	真密度/(g/cm³)	耐压强度/MPa	CO_2反应性残极率/%	抗折强度/MPa	室温电阻率/(μΩ·m)	热膨胀系数/(10^{-6}/K)	灰分含量/%
	不小于					不大于		
TY-1	1.56	2.05	35	85	9	57	4.5	0.5
TY-2	1.53	2.03	32	80	8	62	5.0	0.7

随着铝工业技术的不断进步，大容量中心下料预焙阳极铝电解槽成为了铝电解发展的必然趋势，目前最大的铝电解槽电流容量达660kA，阳极数量组数多达56组，最大的阳极尺寸已达到1850mm×740mm×620mm。为满足铝电解的需要，铝用炭素制品正向着优化和稳定产品质量、降低消耗、减少污染方向发展。炭素生产工艺本身也向着生产设备高效化、生产工艺节能化、环保状况优良化、产品质量稳定化方向发展。

1.4.2 生产预焙阳极的主要原料

铝用炭阳极所用的原料包括阳极主体组分（又称骨料）和黏结剂两大部分，其中阳极骨料主要是石油焦和沥青焦，所用的黏结剂是沥青。

（1）石油焦

石油焦是生产各种炭素材料的主要原料。它的主要特点是灰分低，一般小于1%，在高温下易石墨化。石油焦是炼油厂的石油渣油、石油沥青经焦化工艺后得到的可燃固体产物。石油焦的焦化工艺有多种，其中采用延迟焦化工艺所得到的石油焦，因其孔隙度高而特别适用于制备铝电解用炭阳极。石油焦的质量评价指标主要包括：灰分、硫分、挥发分和1300℃煅烧后的真密度。具体指标见表1-13。国外还要求一定的粒度、一定的微量元素含量和一定的体积密度等。

表1-13 我国普通石油焦的质量标准（NB/SH/T 0527—2019）

项目		质量指标						
		1号	2A	2B	2C	3A	3B	3C
硫含量（质量分数）/%	不大于	0.5	1.0	1.5	1.5	2.0	2.5	3.0
挥发分（质量分数）/%	不大于	12.0	12.0	12.0	12.0	12.0	12.0	12.0
灰分（质量分数）/%	不大于	0.3	0.35	0.40	0.45	0.50	0.50	0.50
总水分（质量分数）		—						
真密度（煅烧1300℃,5h）/(g/cm³)	不小于	2.05	—	—	—	—	—	—
粉焦量（质量分数）/%	不大于	35	—	—	—	—	—	—

灰分是石油焦的一项重要质量指标。原油中的盐类杂质经炼制富集在渣油中，最后都转移到石油焦中。石油焦的灰分与焦化工艺、堆放操作中的混杂有关。

硫分是石油焦的重要质量指标之一。硫分主要来自于原油。石油焦中的硫可分为有机硫和无机硫。有机硫有硫醇、硫醚等；无机硫有硫化铁和硫酸盐。石油焦中有机硫占多数，在较低温度下可除去有机硫。但无机硫要在石墨化高温下才能分解挥发。少量硫会在高温下生成稳定化合物，只有加其他添加剂才能除去。硫是一种有害组分，过量的硫使炭-石墨材料在石墨化过程中易产生异常现象，产品容易开裂，电阻率增大，同时产品在使用时消耗增大。

石油焦的挥发分含量表明其焦化程度，对煅烧工艺有较大影响。挥发分过多，容易使罐式煅烧炉产生结焦、棚料等现象；同时在给料恒定情况下，造成回转窑烟气量过大，给余热蒸汽锅炉带来负面影响。但挥发分不会直接影响炭素材料的质量。

真密度的大小标志着石油焦石墨化的难易程度。在1300℃煅烧过的石油焦真密度较大，这种焦易石墨化，电阻率较低，热膨胀系数较小。

石油焦作为预焙阳极生产的骨料，占总质量的80%以上，阳极生产对石油焦的性能和质量都有严格的要求。我国不同产地的石油焦，在颗粒强度、堆积密度、电阻率、热膨胀系数等方面的性能不尽相同。掌握它们各自的特性，保证科学配料，确保生产出符合铝电解生产需要的预焙阳极是十分必要的。

（2）沥青焦

沥青焦是一种含灰分和硫分均较低的优质焦炭，它的颗粒结构致密，孔隙率小，挥发分较少，耐磨性和机械强度比较高，其来源是以煤沥青为原料，采用高温干馏（焦化）的方式制备。沥青焦虽然也是一种易石墨化焦，但与石油焦相比，经过同样的高温石墨化后，真密度略低，且电阻率较高、线膨胀系数较大。沥青焦是生产铝用阳极和阳极糊的原料，也是生产石墨电极、电炭制品的原料。我国沥青焦的质量指标见表1-14。

表1-14 我国沥青焦质量指标（YB/T 5299—2009）

项目	指标	项目	指标
全水分/%	不大于1.0	挥发分/%	不大于0.8
灰分/%	不大于0.5	全硫/%	不大于0.5

（3）煤沥青

煤沥青是生产铝用阳极材料的黏结剂。生产中常用煤沥青作黏结剂，它能很好地浸润和渗透到各种焦炭的表面和孔隙，使各种配入的颗粒互相黏结形成具有良好塑性的糊料。糊料成型或压型后的阳极炭块，经冷却后即硬化，得到生阳极炭块。生阳极炭块在焙烧时其中的沥青逐渐分解并炭化，把四周的骨料牢固地连接在一起，获得数量多、强度高、在骨料颗粒间起连接作用的沥青焦，使炭素材料具有足够的机械强度。

煤沥青是煤焦油深加工的产品之一，它是煤焦油经高温分馏后余下的残油。煤焦工艺除生产焦炭、焦煤气外，每吨焦煤可生产30～45kg副产品——煤焦油，煤沥青是煤焦油经加热蒸馏等处理后的残余物。煤沥青的组成很复杂，是多种高分子碳氢化合物的混合体，其中含有几十种碳氢化合物。一般难以从煤沥青中提取单独的具有一定化学组成的物质，而只能用不同的溶剂去萃取煤沥青，将它分离为若干组分。如高分子组分（α组分）、中分子组分（β组分）和低分子组分（γ组分）。需要附加说明的一点是，对于同一种沥青来说，使用不同的溶剂得到的组分及其所占比例并不相同。

① 煤沥青中不溶于苯（B）或甲苯（T），也不溶于喹啉的部分，即喹啉不溶物（QI）是高分子组分（称为α组分或树脂）。QI 平均分子量为 1800～2600，碳的质量分数为 93% 左右，氢的质量分数为 3% 左右，C/H 原子比为 1.67。高分子组分是生制品焙烧时形成焦化残炭的主要载体，对炭石墨制品的孔隙度大小及强度有一定影响。一般认为，高分子组分没有湿润性和黏结性，是煤沥青的惰性成分，属难石墨化组分。适量的喹啉不溶物有利于提高煤沥青焦化时的残炭值，从而提高制品的堆积密度和机械强度，但煤沥青中高分子组分含量过多会降低煤沥青的黏结能力，流动性变差。

② 中分子组分（β组分）　煤沥青中不溶于苯（或甲苯），但溶于喹啉的组分称为中分子组分，亦称β组分或沥青树脂。它是煤沥青中中、高分子量的稠环芳烃，具有较好的黏结性，是煤沥青黏结剂中起黏结作用的主要组分。将煤沥青中的苯不溶物百分数减去喹啉不溶物百分数即为中分子组分的百分数。β组分的平均分子量为 1000～1800，碳的质量分数为 91% 左右，氢的质量分数为 4% 左右，C/H 原子比为 1.25～2.00，常温下呈固态，加热时熔融膨胀，烧结后大部分形成焦炭。其含量高低直接影响着炭材料的密度、强度和电导率等。β组分对炭糊的塑性起主要作用，对焙烧品的物理化学性能有明显的影响，一般β组分含量越高，煤沥青的质量越好。它对增强煤沥青的黏结性具有非常重要的意义，黏结性随β组分增加而增大。但当β组分多到某种程度后，其黏度增大，煤沥青与炭质粉料之间的接触性变差，成型时弹性后效亦增大。煤沥青中分子组分质量分数达到 20%～35% 才能制得质量合格的产品。根据中分子组分在吡啶中的溶解度又可分为 β_1 和 β_2 两个组分，其中 β_2 的黏结性能最好。

③ 低分子组分（γ组分）　低分子组分（γ组分）是指煤沥青中溶于苯或甲苯的成分（BS 或 TS）。γ组分的平均分子量为 200～1000，C/H 原子比为 0.56～1.25，常温下呈黏性的深黄色半流体，具有良好的流动性和浸润性，其挥发分多，结焦残炭值低。实际上低分子组分也是多种碳氢化合物的混合物。按其在丙酮、甲醇中的溶解程度又可以分为 γ_1、γ_2、γ_3 三种。γ_2、γ_3 组分由一些油类及低分子碳氢化合物所组成，焦化时几乎全部分解挥发。低分子组分是煤沥青中不起黏结作用的组分，也不是形成焦炭的主要成分。它主要是作为一种溶剂，能适当降低煤沥青的软化点和黏度，有利于改善煤沥青对焦炭颗粒的浸润性及提高成型糊料的可塑性，有利于成型。过量的γ组分会使生坯焙烧时收缩率增大，从而影响制品的密度、机械强度和成品率。

衡量煤沥青的性能，一般用软化点、黏度、密度与结焦残炭值、加热后的气体析出曲线等表示。

① 软化点　由于煤沥青的化学组成复杂，因而无严格的、固定的软化温度。煤沥青的软化点是以一定软化程度（介于失去原有脆性和转变为液态间的温度）对应的温度来表示，它与煤沥青中各组分的比例有关。随着软化点上升，其苯或甲苯不溶物含量增加，β组分有增加趋势，γ组分含量减少。根据软化点的不同分为低温煤沥青（也称软煤沥青，软化点在 35～75℃，环球法测定，以下同）、中温煤沥青（软化点在 75～95℃）和高温煤沥青（也称硬煤沥青，软化点在 95～120℃）。

② 黏度　煤沥青的黏度随温度而变化，当加热到较高温度后，黏度急剧降低。黏度大小既与温度有关，又取决于煤沥青本身的结构特性，在同样的温度下，不同产地、不同软化点煤沥青的黏度可以相差数倍。黏度是表征煤沥青流动性能的重要物理性质，它表示两流体

层发生相对运动时的内摩擦力的大小,黏度越小,液体的流动性越好。煤沥青的黏度随温度升高呈"U"字形曲线变化。煤沥青的流动性影响到混捏的工艺条件,一般,合理的混捏温度是煤沥青的黏度为200~500mPa·s时对应的温度,这样可以使煤沥青对焦炭骨料的浸润更充分,得到高质量的炭糊。

③ 密度 煤沥青的密度反映了它的缩聚程度,它与煤沥青的C/H原子比、氢含量和软化点有一定的相关性。氢含量越高,则煤沥青的密度越低;游离碳含量越高,软化点越高,煤沥青的密度基本呈线性规律变化。一般中温煤沥青的密度为1.20~$1.25g/cm^3$,高温煤沥青的密度可达$1.30g/cm^3$以上。国外铝用阳极生产用煤沥青的密度为1.30~$1.33g/cm^3$。煤沥青的密度越大,混捏时充填在骨料间的煤沥青质量就越多,焙烧时的收缩率越小,烧成品的密度和强度也越大。密度大的煤沥青,在生坯焙烧时,收缩较小,坯体体积密度和强度也较高。

④ 结焦残炭值 它是指煤沥青在隔绝空气的条件下,加热到800℃,干馏3h,排除全部挥发分后残留的总炭量,也称固定炭。煤沥青中的挥发分含量越高,则固定炭含量越低。它与煤沥青的挥发分含量和分子组成密切相关。煤沥青的挥发分多,则结焦残炭值低。煤沥青的结焦残炭值在一定程度上还取决于焙烧过程中诸如升温速度、加热持续时间、挥发分排出的阻力等条件。慢速升温、阻力增大会使结焦残炭值提高。一般中温煤沥青的结焦残炭值在50%以下;改质煤沥青的结焦残炭值可提高到55%~65%。炭糊中煤沥青的结焦残炭值比煤沥青单独炭化要高一些。

⑤ 加热后的气体析出曲线 在加热过程中,煤沥青的气体析出过程并不均匀,软化点不同的煤沥青,气体析出量也不同。煤沥青在受热时,随着温度的升高,会逐渐析出轻质馏分和热分解物,不同温度阶段析出挥发分的量不同。对于软化点为83℃、100℃、134℃的煤沥青,达到最大气体析出量的温度范围分别为270~480℃、250~500℃和330~510℃。煤沥青加热过程中的气体析出曲线是制定生坯焙烧升温制度的依据。

在铝用炭素材料制备中所使用的煤沥青主要有中温煤沥青和改质(或高温)煤沥青两类。20世纪70年代以前,阳极普遍应用中温煤沥青,中温煤沥青和高温煤沥青的质量指标见表1-15。20世纪90年代以后,随着大型预焙阳极炼铝技术的发展,为了提高煤沥青中高分子芳香烃化合物的量,并适当减少挥发分,提高结焦残炭值,由煤焦油或中温煤沥青进一步深加工而成的改质煤沥青,得到了广泛的应用。煤沥青改性通常是以中温煤沥青为原料采用如下方法完成:

① 在一定压力下对煤焦油做适当处理后再蒸馏,可得优质煤沥青。

② 用软化点为75~95℃的中温煤沥青,在250℃温度下熔化吹入压缩空气,每千克煤沥青吹空气量220~230L/h。

③ 在煤沥青中添加一些化学试剂也可使煤沥青改性。

改质煤沥青具有一系列的优异特性,越来越受到国内外同行们的重视。世界各国炭-石墨制品所用黏结剂由改质煤沥青来替代中温煤沥青已达到普及的程度。

改质煤沥青质量指标见表1-16。

改质煤沥青作为黏结剂的特点:结焦残炭值高,焙烧时可生成更多的黏结焦,制品的机械强度高;软化点高,夏天运输和远距离运输问题易于解决;混捏成型过程中煤沥青逸出的烟气较少,可减轻环境污染;煤沥青熔化温度、混捏温度高于中温煤沥青。

表 1-15 中温煤沥青和高温煤沥青的质量指标（GB/T 2290—2012）

指标名称	低温煤沥青		中温煤沥青		高温煤沥青	
	1号	2号	1号	2号	1号	2号
软化点/℃	35～45	46～75	80～90	75～95	95～100	95～120
甲苯不溶物质量分数/%	—	—	15～25	≤25	≥24	—
喹啉不溶物质量分数/%	—	—	≤10	—	—	—
灰分/%	—	—	≤0.3	≤0.5	≤0.3	—
水分/%	—	—	≤5.0	≤5.0	≤4.0	≤5.0
结焦残炭值/%	—	—	≥45	—	≥52	—

表 1-16 改质煤沥青质量指标（YB/T 5194—2015）

指标	一级	二级	指标	一级	二级
软化点(环球法)/℃	105～112	105～120	水分/%	≤4	≤5
甲苯不溶物含量(抽提法)/%	26～32	26～34	灰分/%	≤0.3	≤0.3
喹啉不溶物质量分数/%	6～12	6～15	结焦残炭值/%	≥56	≥54
β-树脂质量分数/%	≥18	≥16			

国外大量研究工作已证明，阳极被空气和 CO_2 优先氧化的部分是黏结剂基体，即煤沥青和细炭粉的混合物，这种现象被称为选择氧化，为此，选择优质的煤沥青无疑是制造优质阳极的关键。

1.4.3 预焙阳极制备工艺流程

预焙阳极的生产较自焙阳极复杂得多，除了有与阳极糊生产工艺相同的原料准备、石油焦煅烧、粉碎分级、配料、混捏等工序外，还有生炭块成型、焙烧、阳极组装等重要工序。其基本生产工艺流程如图 1-8 所示。

（1）原料的准备

铝电解用预焙阳极的生产原料包括阳极主体组分（又称骨料）和黏结剂两大部分。主体组分包括石油焦、沥青焦、残极、生碎及焙烧碎等，黏结剂为煤沥青。

原料准备主要包括，原料的验收入库以及煅烧前的破碎。破碎工作由齿式对辊机或颚式破碎机完成。破碎后的块度为 50～70mm。

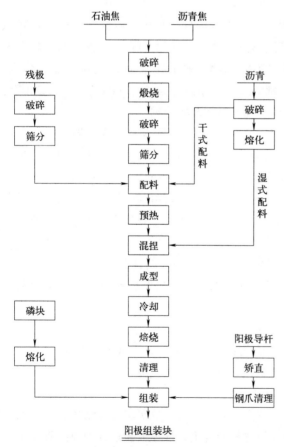

图 1-8 预焙阳极生产的基本工艺流程

残极是阳极炭块在铝电解槽使用以后的残余部分,表面覆盖有氧化铝和氟化盐,将其清理掉以后,可返回用作生产阳极材料的原料。生碎是指成型以后不合格的阳极生块返回破碎得到的部分,重新作为原料配入。用作黏结剂的煤沥青,主要有中温煤沥青和高温煤沥青或改质煤沥青。石油沥青经过改性处理后,也可作为制造阳极的黏结剂。

阳极材料要求杂质含量低,因此使用少灰的原料。其杂质质量分数一般不大于0.5%,但残极中有电解质成分,灰分要求可适当放宽。

选择优质石油焦作原料,是生产优质预焙阳极的前提条件。石油焦的纯度、结构和孔隙率是决定预焙阳极质量的重要因素,应尽可能控制各种杂质元素的含量。阳极中杂质的危害主要为:

① 钠、钒在阳极与空气的反应中起催化作用,增加阳极的氧化损失和造成铝电解槽炭渣增多;钒对阳极的催化反应可表示为:

$$R_{空气} = 6.68 \times 10^{-2} + 2.325 \times 10^{-4} V \tag{1-21}$$

式中 $R_{空气}$——阳极的空气氧化消耗率,$g/(cm^2 \cdot h)$;

V——阳极中钒的含量,10^{-6}。

② 硫、磷不但会增加制品的热脆性,造成阳极脆裂,而且在高温下会与钢爪头起反应,增大铁-炭接触压降,增加电耗。

③ 铁、硅、镍、钒等元素会被还原进入铝液中,降低原铝的质量。

此外,石油焦的粒度对阳极生产影响也较大,一般要求粒度不能太细,否则造成后工序的煅后焦粉料过多,增加黏结剂煤沥青的用量,影响阳极的理化性能。

(2)煅烧

煅烧是预焙阳极生产的第一道工序,是指将已经破碎到50~70mm的原料石油焦或沥青焦在隔绝空气的条件下进行高温热处理的过程。煅烧的主要目的是排除原料中的水分和挥发分,同时促使原料中的单体硫气化和化合态硫分解,最终达到提高其抗热震性、密度、机械强度、电导率和抗氧化性等目的。煅烧的主体设备是回转窑,部分小型炭素厂使用罐式煅烧炉。

煅烧的重要技术参数是煅烧温度。煅烧的热源由回转窑的窑头通入的煤气或重油(或重油加柴油)燃烧产生,此外,当原料焦(俗称生焦)被加热后,其中的挥发分燃烧也可提供一部分热源。燃烧产生的热烟气借助窑内负压向窑尾移动,从窑尾排出进入收尘系统。原料焦的流向与烟气正好相反,经窑尾流入回转窑,在窑内与逆流的热空气接触加热,由于窑体是倾斜转动,物料随窑体转动的同时向窑头移动,同时完成煅烧,从窑头进入冷却机。

根据生焦在煅烧中发生的先后变化,可以把回转窑分为三段。

第一段是预热带。生焦在此带脱水和排出挥发分,该带的始端烟气温度约为1200℃,末端(窑尾出口)温度为500~600℃。

第二段是煅烧带。生焦在此带焦化,焦中碳原子排列开始向有序性发展,达到增强石油焦的物化性能(如电阻率、真密度、机械强度等)的目的。该带的烟气最高温度可达1350~1400℃,物料在此被加热到1250~1300℃。

第三段是冷却带。物料在此带自然冷却到1000℃以下,由窑头排料口流进冷却机。冷却机采用喷水方式对物料进行强制冷却。冷却机出口处煅后焦温度小于60℃。

煅烧工序所生产的煅后焦的好坏直接影响预焙阳极的理化性能。石油焦的挥发分、电阻率、真密度和颗粒收缩程度随煅烧温度的变化而变化。煅烧温度的高低，对煅后焦的各项性能指标有着非常重要的影响。煅烧条件应根据煅后焦质量要求和原料石油焦的质量波动调整控制。煅烧质量的衡量指标有真密度、电阻率、晶体结构。

煅烧工序中物料的温度一般控制在 1200～1250℃，温度过高，物料烧损增大，温度过低，生焦烧不透，物化性能指标不过关。在此温度范围内煅烧的石油焦真密度可达 1.99～2.03g/cm^3，粉末电阻率小于 650μΩ·m。在控制好炉内气氛和入炉空气量等条件的前提下，为了提高煅烧质量及防止焦炭在焙烧过程中产生二次收缩，有的铝厂将煅烧温度提高到 1240～1300℃。这样既可以提高煅烧实收率和设备运转率，又能防止温度过高而引起石油焦的选择性氧化。

经验表明，控制好煅烧条件不仅可以稳定煅后焦质量，还可部分消除原料石油焦的不良影响。

（3）破碎、筛分与配料

破碎是指将大块的煅后石油焦用机械的方法碎裂成小块或粉料，破碎后的煅后焦各种粒级是混合在一起的，不符合科学配比要求，因此必须把它们进行粒度分级，即筛分。筛分就是将破碎后混在一起的物料按设计的尺寸分为不同粒级的物料。对于筛分设备来说，产量要满足生产需要，筛分纯度要满足生产工艺的要求。因为生产配方是按照一定的筛分纯度来计算的。炭-石墨材料生产中常用的筛分设备有振动筛、回转筛和摇摆筛等，其中铝用预焙阳极筛分设备多用振动筛。

配料是按预先设计的配方进行不同粒级和不同物质的调配，从而获得最大的骨料混合料和糊料振实密度。骨料混合料的振实密度受参与混合的各粒级骨料配比、纯度和粒度分布的影响，亦受混捏效果和振实程度影响。而糊料振实密度除受其骨料混合料的振实密度影响外，还受沥青用量、混捏效果和振实程度的影响。因此，配料时应筛分各粒级骨料的纯度和粒度，控制各粒级骨料配比及沥青配比，确保配方的准确性。

配料的另一个关键因素就是黏结剂沥青的配入量。沥青的湿润性和流动性是衡量其性能的两个最重要的指标，而影响沥青湿润性和流动性的重要指标有软化点（SP），喹啉不溶物（QI）、β-树脂质量分数。研究表明，要获得高质量的阳极，沥青软化点宜控制在 100～110℃ 范围内，一般说 QI 值在 6%～12% 为宜，β-树脂的质量分数应控制在 18%～25%。沥青作黏结剂配料有固体沥青配料和液体沥青配料两种方式。生产实践表明，液体沥青配料的炭块质量优于固体沥青配料。其主要原因是：

① 液体沥青的温度可高达 170～180℃，当温度高于黏结剂软化点 50～70℃ 时，黏结剂具有最大的流动性和湿润能力，有利于提高混捏效果。

② 炭素颗粒在混捏过程中被湿润后，颗粒表面对沥青的组分进行选择性吸附。其中，黏结重胶质组分最易被吸附，轻质烃类物质最难吸附。

③ 由于液体沥青排渣、排烟，特别是排水汽充分，所以浸润和黏附效果好，从而提高了焙烧结焦残炭值和焦桥黏结效果。可调整沥青熔化、贮存的工艺参数，减小原料沥青引入的不良作用，稳定配料沥青质量。

对于铝用预焙阳极，有大颗粒配料和小颗粒配料两种模式，沥青质量分数则根据干料配方和成型工艺的区别而有所不同，一般为 14%～18%。大颗粒配料可以减少配料粒级和实现低沥青配比。减少配料粒级能节省骨料制备和配料部分的投资，提高效率，降低成本；降低沥青配比，可节省沥青用量，减少焙烧及其烟气净化负担。国内典型的四粒级配方见表 1-17。目前国际上最少的配料粒级为三粒级，沥青质量分数可控制在 13.5%～15% 范围。

表 1-17 铝用预焙阳极的典型配方

粒级/mm	配料量(质量分数)/%
粗颗粒料(6～12)	14～20
中颗粒料(3～6)	8～10
细颗粒料(0.074～3)	45～54
粉料(0～0.074)	22～25
残极	13～30
生碎	0～7
黏结剂沥青	14～18

如表 1-17 所示，配料工序还应考虑残极的合理配入以及残极质量，对于软残极和污染的残极，由于它们将对阳极质量产生很大的影响，生产中应加强残极清理，以免残极中电解质的含量偏高，造成预焙阳极灰分增加。残极的配入量（质量分数）一般控制在 13%～30%，可根据实际需要调整。

（4）混捏与成型

经过配料计算所得的各种骨料与沥青黏结剂在一定温度条件下搅拌、混合得到塑性糊料，这一工序称为混捏。混捏的目的是使各种不同粒级的骨料均匀地混合，使熔化的沥青浸润焦炭颗粒表面，并渗入焦炭内部的孔隙。

在混捏过程中，由于有黏结剂沥青的浸润作用，原来松散的骨料颗粒堆积就变为有结合力的相互连接，并成为具有可塑性的糊料。因此，经过一定时间的混捏，可达到如下效果：①物料混合非常均匀；②骨料中的不同颗粒达到合理堆积，提高振实密度；③黏结剂沥青渗透到各种骨料的孔隙中，提高了物料的黏结性和振实密度。

混捏工艺的主要技术参数是混捏温度和混捏时间。混捏温度应比沥青的软化点高出 50～70℃。铝用预焙阳极一般选用高温改质沥青做黏结剂，其软化点为 110℃ 左右，则混捏温度应该选择 160～180℃；若使用中温沥青做黏结剂，则混捏温度应该控制在 140～160℃。混捏温度必须严格控制，以确保沥青在此期间黏度小，流动性好，从而获得最佳的沥青浸润效果，且容易渗透到骨料孔隙中去。若温度不够，则沥青黏度大，糊料在混捏机内搅拌费力，黏结剂与骨料难以混合均匀，影响阳极的理化性能。当然，温度也不能过高，否则沥青受热开始变化，部分轻质组分逐渐挥发，还有部分组分受空气中氧的作用，发生缩聚反应，使糊料的塑性变差，导致挤压成型的成品率降低。黏结剂沥青在加入混捏机前，必须先经过预热，且温度高于混捏机内的物料温度，一般要求大于 170℃。

混捏时间一般在 40～60min 范围内，但要视具体情况而定。在实际生产中可遵循如下规则：

① 沥青软化点稳定，混捏机温度稳定，混捏配料用量符合工艺要求，混捏时间不应延长或缩短。

② 沥青软化点变化时，依沥青黏结剂的软化点高低适当改变混捏时间。

③ 混捏温度低时，可适当延长混捏时间，反之，则可适当缩短。
④ 混捏细粉料时，可适当延长混捏时间。
⑤ 加入生碎料时，也要适当延长混捏时间。
⑥ 混捏过程因故停机，应保温并延长混捏时间。
⑦ 若有特殊添加剂加入，改变了一般常规产品的混捏制度，也要考虑混捏时间的变化。

要想获得有较高密度和强度、低渗透性的阳极就需要有效地混捏。混捏载荷与阳极使用性能关系密切。混捏载荷越大，阳极的体积密度、质量损失、炭耗等参数越好。高载荷混捏和黏结剂含量高的阳极与低载荷混捏和黏结剂含量高的阳极相比，有较好的性能，也就是有较高的阳极体积密度和较少的阳极质量损失。表1-18描述了在混捏机中不同倾翻电动机功率（KN1，KN2）下，混捏载荷与阳极使用性能的关系。

表1-18 混捏载荷与阳极使用性能的关系

项目	单位	低载荷混捏		高载荷混捏	
		试验	常规	试验	常规
KN1	kW	5～50	40～70	40～70	45～64
KN2	kW	22～110	60～150	69～146	73～146
焦炭		A	A	C	C
黏结剂	%	16.77	15.51	16.29	15.24
生阳极体积密度	g/cm^3	1.525	1.536	1.597	1.582
焙烧块体积密度	g/cm^3	1.483	1.498	1.562	1.550
质量损失	%	5.4	4.8	5.1	4.6
电流效率	%	86.64	89.48	89.45	88.03
吨铝阳极毛耗	kg	636	621	665	672
吨铝阳极净耗	kg	475	465	460	475
吨铝炭渣	kg	7.3	4.0	1.4	2.9
铝电解槽	台	21	21	5	5

成型是生阳极制备的最后一道工序。成型是将混捏好的炭素糊料，通过挤压、振动或捣固等方法制成具有一定形状和具有较高密度的半成品——生块。在预焙阳极的生产中，以往多用挤压方法，挤压设备有水压机、油压机、电动丝杠压力机等，如1500吨油压机及1000吨、2500吨卧式水压机，3500吨挤压机。挤压成型分为凉料、装料、预压、挤压和产品的冷却等过程。贯穿于整个过程的主要问题是正确掌握温度、压力和挤压速度。凉料和预压的目的是使糊料中的气体充分排出，达到较高的密度。适当地提高预压压力有利于提高成品密度和降低孔隙率，但机械强度并无显著提高，所以预压压力不是越大越好。目前3500吨油压机具有抽气装置，可使料室中的气体更充分地排出。

振动成型的基本原理是：利用高速振动（每分钟达2000～3000次，振幅为1～3mm）的振动机组，使装在成型模内的糊料处于强烈的振动状态，使糊料获得相当大的触变速度和加速度，在颗粒间的接触边界产生应力，引起颗粒的相对位移，使糊料内部孔隙不断减少，体积密度逐渐增大，达到成型的目的。在阳极生产实践中已确定用生阳极的体积密度来评估成型效率。体积密度影响焙烧阳极的理化和机械性能，一般要求是生块体积密度大于

$1.57g/cm^3$。

（5）焙烧

焙烧是影响炭素制品物理化学性能的一道关键工序。它是将压型后的生炭块在隔绝空气的条件下进行热处理，使黏结剂转变为焦炭。由于生块中的沥青牢固地包裹在炭素颗粒之间的过渡层，当高温转化为焦炭后，就在半成品中构成界面碳网格层，具有搭桥、加固的作用。经过焙烧的阳极机械强度稳定，导热性、导电性和耐高温性优异。

焙烧过程是一个复杂的过程，随着温度的升高，发生许多物理化学变化，表1-19列举了铝用阳极在不同的焙烧温度段所发生的物理化学变化。影响焙烧工艺的关键技术参数是焙烧温度。

表1-19 焙烧过程中阳极的物理化学变化

温度/℃	物理化学变化	主要表现
0～200	沥青热膨胀，由成型/冷却产生的应力释放	降低密度，骨料黏结松散
150～350	沥青膨胀进入空阵，并重新分布，骨料再填充	钢爪坑有塌陷变形的危险，影响渗透性、机械强度和电阻率
350～450	释放轻质黏结剂挥发物	骨料体积密度稍有降低
450～600	焦化，由塑性物料转变为固体骨架，释放大量非焦化挥发物	同一炭块内部由温度梯度可引起膨胀和收缩，产生膨胀应力
600～900	再焦化，释放裂解重挥发物，退火消除应力	正常加热速率，无特殊影响
900～1200	黏结剂焦及低温煅烧的骨料焦晶格重新定位和增大	收缩引起膨胀应力，如温度大大超出前阶段焦炭的焙烧温度（>100℃），可观察到裂纹增多

在以上焙烧过程中，有两个阶段即450～600℃和900℃以上最为重要，它们对阳极外观质量、理化指标影响较大。在450～600℃阶段应控制升温速率。如果升温过快，温度梯度太大则挥发分将在阳极内部产生很大的压力，这将导致阳极体积增大，甚至形成裂纹。而且，升温太快阳极失重也增加，影响孔隙率、强度等指标。900℃以后主要影响阳极电阻率、抗氧化性等指标。在一般的焙烧工艺温度范围内（＜1200℃），热处理温度越高，则电阻率越低，抗氧化性越强。

影响焙烧阳极质量的主要因素是焙烧炉温度的均一性、合理的升温速率和最终温度。阳极炭块的焙烧过程是通过一个从升温、保温到降温的温度制度完成的。因此，在焙烧工序开始前制定一个合理的焙烧升温曲线非常重要。确定焙烧曲线的依据是：①焙烧炉型；②焙烧产品的规格；③焙烧操作规程。焙烧的延续时间取决于焙烧制品的类别和规格，例如大型制品焙烧420h，而小截面的制品可以焙烧较短的时间，各温度区间范围内的升温速率都根据理论及时间确定，这也是一项十分重要的工作。目前所使用的焙烧炉室的结构，还不能直接测定焙烧制品的温度，这是很大的缺点。带盖的多室环式炉是将测温热电偶放在炉盖下的烟气中，用这种方法测量焙烧材料的温度和装入制品的炉室各部分的温度有较大的差异，且无一定的规律。

阳极的焙烧设施有隧道窑、导焰窑和多室环式焙烧炉（也称为轮窑）等，现在大型的炭素厂多采用多室环式焙烧炉。多室环式焙烧炉有许多优点：焙烧产品质量较好，热效率比导焰窑高，装出炉机械化程度高，从整炉来看，生产连续性强，产量高。但它也有缺点：基建投资大，厂房结构要求高，不适合小规模生产。炭块焙烧周期为16～30天（包括冷却在内），最高焙烧温度为1250～1350℃。升温速率在不同的温度区段有很大不同，200℃以下可以快速升温；200～600℃，每小时2～5℃；600～800℃，可以稍快些；800℃以后，每小时10～15℃。环式炉常用的焙烧曲线根据炉型和制品的规格而变化，升温时间一般为160～400h。

（6）组装

阳极组装是将阳极铝导杆、钢爪和预焙阳极炭块组合为一体的工艺过程，导杆和钢爪以焊接的形式、钢爪和预焙阳极炭块以磷生铁浇铸的形式连接在一起（图1-9）。阳极炭块组一般为单块阳极，也有双块组和三块组。用于浇铸阳极炭块的磷生铁一般含磷0.8%～1.2%（质量分数）。磷生铁的成分对于浇铸性能和钢爪与炭块之间的接触电阻影响很大。在生产中要求浇铸用的磷生铁具有流动性能好、热膨胀性强、电阻率低、冷态下易脆裂等特点。在浇铸磷生铁前，钢爪预先在石墨液中浸沾，其作用是防止浇入铁水时铁水侵蚀钢爪，并改善钢爪与铸铁之间的接触状态。

阳极炭块一般为长方体，在其导电方向的上表面有2～4个直径为160～180mm、深为80～110mm的圆槽，俗称炭碗。在阳极组装时，炭碗用来安放阳极爪头，通过磷生铁浇铸，使阳极导杆与阳极炭块连为一体，组成阳极炭块组。生产中对阳极组装的外观要求是：①阳极铝导杆弯曲度不大于15mm；②组件焊缝不脱焊，爆炸焊片不开缝；③钢爪长度不小于260mm，各钢爪偏离中心线不大于10mm，钢爪直径不小于135mm，铸铁环厚度不小于10mm；④磷生铁浇铸饱满平整，无灰渣和气泡。

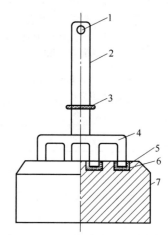

1—吊孔；2—阳极导杆；3—爆炸焊块；
4—铸钢爪；5—磷生铁；6—炭碗；7—阳极炭块

图1-9 阳极炭块组

1.4.4 改善阳极性能的途径

（1）阳极质量改进的意义

铝用阳极堪称铝电解槽的"心脏"，阳极质量的优劣与铝电解生产的经济效益息息相关。例如阳极消耗的速度决定了吨铝阳极炭耗。在铝电解生产过程中，吨铝阳极理论炭耗量为333kg，而实际吨铝阳极炭耗量远远大于理论值，是因为除了要维持反应而消耗的阳极以外，还有许多额外的影响因素导致阳极的消耗，这些因素引起的炭耗总和称为实际消耗。现代大型预焙阳极铝电解槽吨铝阳极实际消耗一般约为410～500kg。阳极的物理化学性能直接影响阳极的电流分布、阳极的更换频率、铝电解槽内炭渣量等，也就直接影响铝电解槽的运行稳定性。阳极的电化学性能与阳极过电压，也就是与铝电解能耗有关。此外，阳极的质量还与工人的操作环境及劳动强度有直接关系。因此，改进阳极的质量具有多重意义。

（2）阳极质量改进的途径

在铝用阳极质量改进的科学研究和实际应用方面，近年来取得了许多进展，这些进展包括对原料（主要是指石油焦和沥青）、生产设备、工艺技术条件以及阳极在电解中消耗机理等方面的研究，甚至包括对铝用炭素材料功能特性指标测试方法和产品标准的研究，以此来改善阳极的物理化学性能，提高阳极的工作质量，最终体现在电解过程中降低能耗、炭耗，提高电流效率，减少环境污染和降低劳动强度等方面。

在原料方面，研究包括石油焦的物理化学性能，黏结剂沥青的改质处理，原料中的杂质和微量元素对阳极工作特性的影响等。在生产设备方面，一是对主体设备如回转窑、焙烧炉、混捏机等的改进，二是对引进设备的吸收、消化并改进。在生产技术方面，以提高产品质量、降低生产成本、改善生产环境等为目标，一系列工艺技术条件得到优化并被成功地应用于生产中。如针对现代化预焙铝电解槽电流容量大的特点，要求阳极规格大，抗热震性好，因此采用优质的煅后焦结合大颗粒配方新工艺，同时减少黏结剂沥青的配入量，既改善了阳极的理化性能，又降低了因沥青烟气造成的环境污染；采用干湿两种电捕法收尘净化烟气，使烟气排放口处的焦油质量浓度降到了 $50mg/m^3$ 左右，焦油捕集率达 90% 以上，基本达到环保排放标准。

由于炭素阳极固有的缺陷，无论采取上述哪种方式对阳极性能进行改善，都无法从根本上解决炭素阳极带来的环境污染、原材料消耗和因更换电极导致的对铝电解槽平衡的破坏等问题。从氟化物高温熔盐体系炼铝法发明的时候起，业内人士就设想若能找到一种（类）既具有传统炭素阳极的优点，又能克服其固有缺陷的新型电极材料，这将是铝电解的又一次技术革命。于是，惰性阳极的概念应运而生。这种相对不消耗阳极的方法的研究成功将对铝电解节能、降耗、增效和环境保护起到巨大的促进作用。

思 考 题

1. 简述铝的性质及用途？
2. 从炼铝的发展历史，谈谈铝电解槽技术的发展趋势？
3. 铝电解的原料主要有哪些？
4. 预焙炭阳极生产对石油焦有何要求？
5. 炭材料生产中，沥青黏结剂的功能是什么？
6. 振动成型的原理是什么？
7. 炭阳极生块焙烧的目的是什么？

第 2 章
铝电解质体系及其性质

2.1 研究铝电解质的意义

2.1.1 铝电解质在铝电解中的作用

铝电解质是铝电解时溶解氧化铝并使它经电解还原为金属铝的反应介质。它接触炭阳极和铝阴极,并在槽膛内发生着电化学、物理化学、热、电、磁等耦合反应,它是成功进行铝电解必不可少的组成部分之一。

铝电解质决定着电解过程温度的高低及电解过程是否顺利,并在很大程度上影响着铝电解的能耗、产品质量和铝电解槽寿命,因此其重要性是不言而喻的。

130多年来,铝电解质一直是以冰晶石为主体,虽然经过许多试验,试图用其他盐类来取代,但都未获得成功。至今,人们尚未找到一种性能更优于冰晶石的电解质主体成分。

2.1.2 霍尔-埃鲁特法对铝电解质的要求

① 该电解质化合物中不含有比 Al 更正电性的元素(包括金属),或析出电位比 Al 更低的元素。

② 电解质的熔度(也称初晶温度)低,即能保持铝为熔融状态(铝的熔点为660℃,电解质的熔度为950℃左右),又不超过其熔点太多,否则能耗大。

③ 电解质对氧化铝的溶解度大,使电解过程的操作简化,减少病槽。

④ 电解质的导电性好,使极距间的电阻率较低,利于节能。

⑤ 电解质对铝的溶解度及损失小,这样才能大幅度地降低能耗,提高电流效率,多产铝。

⑥ 具有比 Al 小的密度,这样电解质可以浮在熔融 Al 的上部,保护 Al 不遭氧化,且使铝电解槽的结构简化。

⑦ 其他,如黏度要小,即易于流动,与阳极有良好的润湿性,以利于气泡排出;熔融时挥发性要小,使其升华损失小,以及要求电解质在固态和液态时均不吸湿,这样才有利于

电解和贮存。

为了尽量满足这些要求，必须要对电解质的性质进行研究。

2.2 铝电解质的相平衡图

冰晶石-氧化铝电解法的基本电解质体系是 NaF-AlF$_3$ 二元系、Na$_3$AlF$_6$-Al$_2$O$_3$ 二元系和 Na$_3$AlF$_6$-AlF$_3$-Al$_2$O$_3$ 三元系。前者是 Na$_3$AlF$_6$ 所在的体系，后两者是工业电解质的基础。

此外，在工业上，为了改善铝电解质的物理化学性质和提高生产指标，特意往 Na$_3$AlF$_6$-AlF$_3$-Al$_2$O$_3$ 体系中添加一些化合物，其中最常用的是 CaF$_2$、MgF$_2$、NaCl、LiF 或 Li$_2$CO$_3$ 等添加剂。引入这些添加剂之后，电解质体系变得更加复杂。

铝电解质的物理化学性质，包括熔度、密度、电导率、表面性质、黏度和迁移数等。研究电解质的性质有助于阐明熔液的结构，并为选择适宜的电解质组成提供依据，所以在理论上和应用上都有重要意义。

为了便于电解质中 NaF 或 AlF$_3$ 含量的量化，工业中常以摩尔比（MR）或质量比（BR）表示。

① 质量比是铝电解质中氟化钠与氟化铝的质量分数之比。

$$质量比(BR) = \frac{NaF \text{ 质量分数}}{AlF_3 \text{ 质量分数}} \tag{2-1}$$

纯冰晶石的质量比为： $BR = (3 \times 42)/84 = 1.50$

② 摩尔比是铝电解质中氟化钠与氟化铝的物质的量之比。

$$摩尔比(MR) = \frac{NaF \text{ 物质的量}}{AlF_3 \text{ 物质的量}} = 2BR \tag{2-2}$$

纯冰晶石的摩尔比为：$MR = n(NaF)/n(AlF_3) = 3.0$

由图 2-1 可见，Na$_3$AlF$_6$ 的摩尔比 $= n(NaF)/n(AlF_3) = 3$，为中性电解质，当其中 AlF$_3$ 分子数增加时，摩尔比就小于 3，为酸性电解质；当其中 NaF 含量增加且摩尔比超过 3 时，则为碱性电解质。目前工业上普遍采用酸性电解质。

2.2.1 NaF-AlF$_3$ 二元系相图

NaF-AlF$_3$ 二元系相图如图 2-1 所示。该系有以下特点：

① 冰晶石是此二元系中的一个化合物（高峰），其位置在摩尔分数 $x(NaF)75\%$ + 摩尔分数 $x(AlF_3)25\%$ 处或质量分数 $w(NaF)60\%$ + 质量分数 $w(AlF_3)40\%$ 处（图 2-1），其熔点是 1010℃。冰晶石在熔化时部分地发生了热分解，所以它的显峰并不尖锐。

② 亚冰晶石在 NaF-AlF$_3$ 二元系相图上处于隐峰位置，它的成分是 $x(NaF)62.5\%$ + $x(AlF_3)37.5\%$，即 $w(NaF)45.6\%$ + $w(AlF_3)54.4\%$。它在 NaF-AlF$_3$ 二元系中是由冰晶石晶体和液相（L）在 735℃时起包晶反应而生成：

$$Na_3AlF_{6(晶体)} + L_{(液)} \rightarrow Na_5Al_3F_{14(晶体)} \tag{2-3}$$

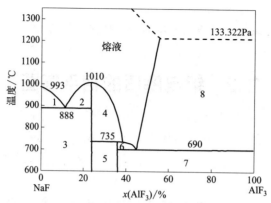

1—熔液+NaF$_{(晶)}$；2—熔液+冰晶石$_{(晶)}$；3—NaF$_{(晶)}$+冰晶石$_{(晶)}$；4—熔液+冰晶石$_{(晶)}$；
5—冰晶石$_{(晶)}$+亚冰晶石$_{(晶)}$；6—熔液+亚冰晶石$_{(晶)}$；7—亚冰晶石$_{(晶)}$+AlF$_{3(晶)}$；8—熔液

图 2-1 NaF-AlF$_3$ 二元系相图

735℃即是生成亚冰晶石的包晶点。在包晶点 735℃以下，亚冰晶石是稳定的，但在 735℃以上，它熔化并分解。

③ 单冰晶石 NaAlF$_4$ 位置是在 x(NaF)50%＋x(AlF$_3$) 50%处（图 2-2）。现已确证 NaAlF$_4$ 是存在的。计算表明，单冰晶石在热力学上是不稳定的。它在 710℃以上时是介稳定的固相，在低于 680℃时就已分解为 Na$_5$Al$_3$F$_{14}$ 和 AlF$_3$。

④ 在冰晶石中加入 NaF 或 AlF$_3$，都会降低其熔点。添加 AlF$_3$，相图上液相线下降更陡（降低熔点作用大）。但加入 AlF$_3$ 的摩尔分数超过 35%时，电解质温度降低很多，电解质不稳定，生成了单冰晶石 NaAlF$_4$ 等，挥发损失急剧增大。

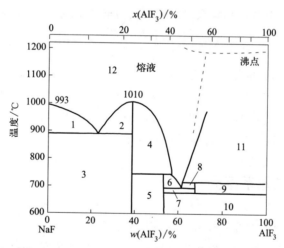

1—熔液+NaF$_{(晶)}$；2—熔液+冰晶石$_{(晶)}$；3—NaF$_{(晶)}$+冰晶石$_{(晶)}$；4—冰晶石$_{(晶)}$+熔液；5—冰晶石$_{(晶)}$+亚冰晶石$_{(晶)}$；
6—熔液+亚冰晶石$_{(晶)}$；7—亚冰晶石$_{(晶)}$+单冰晶石$_{(晶)}$；8—单冰晶石$_{(晶)}$+熔液；9—单冰晶石$_{(晶)}$+AlF$_{3(晶)}$；
10—亚冰晶石$_{(晶)}$+AlF$_{3(晶)}$；11—AlF$_{3(晶)}$+熔液；12—熔液

图 2-2 NaF-AlF$_3$ 二元系相图

在图 2-2 上，整个 NaF-AlF$_3$ 二元系分成 12 个相区。液相线以上为液相区 12。NaF-Na$_3$AlF$_6$ 分系是一个简单共晶系。位于亚共晶区（共晶点以左）的熔液，冷却到液相线时，首先析出 NaF 初晶体。在相区 1 内，熔液与 NaF$_{(晶)}$ 共存。继续冷却到固相线（888℃）时，析出 NaF 和 Na$_3$AlF$_6$ 的共晶体，熔液全部凝固。在固相线以下，存在 NaF$_{(晶)}$ 以及 NaF 和 Na$_3$AlF$_6$ 的共晶。位于超共晶区（共晶点以右）的熔液，冷却到液相线时，首先析出 Na$_3$AlF$_6$ 初晶体。在相区 2 内，熔液与 Na$_3$AlF$_{6(晶)}$ 共存，继续冷却到固相线（888℃）时，析出 NaF 和 Na$_3$AlF$_6$ 的共晶体，熔液全部凝固。在固相线以下存在 Na$_3$AlF$_{6(晶)}$ 以及 NaF 和 Na$_3$AlF$_6$ 的共晶体。

Na$_3$AlF$_6$-AlF$_3$ 分系相当复杂。成分在亚冰晶石以左的熔液，当它冷却到液相线时，开始析出冰晶石初晶体。在相区 4 内熔液与冰晶石$_{(晶)}$ 共存。当继续冷却到 735℃时，冰晶石$_{(晶)}$ 同液相（L）发生包晶反应，生成亚冰晶石晶体，直到液相完全消耗为止。在包晶反应终了时，冰晶石晶体还有剩余，故在相区 5 内存在着冰晶石$_{(晶)}$+亚冰晶石$_{(晶)}$。成分位于亚冰晶石右侧的熔液，当冷却到液相线时，首先析出冰晶石晶体，至 735℃时，也发生包晶反应，生成亚冰晶石，但此时冰晶石晶体的数量不足，使包晶反应进行到冰晶石晶体完全消耗为止，故有熔液剩余。到 735℃以下，此剩余熔液继续析出亚冰晶石晶体。至 690℃，结晶出亚冰晶石与单冰晶石的共晶。但在 680℃时，单冰晶石分解成亚冰晶石和 AlF$_3$，故在 680℃以下的相区 10 内存在着亚冰晶石和氟化铝的晶体。成分在亚冰晶石和单冰晶石共晶点右侧的熔液，冷却至液相线时，析出 AlF$_3$ 初晶体。到 710℃时，AlF$_3$ 晶体同液相发生包晶反应，生成单冰晶石晶体，但此时 AlF$_3$ 消耗殆尽，熔液尚有剩余。继续冷却时，结晶出单冰晶石。至 690℃时，剩余的熔液全部凝固，生成亚冰晶石-单冰晶石共晶。

纯冰晶石在固相中有相变，在 563℃以下属于单斜晶系，563℃以上属于立方晶系。纯冰晶石的熔点是 1010℃，氟化钠（NaF）的熔点是 993℃，氟化铝（AlF$_3$）在常压下不熔化，加热到 1272℃时，氟化铝的蒸气压达到 101325Pa。由于 AlF$_3$ 直接升华，所以 NaF-AlF$_3$ 二元系通常只研究到 AlF$_3$ 含量 60%～70%（质量分数）为止。

由于 NaF-AlF$_3$ 二元系熔液具有很大的腐蚀性，所以在研究其相图和各种物理化学性质时，一般采用贵金属（如铂）器皿。

2.2.2　Na$_3$AlF$_6$-Al$_2$O$_3$ 二元系相图

冰晶石-氧化铝熔体体系是铝电解质的主体，对它们进行过大量研究，对该系电解质的了解也更加深入。在铝电解过程中，由于氧化铝浓度经常发生变化，该体系的性质也随之变化。因此把握该体系的组成与性质关系十分重要。

Na$_3$AlF$_6$-Al$_2$O$_3$ 二元系熔度如图 2-3 所示。这是一个简单共晶系相图。共晶点在 Al$_2$O$_3$ 10%（质量分数）处，共晶温度为 962.5℃。这说明在电解温度下，氧化铝的溶解度是不够大的。由图 2-3 可见，随着温度升高，该系熔体可以溶解更多的 Al$_2$O$_3$。

工业生产时，电解实际温度比相图的熔度（或初晶温度）要高出 10～15℃，这高出的部分就是所谓的过热温度，此温度下 Al$_2$O$_3$ 的最大饱和溶解度要比相图值高一些。

不同 Al$_2$O$_3$ 浓度时 Na$_3$AlF$_6$-Al$_2$O$_3$ 系的熔度，可由经验公式（2-4）计算：

$$T=1011-7.93w(Al_2O_3)/[1+0.0936w(Al_2O_3)-0.0017w(Al_2O_3)^2] \quad (2-4)$$

式中　　T——熔度，℃；

$w(Al_2O_3)$——Al$_2$O$_3$ 质量分数，%，适用范围为 0～11.5%。

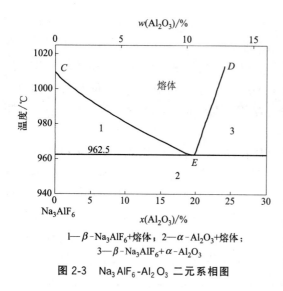

1—β-Na_3AlF_6+熔体；2—α-Al_2O_3+熔体；
3—β-Na_3AlF_6+α-Al_2O_3

图 2-3 Na_3AlF_6-Al_2O_3 二元系相图

此式的相对标准偏差为 0.34℃。

采用点式下料的现代预焙铝电解槽，由于使用计算机控制，其 Al_2O_3 质量分数在 1.5%~3.5%，处于相图的亚共晶区部分。随着下料-电解-下料过程的进行，相图上的该部分液相线（即熔度）也随之下降-上升-下降，这将引起电解质性质和铝电解槽槽况的变化。显然这种变化的幅度不宜太大，愈小愈好。由于是周期性地加入 Al_2O_3，采用点式下料时，因每次下料量小，时间间隔短，引起电解质的变化较小，而大加工（如打壳机、侧部或中间铡刀式下料）则相反，每次下料量大，时间间隔长，引起电解质性质的变化呈大起大落之势，从根本上说，不能保证电解生产的平稳进行。

2.2.3 Na_3AlF_6-AlF_3-Al_2O_3 三元系相图

与铝电解质关系密切的 Na_3AlF_6-AlF_3-Al_2O_3 三元系相图如图 2-4 所示。Na_3AlF_6-AlF_3-Al_2O_3 三元系是工业电解质的基础。该系的侧部二元系 Na_3AlF_6-AlF_3 中有不稳定的化合物亚冰晶石，并且 Al_2O_3 的熔点甚高，而 AlF_3 是一种挥发性很大的物质。所以 Na_3AlF_6-AlF_3-Al_2O_3 三元系相图至今尚未全部研究完毕，只限于常用的冰晶石一角。

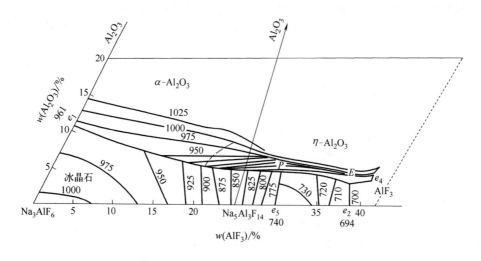

图 2-4 Na_3AlF_6-AlF_3-Al_2O_3 三元系相图

已知，在一般的三元系 A-B-C 中，如果在侧部二元系 A-C 中有一种不稳定的化合物 D，而其余两个侧部系 A-B 和 B-C 中既没有化合物也没有固溶体，则在此三元系中总有两个三元点。连接 *BD* 线，如果这两个三元点分别在 *BD* 线两侧，则它们都是三元共晶点；如果它们都在 *BD* 线一侧，则其中一个是三元包晶点，另一个是三元共晶点。Na_3AlF_6-AlF_3-

Al$_2$O$_3$ 三元系属于第二种情形。它的两个三元点都在 BD 线一侧，一个是三元包晶点（P），另一个是三元共晶点（E）。在图 2-4 上绘示出福斯特的相图。

该图中 e_1 点是冰晶石-氧化铝的共晶点（961℃），e_5 点是冰晶石-亚冰晶石的共晶点（740℃），e_2 点是亚冰晶石-氟化铝共晶点（694℃），P 点是三元包晶点（723℃）。在该点发生无变数包晶反应：

$$L_P + Na_3AlF_{6(晶)} \rightarrow Na_5Al_3F_{14(晶)} + Al_2O_{3(晶)} \tag{2-5}$$

生成亚冰晶石晶体和氧化铝晶体。P 点的组成是：Na$_3$AlF$_6$ 为 67.3%（质量分数）或 45.6%（摩尔分数）；AlF$_3$ 为 28.3%（质量分数）或 48.6%（摩尔分数）；Al$_2$O$_3$ 为 4.4%（质量分数）或 5.8%（摩尔分数）。

E 点是三元共晶点（684℃），在整个三元系中它的熔点最低。在此无变数点上建立下列平衡：

$$L_E \rightarrow Na_5Al_3F_{14(晶)} + AlF_{3(晶)} + Al_2O_{3(晶)} \tag{2-6}$$

亦同时结晶出亚冰晶石晶体、氟化铝晶体和氧化铝晶体。E 点的组成是：Na$_3$AlF$_6$ 为 59.5%（质量分数）或 37.4%（摩尔分数）；AlF$_3$ 为 37.3%（质量分数）或 58.5%（摩尔分数）；Al$_2$O$_3$ 为 3.2%（质量分数）或 4.1%（摩尔分数）。

该图中有 5 条单变数平衡线：e_1P 线；e_5P 线；PE 线；e_2E 线和 e_4E 线。它们把整个三元系划分成 4 个初晶区：①冰晶石初晶区（e_1-P-e_5）；②氟化铝初晶区（e_2-E-e_4）；③亚冰晶石初晶区（e_5-P-E-e_2）；④氧化铝初晶区（α-Al$_2$O$_3$ 和 η-Al$_2$O$_3$）。

2.3 工业铝电解质的物理化学性质

铝电解质以 Na$_3$AlF$_6$-Al$_2$O$_3$ 二元系为基础，工业上为了改善其性质，一般都加入添加剂，形成比较复杂的电解质体系。前人对铝电解质的添加剂做过大量研究。

作为铝电解质的组成部分，对添加剂的要求也如对铝电解质的要求一样，例如，不含有比 Al 更正电性的元素（包括金属），或析出电位比 Al 更低的元素；熔融状态下具有良好导电性；对电解质的密度、黏度及 Al$_2$O$_3$ 的溶解度影响小等。如果不符合以上要求，则会带来其他弊端，达不到改善电解质性质的目的。

经过理论研究和工业试验，被证明确有成效的添加剂有 AlF$_3$、MgF$_2$、CaF$_2$、LiF 等几种。其中，CaF$_2$ 是铝电解槽启动时加入的，此后以杂质形式由冰晶石和 Al$_2$O$_3$ 带入。不同类型的添加剂各有其优缺点，但都会使原电解质对 Al$_2$O$_3$ 的溶解度减小。

2.3.1 熔度

（1）初晶温度

初晶温度是指熔盐以一定的速度降温冷却时，熔体中出现第一粒固相晶粒时的温度，熔度指固态盐以一定的速度升温时，首次出现液相时的温度。这两者是同一温度，因为该温度下盐的固-液相处于平衡。纯盐的该温度叫熔点，而二元及多组分混合盐的该温度称为熔度。

电解质熔度决定电解过程温度的高低（电解温度＝电解质熔度＋过热度）。温度的变化将影响铝电解槽的主要技术经济指标，如电流效率（由金属损失决定）。许多研究表明，电解温度降低10℃，电流效率增加1.8%～2%；电解温度对电能消耗（电解质的电阻率大小与温度有关）以及物料消耗（AlF_3升华损失等）都有重大影响。

（2）过热度

过热度为高于电解质熔度的温度。通常电解过程实际温度要高于电解质熔度10～15℃，这种过热度有利于电解质较快地溶解氧化铝。过热度也控制着侧部槽帮和底部结壳的生成与熔化，铝电解槽炭素内衬上凝固的电解质形成的侧部槽帮对内衬有保护作用，电解质通过毛细管作用能爬移到金属铝液的底部去溶解底部沉淀。如果过热度不高，底部的电解质将凝固，生成底部结壳。阳极下方的阴极区内不应生成底部结壳，因为这会增大阴极电压降，并使铝液中产生水平电流，后者与垂直磁场作用导致铝液熔池的运动和不稳定，最终增大了铝的损失。

（3）添加剂对熔度的影响

各种添加剂对降低冰晶石熔体熔度的影响如图2-5所示，其中以LiF最显著，MgF_2次之。早先我国许多侧插棒式自焙阳极铝电解槽采用加锂盐或Li-Mg复合盐的电解质。据报道，向冰晶石-氧化铝熔体中添加5%LiF（质量分数），电解质的熔度将降低50℃左右，进而获得了较高的电流效率和较低的电能消耗，取得了较好的技术经济指标。

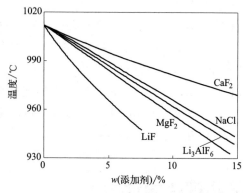

图2-5 各种添加剂对冰晶石熔体熔度的影响

含有AlF_3、LiF、CaF_2和MgF_2以及氧化铝的冰晶石熔体的熔度（K）可以用式（2-7）表示：

$$T=1011-0.072w(AlF_3)^{2.5}+0.0051w(AlF_3)^3+0.14w(AlF_3)-10w(LiF)+$$
$$0.736w(LiF)^{1.3}+0.063[w(LiF)\times w(AlF_3)]^{1.1}-3.19w(CaF_2)+$$
$$0.03w(CaF_2)^2+0.27[w(CaF_2)\times w(AlF_3)]^{0.7}-12.2w(AlF_3)$$
$$+4.75w(AlF_3)^{1.2}-5.2w(MgF_2) \tag{2-7}$$

2.3.2 密度

（1）密度是物质质量与其体积之比

铝电解时，电解质和熔融铝之间的密度差比较小，例如1000℃时，纯熔融冰晶石的密度为2.095g/cm³，纯铝的密度为2.289g/cm³，二者的密度差小容易引起金属铝的损失，此外还会因小的干扰而引起电解质和铝界面的明显扰动。因此，降低电解质熔体的密度、增大电解质熔体和阴极铝液之间的密度差是很重要的。

纯熔融冰晶石和纯铝（质量分数99.75%）在不同温度下的密度（g/cm³）按下式表示：

$$\rho(Na_3AlF_6)=3.032-0.937\times10^{-3}T \tag{2-8}$$

$$\rho(\text{Al}) = 2.382 - 272 \times 10^{-6}(T - 658) \tag{2-9}$$

（2）NaF-AlF$_3$ 系的密度

在 NaF-AlF$_3$ 系中，熔体密度在冰晶石成分附近出现一个高峰，该点是 AlF$_3$ 20%～25%（摩尔分数）处。由图 2-6 看出，此高峰并不尖锐，说明冰晶石已经在一定程度上发生了热分解，而且温度越高，此高峰的陡度越小，冰晶石的热分解程度越大。

（3）Na$_3$AlF$_6$-Al$_2$O$_3$ 系的密度

此二元系的密度如图 2-7 所示。尽管 Al$_2$O$_3$ 的密度很大，但随着 Al$_2$O$_3$ 的加入，熔体的密度降低了，这与熔体中出现了体积庞大的络离子有关。

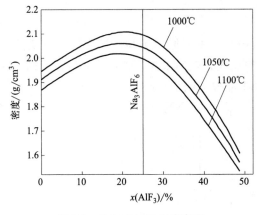

图 2-6　NaF-AlF$_3$ 系密度变化

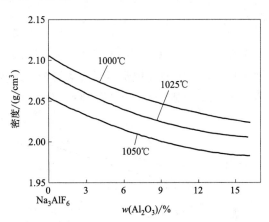

图 2-7　Na$_3$AlF$_6$-Al$_2$O$_3$ 系密度变化

（4）工业电解质的密度与温度和添加剂的关系

在选择铝电解质的添加剂时，必须考虑添加剂对铝电解质熔体密度的影响，应该了解添加后熔体密度是增大还是减小，以及影响的程度。

根据研究和实测，含有氧化铝和添加剂的电解质，在 1000℃ 时的等温密度如图 2-8 所示。

该系密度（g/cm^3）与温度的关系可以按式（2-10）计算：

$$\begin{aligned}\rho = 100/\{&w(\text{Na}_3\text{AlF}_6)/(3.305 - 0.000937T) + w(\text{AlF}_3)/[1.987 - 0.000319T \\ &+ 0.0094w(\text{AlF}_3)] + w(\text{CaF}_2)/[3.177 - 0.000391T + 0.0005w(\text{CaF}_2)^2] \\ &+ w(\text{MgF}_2)/[3.392 - 0.000525T - 0.01407w(\text{MgF}_2)] + w(\text{LiF})/(2.358 \\ &- 0.00049T) + w(\text{Al}_2\text{O}_3)/[1.449 + 0.0128w(\text{Al}_2\text{O}_3)]\}\end{aligned} \tag{2-10}$$

在常用添加剂中，CaF$_2$ 和 MgF$_2$ 的添加使电解质的密度增大。就影响程度而言，CaF$_2$ 大于 MgF$_2$（见图 2-8）。但是在添加量为 5%～10%（质量分数）时，对电解质的密度影响很小。

添加剂 NaCl 和 LiF 对 Na$_3$AlF$_6$-Al$_2$O$_3$ 系熔体密度的影响与之相反，它们都使熔体的密度明显降低。

工业铝电解质中含有炭渣（或炭粒）和其他化合物，如碳化铝等，使得它的密度不同于纯盐混合物。此外，随着生产的进行，AlF$_3$ 因挥发而损失，Al$_2$O$_3$ 不断消耗，电解质的密度是周期性变化的。据报道，当工业电解质的摩尔比在 2.4～2.7 范围内，Al$_2$O$_3$ 质量分数为 4%～6%，CaF_2 质量分数为 2%～4%，其密度为 2.095～2.111g/cm³，比铝液的密度约低 0.2g/cm³ 左右。

2.3.3 电导率

研究铝电解质的电导率，在理论上可以了解电解质熔体的结构和离子移迁的机理；在生产上，它关系到极距间电压降的大小，通常极距间电解质的电压降约占槽电压的 35%～39%，因此它与电能消耗的大小直接相关。

熔体的电导率是指长 1cm、截面积 1cm² 的熔体的电导，也称为比电导。电导率 χ 与电阻率 ρ_R 的关系是：

$$\chi = 1/\rho_R \tag{2-11}$$

Na_3AlF_6-Al_2O_3 系电解质的电导率测定非常困难，主要原因是高温熔融铝电解质的腐蚀性极强，导电池要用耐高温、耐腐蚀的绝缘材料制成，现尚未找到较理想的材料，目前的研究测试多采用氮化硼（BN）制成毛细管，基本上能保证测量精度。

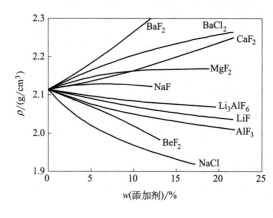

图 2-8 1000℃ 时 Na_3AlF_6-添加剂系的等温密度

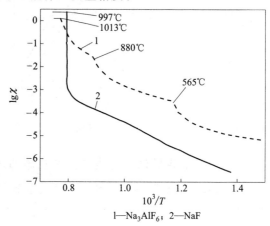

图 2-9 Na_3AlF_6 和 NaF 的电导率与温度的关系
1—Na_3AlF_6；2—NaF

（1）纯 NaF、Na_3AlF_6 熔体的电导率

纯 NaF、Na_3AlF_6 的电导率与温度的关系如图 2-9 所示，图中纵坐标为 $\lg\chi$，横坐标为 $1/T$。由图 2-9 可见，冰晶石在熔点附近电导率的变化不如 NaF 急剧，因为 NaF 熔化时已经全部离解为 Na^+ 和 F^-，而冰晶石只是部分离解。在冰晶石的曲线上，出现了两个电导率的突变点，即 565℃ 和 880℃ 时发生突变，正好是冰晶石的晶型转变温度，说明电导率与晶体结构有关。

（2）NaF-AlF_3 系的电导率

该体系的电导率随着熔体中 AlF_3 含量的增加而降低。显然，电导率的降低与熔体中 Na^+ 浓度的降低有关。

（3）Na_3AlF_6-Al_2O_3 系的电导率

Na_3AlF_6-Al_2O_3 系的电导率等温线（1010℃）如图 2-10 所示，该体系的电导率随 Al_2O_3 质量分数增大而减小，这是由于生成体积庞大的铝氧氟络离子。加入 Al_2O_3 后电解质电导率下降，冰晶石熔体中加入 Al_2O_3 后，其电导率下降（电阻率升高），例如在 1010℃ 下，纯冰晶石的电导率为 2.8S/cm，当加入 10% Al_2O_3 后，电导率下降至 2.25S/cm，即下降 20%，也即电阻率增大 20%。加入的 Al_2O_3 量越少，电导率减小也越少，因此下料量少的点式下料方式引起的电导率变化很小，有利于节能。

（4）添加剂对铝电解质电导率的影响

添加剂对铝电解质电导率的影响如图 2-11 所示。前人的研究结果指出，LiF、Li_3AlF_6、NaF、NaCl 都能增大电解质的电导率，其中以 LiF 为最优。其他的添加剂则降低电导率。

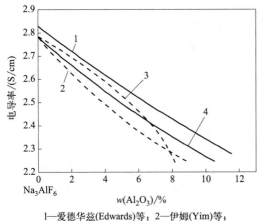
1—爱德华兹(Edwards)等；2—伊姆(Yim)等；
3—柯斯托马罗夫(Kostmaroff)等；4—罗林(Rolin)

图 2-10 Na_3AlF_6-Al_2O_3 系的电导率等温线（1010℃）

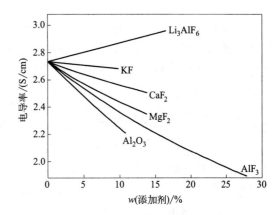

图 2-11 不同添加剂对冰晶石熔体电导率的影响

含有 Al_2O_3、AlF_3、CaF_2、KF、MgF_2 的冰晶石二元系和 Na_3AlF_6-Al_2O_3-CaF_2、Na_3AlF_6-AlF_3-KF 三元系电导率的计算可用如式（2-13）的经验公式：

$$\ln\chi = 1.977 - 0.0200w(Al_2O_3) - 0.0131w(AlF_3) - 0.0060w(CaF_2) - 0.0106w(MgF_2)$$
$$- 0.0019w(KF) + 0.0121w(LiF) - 1204.3/T \tag{2-12}$$

式中 χ——电导率，S/cm；

w——质量分数，%；

T——热力学温度，K。

（5）工业铝电解质的电导率

工业铝电解质熔体的电导率也是随着生产的进行，呈周期性变化。当工业铝电解质中存在炭渣颗粒时，电解质的电导率下降。据测定，电解质含炭 0.6%，电导率下降 10% 左右。因为炭粒在熔体中起绝缘体的作用，从而使熔体实际导电截面积减小，炭渣含量愈大，电导率降低的幅度也愈大。实践表明，当电解槽大量含炭（病槽）时，槽电压便自动升高。在工业铝电解槽中，电解质含大量炭渣，添加 MgF_2，能很好地分离炭渣，从而改善电解质的导电性能，故 MgF_2 能间接地提高电解质的电导率。

工业电解质中通常悬浮着固体 Al_2O_3，特别是在加工后更为严重。这些悬浮着的 Al_2O_3 颗粒同样减少熔体的有效导电截面，使电解质的电导率降低，这也是加工后槽电压自动升高的原因之一。槽底沉淀因搅动而返回电解质中时，也具有同样的作用，降低值约为 0.15～0.27S/cm。故生产中不宜搅动槽底沉淀物。

2.3.4 黏度

黏度是液体中各部分抗拒相对移动的一种能力，它是铝电解槽中反映流体动力学的重要参数之一。例如，电解质的循环性质，Al_2O_3 颗粒的沉落，铝珠和电解质的分离，炭粒和电解质的分离以及阳极气体的排除等都同电解质的黏度有关。它影响到阳极气体的排出和细小铝珠与电解质的分离，从而关系到金属损失和电流效率。同时，它也是反映熔体结构的重要参数。

铝电解生产过程中，电解质的黏度应该适当。黏度太大，对铝液和电解质的分离、阳极气体的排出、炭渣和电解质熔体的分离、电解质的循环、氧化铝的溶解等过程不利。此外，黏度大，熔体的电导率也将降低；相反黏度太小，虽然能消除上述不良影响，却加速了铝的溶解与再氧化反应而使电流效率降低。

（1）NaF-AlF_3 系的黏度

NaF-AlF_3 系的黏度与熔体成分、温度的关系如图 2-12 所示。图中各黏度等温线在冰晶石组成点（虚线所示位置）都出现一个明显的极大值，而且在该处等温黏度的曲率随着温度的升高而逐渐变小。它说明体积庞大的 AlF_6^{3-} 的进一步离解程度变大，故黏度也随之变小。

（2）Na_3AlF_6-Al_2O_3 系的黏度

Na_3AlF_6-Al_2O_3 系的黏度如图 2-13 所示。根据图中曲线可知，当 Al_2O_3 摩尔分数低于 10% 时，熔体黏度变化极小；当 Al_2O_3 摩尔分数大于 10% 时，黏度显著地增大。黏度增大的原因主要是熔体中生成了如 $AlOF^{2-}$、$AlOF_2^{3-}$ 等体积庞大的铝氧氟络离子。Al_2O_3 摩尔分数低时，因这些配离子数目少，故黏度变化不大。但是随 Al_2O_3 摩尔分数的进一步增大，这些配离子数目增多，而且还会缔合生成含有 2～3 个氧原子的更加庞大的配离子，故黏度急剧增大。

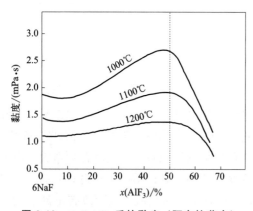

图 2-12　NaF-AlF_3 系的黏度（阿布拉莫夫）

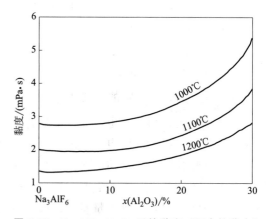

图 2-13　Na_3AlF_6-Al_2O_3 系的黏度（阿布拉莫夫）

（3）Na_3AlF_6-AlF_3-Al_2O_3 系的黏度

研究 Na_3AlF_6-AlF_3-Al_2O_3 三元系的黏度的目的，主要是研究酸性电解质的黏度与冰晶石摩尔比和 Al_2O_3 质量分数的关系，对于生产来说是有实际意义的。图 2-14 是托克勒普和瑞耶的研究结果，图中虚线所限的区域内（NaF/AlF$_3$ 摩尔比 MR：3～2.33），增大 Al$_2$O$_3$ 的质量分数，黏度明显提高，增加 AlF$_3$ 的含量，则黏度显著降低。在酸性电解质熔体中，Al$_2$O$_3$ 和 AlF$_3$ 的共同存在对黏度的影响将不会十分显著。

（4）添加剂对电解质黏度的影响

高温下冰晶石熔体的黏度测定比较困难，至今积累的资料与数据不全。各种添加剂对冰晶石熔体黏度的影响如图 2-15 所示。许多研究表明，CaF$_2$ 和 MgF$_2$ 对 Na$_3$AlF$_6$-Al$_2$O$_3$ 系熔体黏度的影响与图 2-15 所示情况相似，即随着 MgF$_2$ 和 CaF$_2$ 含量的增加，熔体的黏度也随之增大，其中 MgF$_2$ 影响大于 CaF$_2$。其原因是 Mg^{2+}、Ca^{2+} 在熔体中能构成体积大的阴、阳络离子，如 MgAlF$_7^{2-}$。同样，NaCl 和 LiF 的添加将使得冰晶石-氧化铝熔体的黏度降低，其中以 LiF 的作用更明显。

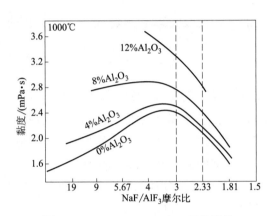

图 2-14　Na$_3$AlF$_6$-AlF$_3$-Al$_2$O$_3$ 三元系的黏度（托克勒普和瑞耶）

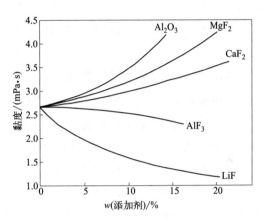

图 2-15　添加剂对冰晶石熔体黏度的影响（1000℃）

2.3.5　表面性质

铝电解质熔体的表面性质是熔体与其他物质接触时，表面或界面之间相互作用时所表现出的特性。生产中电流效率、原材料消耗、内衬的破损、炭渣的分离、铝珠的汇集以及阳极效应的发生都与熔体的表面性质关系密切。

（1）界面张力与湿润角

电解质的表面性质对电解过程以及铝电解槽内发生的二次反应有重要影响。在电解质/炭素的界面上，界面张力影响着炭素内衬对电解质组分的选择吸收，以及电解质与炭渣的分离；在阴极界面上，铝和电解质之间的界面张力影响着铝的溶解速率，因而影响着电流效率；炭素材料被电解质所湿润是三相界面上界面张力的作用，也是一个关系到发生阳极效应的重要因素。

在电解质/炭素界面上的界面张力为 $\gamma_{E/C}$，这个界面上的界面张力关系通常用湿润角 θ 来表示，界面张力与湿润角的关系见图 2-16。

湿润角 θ 是指熔融电解质与炭素材料及空气之间的三相界面接触角，受 3 个界面的张力

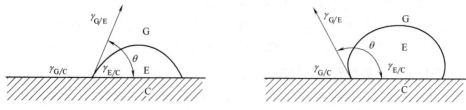

图 2-16 电解质熔体（E）在炭素材料（C）上的湿润角 θ

影响：即电解质和气体间的界面张力 $\gamma_{G/E}$，固体和气体间的界面张力 $\gamma_{G/C}$，以及电解质和固体间的界面张力 $\gamma_{E/C}$，它们之间的关系可以用式（2-13）表示：

$$\cos\theta = (\gamma_{G/C} - \gamma_{E/C})/\gamma_{G/E} \tag{2-13}$$

在 1010℃ 下，纯冰晶石熔体在无定形炭板（类似于炭阳极、炭阴极）上的 θ 角为 125° 左右，当加入质量分数 10% Al_2O_3 后，湿润角变小至 110°。

湿润角 θ 的大小影响阳极气体自阳极底掌的排出、阳极效应的发生以及炭渣与电解质的分离。

(2) Al_2O_3 含量与湿润角的关系

当电解质中 Al_2O_3 质量分数降得很低时，一般在 1.5% 左右（注意：视电解温度、电解质组成、电流密度及炭素材料极化情况等而定），即会发生阳极效应。此时，电解质因 Al_2O_3 含量低，它与炭素阳极间的 θ 角大，气泡容易存在于阳极底掌，因而发生阳极效应。加入 Al_2O_3 后，θ 角变小，两者湿润性变好，有利于气泡的排出及阳极效应的停止。

生产中常利用阳极效应时的高温并在缺少 Al_2O_3 的情况下分离炭渣，或者可以观察到槽温高时，阳极效应推迟发生，这都与 θ 角的变化有关。

(3) 添加剂对湿润角的影响

不同添加剂也在不同程度上影响 θ 角的大小。有关实测数据列于表 2-1。

表 2-1 添加剂对电解质和炭素之间湿润角的影响

w(添加剂)/%					湿润角	标准偏差
LiF	NaF	CaF_2	MgF_2	AlF_3	$\theta/(°)$	/(°)
—	—	—	—	—	112.0	3.2
2	—	—	—	—	114.3	1.9
3	—	—	—	—	123.0	1.7
5	—	—	—	—	127.7	1.1
—	3.66	—	—	—	99.4	1.9
—	—	3	—	—	119.3	2.1
—	—	8	—	—	120.8	2.5
—	—	—	3	—	120.0	2.0
—	—	—	8	—	129.6	1.1
—	—	—	—	7.04	103.9	3.2
—	—	—	—	15.84	104.4	6.1
5	3.66	—	—	—	112.7	0.8
—	3.66	8	—	—	113.0	1.2
—	3.66	—	8	—	120.7	1.5
5	—	—	—	15.84	103.8	2.7
—	8	—	—	15.84	125.0	1.2
—	—	—	8	15.84	1115.4	0.8

2.3.6 蒸气压

铝电解质的蒸气压直接关系到氟化盐的消耗以及对生态环境的污染。同时，对这一问题的研究也有助于对熔体结构的认识。

（1）NaF-AlF₃ 系的蒸气压

固态氟化铝在常压下不熔化，它的沸点约为 1280℃。AlF_3 在不同温度下的蒸气压是：1000℃，13.3Pa；1100℃，5625Pa；1276℃，101325Pa。液态氟化钠的蒸气压为 1000℃，26.66Pa；1100℃，133.32Pa。冰晶石熔体在 1000℃ 时的蒸气压约为 (493.28±133.32)Pa。$NaF-AlF_3$ 二元系熔体的蒸气压见图 2-17。从图中可见，熔体蒸气压随着 AlF_3 含量的增加（或 NaF/AlF_3 摩尔比的降低）而迅速增大，显然是 AlF_3 易于挥发的结果。温度升高，熔体的蒸气压也随之升高。

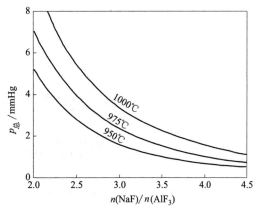

图 2-17 NaF-AlF₃ 二元系熔体的蒸气压
（1mmHg=133.32Pa）

（2）Na₃AlF₆-Al₂O₃ 系的蒸气压

$Na_3AlF_6-Al_2O_3$ 系的蒸气压随着熔体中 Al_2O_3 浓度的增大而降低。表 2-2 中的数据是 K. 格洛泰姆（Grjothem）和 J. 格拉赫（Gerlach）等人的测定结果。显然，在 $Na_3AlF_6-Al_2O_3$ 熔体中 AlF_3 的相对含量是随着 Al_2O_3 的增加而降低的，这便成为熔体蒸气压降低的原因之一。此外，Al_2O_3 加入熔体后，还会进一步与 Na_3AlF_6 发生反应，也是降低 AlF_3 挥发的又一原因。

表 2-2 Na₃AlF₆-Al₂O₃ 熔体的蒸气压（1000℃）　　　　　单位：Pa

组成	Al₂O₃ 质量分数/%					
	0	2.5	5.0	7.5	10.0	15.0
K. Grjothem	466.62	386.63	359.96	333.30	319.97	239.98
J. Gerlach	466.62	—	413.29	346.63	346.63	239.98

（3）添加剂对电解质蒸气压的影响

在冰晶石-氧化铝熔体中添加 CaF_2、MgF_2 和 LiF 都使熔体蒸气压降低。但是在酸性电解质熔体中提高 AlF_3 含量，或者降低 NaF/AlF_3 摩尔比则使其蒸气压增大。图 2-18 是 $Na_3AlF_6-Al_2O_3-CaF_2$ 系的蒸气压与温度的关系。

2.3.7 离子迁移数

在电解过程中，通过熔体的电流是由离子迁移传输的。离子迁移数是指某种离子在输送电流过程中所承担迁移的电流的分数。即是某种离子输送电荷的数量，或者说输送电荷的能力。一般用分数和百分数来表示。数值大的，表示传递电荷的能力大。这种能力的大小还与

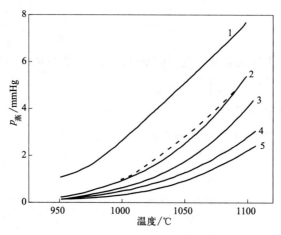

1—100% Na₃AlF₆; 2—5% Al₂O₃+5%CaF₂;
3—5% Al₂O₃+10%CaF₂; 4—10% Al₂O₃+5%CaF₂;
5—10% Al₂O₃+10%CaF₂

图 2-18 Na₃AlF₆-Al₂O₃-CaF₂ 系的蒸气压

离子的运动速度有关。

对于单一的一价熔盐来说，存在着下列关系：

$$n_{阴}（阴离子迁移数）=\frac{u_a}{u_a+u_k} \tag{2-14}$$

$$n_{阳}（阳离子迁移数）=\frac{u_k}{u_a+u_k} \tag{2-15}$$

$$n_{阴}+n_{阳}=1$$

式中　u_a——阴离子在电场中的运动速度；

　　　u_k——阳离子在电场中的运动速度。

早年对冰晶石-氧化铝熔融电解质中离子迁移数的研究，包括 W. B. Frank 与 L. M. Foster 用放射性同位素进行的著名实验都证明，Na^+ 是电荷的主要迁移者。例如，在中性和碱性电解质（MR≥3）中，Na^+ 的迁移数 $n(Na^+)$ 接近于 1；在酸性电解质（MR=2~3）中，$n(Na^+)=0.96~0.99$，即 96%~99% 的电流仍是由 Na^+ 传输的，只有 1%~4% 是由铝氧氟离子传输的。这表明，Na^+ 相对于其他所有离子，包括 Al-F、Al-O-F 络离子总和而言，它是电荷的主要迁移者，它的迁移优先。

思 考 题

1. 铝电解生产中对电解质有哪些要求？并简述其道理。
2. 铝电解生产中为什么要用冰晶石-氧化铝熔体作为电解质？
3. 何谓铝电解质的摩尔比？工业铝电解槽中为什么要采用酸性电解质？
4. 铝电解生产向电解质中加入添加剂的目的是什么？对加入的添加剂有哪些基本要求？
5. 为什么电解铝盐水溶液在阴极上得不到铝？

第3章 铝电解过程的机理

3.1 冰晶石-氧化铝熔体结构

铝电解时，氧化铝在熔融冰晶石中以怎样的形态存在，在直流电场作用下它的相关组分又是怎样移动的，在阴极和阳极上析出相关物质之前电解质中究竟存在哪些离子？研究冰晶石-氧化铝熔盐结构的目的就是为了了解 Al_2O_3 的溶解机理及两极反应。

这个问题包括两个方面：$NaF-AlF_3$ 系熔体结构与 Al_2O_3 加入其中所生成新离子的结构。

3.1.1 NaF-AlF₃系熔体结构

(1) 冰晶石的晶体结构

冰晶石是离子型化合物，其晶体结构示于图 3-1。冰晶石的晶格是以 AlF_6^{3-} 原子团构成的立方体心晶格为基础，与 $Na_{(I)}^+$、$Na_{(II)}^+$ 分别形成的两个不同尺寸的体心立方晶格相互穿套而成的，属于一种复式晶格。在晶格中，原子团 AlF_6^{3-} 呈八面体；$Na_{(I)}^+$—F 的平均距离为 0.22nm，位于原子团 AlF_6^{3-} 所组成的体心立方晶格四棱的中点和上、下底的面心处；$Na_{(II)}^+$—F 的平均距离为 0.268nm，位于其他四个晶面上。在晶格中，$Na_{(I)}^+$ 和 $Na_{(II)}^+$ 与 F^- 的配位数分别为 6 和 12。

冰晶石晶体具有单斜晶系的结构，它以 AlF_6^{3-} 为基础。AlF_6^{3-} 结构如图 3-2 所示。F^- 围绕 Al^{3+} 构成一个紧密的八面体，AlF_6^{3-} 位于八面体晶格顶点的上面，稍有倾斜。Al^{3+} 跟 F^- 之间的键较短，平均为 0.18nm，而 Na^+ 与 F^- 之间的键较长，平均为 0.25nm。在这个结构中，近程有序是每一个 Al^{3+} 由 6 个 F^- 围绕。而远程有序是每个八面体（AlF_6^{3-}）与一个 Na^+ 处于连续间隔的排列中。

(2) 冰晶石熔体结构

在晶体中一种质点最邻近周围的另一种质点的排列总是一样的，这种规律叫作近程规律或近程有序。在晶体中每种质点各自都呈现有规律的周期性重复，某种规则结构周期性地在三维空间重复出现，这种贯彻始终的规律称为远程规律或远程有序。

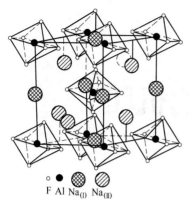

图 3-1 冰晶石的晶体结构

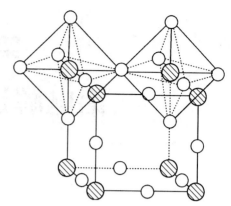

图 3-2 AlF_6^{3-} 结构示意

NaF-AlF$_3$ 二元系是冰晶石-氧化铝熔盐电解法的基本电解质体系中 Na$_3$AlF$_6$ 所在的体系。根据液体与固体结构相似的理论，晶体（单质或化合物）在略高于其熔点的温度下仍然不同程度地保持着固态质点所固有的有序排列，即近程有序规律。而质点之间的远程有序规律则不再保持。先由冰晶石熔体的热分解谈起。它的近程有序规律是 AlF_6^{3-} 八面体；远程有序排列则是 AlF_6^{3-} 八面体与 $Na_{(I)}^+$ 和 $Na_{(II)}^+$ 按一定规律的有序排列（或堆集）。当冰晶石熔化时，其晶体结构中由于 Na^+—F^- 离子间的键较长，结合力较弱，将首先断开，原有远程有序消失，冰晶石将按式（3-1）解离：

$$Na_3AlF_6 = 3Na^+ + AlF_6^{3-} \tag{3-1}$$

熔体仅保持近程有序。在高温下 AlF_6^{3-} 离子团将进一步解离：

$$AlF_6^{3-} = AlF_4^- + 2F^- \tag{3-2}$$

熔融冰晶石中存在 NaAlF$_4$ 已是不争的事实，并为早年的研究工作所证实。

Dewing 基于 NaF、AlF$_3$ 活度数据提出的热力学模型，认为 AlF_6^{3-} 离子团也可能按式（3-3）解离：

$$AlF_6^{3-} = AlF_5^{2-} + F^- \tag{3-3}$$

这样，冰晶石熔体的结构主要由 Na^+、F^-、AlF_6^{3-}、AlF_5^{2-} 和 AlF_4^- 构成。

3.1.2 Na$_3$AlF$_6$-Al$_2$O$_3$ 系熔体结构

数十年来，对 Na$_3$AlF$_6$-Al$_2$O$_3$ 系熔体结构的研究已提出 34 种结构模式。近年来又有若干新的研究进展，新提出的 Na$_3$AlF$_6$-Al$_2$O$_3$ 系熔体结构模式见表 3-1。

表 3-1 Na$_3$AlF$_6$-Al$_2$O$_3$ 系熔体结构模式

作者	熔体结构成分
Sterten	$Na_2Al_2OF_6$, $Na_2Al_2O_2F_4$, $Na_4Al_2O_2F_6$, $Na_6Al_2OF_{10}$
Julsrud	$Na_2Al_2OF_6$, $Na_4Al_2OF_8$, $Na_2Al_2O_2F_4$, $Na_6Al_2OF_{10}$
Kvande	$Na_2Al_2OF_6$, $Na_2Al_2O_2F_4$, $Na_4Al_2OF_8$
Gilbert	$Na_2Al_2OF_6$（或者 $Na_4Al_2OF_8$），$Na_2Al_2O_2F_4$

(1) 热力学模型的结果

Sterten 研究了饱和 Al_2O_3 的 $NaF-AlF_3$ 系熔体的热力学模型,指出主要的含氧络离子为 $Al_2OF_6^{2-}$ 和 $Al_2O_2F_4^{2-}$。

(2) 直接定氧法的结果

Danek 等用直接定氧法研究了该熔体的结构,指出在低 Al_2O_3 浓度时,熔体中存在 $Al_2OF_6^{2-}$ 和 $Al_3O_3F_6^{3-}$ 络离子;在高 Al_2O_3 浓度时则以 $Al_2O_2F_4^{2-}$ 为主;在酸性熔体中,$Al_2O_2F_4^{2-}$ 增多而 $Al_2OF_6^{2-}$ 减少。为了便于讨论,统称为 Al-O-F 络离子。

(3) 分子动力学模拟的结果

D. Balashchenko 用分子动力学方法对 $Na_3AlF_6-Al_2O_3$ 熔体结构进行了计算机模拟,所得熔体结构的特点如下:

① 低 Al_2O_3 浓度时,对 Al-O 来说,配位数和组成无关。

② 对冰晶石来讲,Al—F 键在 $Na_3AlF_6-Al_2O_3$ 熔体中很强,配位数约为 6,即形成 AlF_6^{3-},也可能是 7 个或 8 个 F^- 围绕 Al^{3+} 的排列。

③ 没有观察到冰晶石熔体中有 AlF_4^- 的存在,AlF_4^- 在此前很多研究中都认为是存在的。根据熔体离子聚合的可能性,熔体中能形成 Al_mO_n 型络离子团。该离子团也会包含与其相邻的 F^-,因而有可能形成相当大的 $Al_mO_nF_p^{2-}$ 离子团。如果 O^{2-} 能起桥梁作用,那么增加 Al_2O_3 含量应使络离子团的尺寸更大,因此这个熔体是一个松散的结构。

④ 计算表明,增加 Al_2O_3 含量将降低熔体的电导率。最大电流为 Na^+ 的迁移所致。所研究的各种模型的突出特点是 Al^{3+} 的迁移数为负值。这说明 Al^{3+} 被一群负离子稳定地屏蔽着,而使形成的络离子带有负电荷。于是在电场中这个络离子(携带有 Al^{3+} 在内)将移往阳极。对连接在一起的离子团作分析表明,如果在离子团中 F^- 与 Al^{3+} 牢固地结合在一起,那么所有连接在一起的离子团都带负电荷。

⑤ $Na_3AlF_6-Al_2O_3$ 熔体模型中,Al-F 离子对的生存期要比 Na-F 和 Na-O 离子对的生存期高一个数量级。Al-F 的相互作用非常强,使它成为 $Al_mO_nF_p^{2-}$ 中的重要组分。

总的来说,纯冰晶石的结构特征是 F^- 围绕 Al^{3+} 呈四面体排列,结构相当稳定。AlF_6^{3-} 八面体是冰晶石的晶格结构单元。当冰晶石熔化时,该单元的近程有序大部分还保留着,但不是很紧密地结合在一起。因为熔融冰晶石的结构相当松散,当 Al_2O_3 溶解在冰晶石中时,F^- 围绕 Al^{3+} 排列或被 O^{2-} 替代。O^{2-} 更为牢固地吸引着 Al^{3+},于是 Al—O 和 Al—F 总配位数降低了。此时四面体的配位状态仍然存在着,只是 Al—F 键力表现得更弱些。

这样,$Na_3AlF_6-Al_2O_3$ 熔体中存在的主要离子和络离子为:Na^+、AlF_6^{3-}、$Al_2O_2F_4^{2-}$、F^-(无 AlF_4^-,这点与多个学者的研究结果相反)。

(4) 核磁共振谱(NMR)测定结果

2002 年,V. Lacassagne 和 C. Bessada 等发表了用核磁共振谱(NMR)测定 1025℃ 下 $NaF-AlF_3-Al_2O_3$ 系的熔体结构并得出结论:该熔盐体系由不同的含铝络离子构成。在纯熔融冰晶石中主要有 Na^+、F^-、AlF_4^-、AlF_5^{2-} 和 AlF_6^{3-} 存在。当熔融冰晶石中加入 Al_2O_3 后,熔体中至少存在两种含 Al 络离子(即 $Al_2OF_6^{2-}$ 和 $Al_2O_2F_4^{2-}$)。此结论是有直接实验证明的。

综上所述，在1000～1025℃温度下，在 NaF-AlF$_3$ 熔体中，存在着的离子实体为 Na^+、F^-、AlF_4^-、AlF_5^{2-} 和 AlF_6^{3-}。加入 Al_2O_3 后，在 Na_3AlF_6-Al_2O_3 熔体中的主要离子实体见表 3-2，即除上述离子实体外，还出现了 Al—O—F 络离子，即 $Al_2OF_6^{2-}$、$Al_2O_2F_4^{2-}$ 等。这样，在 Na_3AlF_6-Al_2O_3 熔体中，存在着的离子实体为 Na^+、F^-、AlF_4^-、AlF_5^{2-}、AlF_6^{3-}、$Al_2OF_6^{2-}$ 和 $Al_2O_2F_4^{2-}$。这就是现今的冰晶石-氧化铝熔体的结构模型观。

表 3-2 1980 年以后不同研究者提出的冰晶石-氧化铝熔体结构中的主要离子实体

研究者	低 Al_2O_3 浓度	高 Al_2O_3 浓度	酸性电解质
A. Sterten		$Al_2OF_6^{2-}$，$Al_2O_2F_4^{2-}$	
V. Danek 等	$Al_2OF_6^{2-}$，$Al_3O_3F_6^{3-}$	$Al_2O_2F_4^{2-}$	$Al_2O_2F_4^{2-}$；$Al_2OF_6^{2-}$
D. Balashchenko 等		$Al_2O_2F_4^{2-}$	
V. Lacassagne，C. Bessada 等		$Al_2O_2F_4^{2-}$；$Al_2OF_6^{2-}$	

为了便于学习和讨论，本书在以后的讨论中用简化的符号表示，如 $Al^{3+}_{(络)}$ 表示含 Al 络离子 $Al_2OF_6^{2-}$ 和 $Al_2O_2F_4^{2-}$。

3.2 电解质各组分的分解电压

3.2.1 分解电压的概念

所谓分解电压，是指维护长时间稳定电解，并获得电解产物所必须外加到两极上的最小电压。理论分解电压等于两个平衡电极电位之差：

$$E_{T理} = \varphi_{平}^+ - \varphi_{平}^- \tag{3-4}$$

由于存在各种不可逆因素，故实际分解电压比理论值大得多，特别是在电极上析出气体时。所以实际分解电压值等于两个非平衡电极电位的差值：

$$E_{T实} = \varphi^+ - \varphi^- \tag{3-5}$$

分解电压可以通过热力学计算求得。根据电化学理论，某化合物的分解电压等于相应的原电池的电动势。电解中分解某化合物所需的能量（电能），其数值上等于原电池对外所做的功，也等于该化合物的等压自由能，但符号相反，即：

$$-nFE_T = \Delta G_T \quad \text{或} \quad E_T = -\Delta G_T / nF \tag{3-6}$$

式中　E_T——化合物的分解电压，V；

　　　F——法拉第常数，$F = 96487$ C/mol；

　　　n——价数的改变（Al_2O_3 电解时，$n=6$）；

　　　ΔG_T——反应温度下等压反应自由能的变化，J/mol。

式（3-6）中 ΔG_T 一般用式（3-7）计算求出：

$$\Delta G_T = \Delta H_T - T\Delta S_T \tag{3-7}$$

$$\Delta H_T = \Delta H_{298K}^{\ominus} + \int_{298K}^{T} \Delta C_p^{\ominus} dT \tag{3-8}$$

$$\Delta S_T = \Delta S_{298K}^{\ominus} + \int_{298K}^{T} \frac{\Delta C_p^{\ominus}}{T} dT \tag{3-9}$$

式中　　ΔH_T——反应温度下等压反应热焓的变化，J/mol；

　　　　ΔS_T——反应温度下等压反应熵的变化，J/(mol·K)；

　　　　T——反应温度，K；

　　　　$T \Delta S_T$——束缚能；

$\Delta H_{298K}^{\ominus}$，$\Delta S_{298K}^{\ominus}$——标准状态下，热焓变化和熵的变化；

　　　　$\Delta C_p^{\ominus}$——热容代数和，反应物的热容为负，生成物的热容为正。

在计算 Al_2O_3 的分解电压时，若金属铝有相变，则应分段进行计算。

3.2.2　Al_2O_3 的分解电压

Al_2O_3 的分解电压，因电极材料不同而有区别，即有惰性阳极和活性阳极之分。

（1）以惰性材料为阳极时，Al_2O_3 的分解电压的计算

计算 Al_2O_3 的分解电压，必须先计算出 Al_2O_3 的生成自由能变化，即 ΔG_T。Al_2O_3 的生成反应式是：

$$2Al_{(液)} + 1.5O_2 = Al_2O_{3(固)} \tag{3-10}$$

通过计算得到：

$$\Delta G_T = -1707.94 - 0.026T \lg T - 3.2635 \times 10^{-6} T^2 + 1.64431 \times 10^3 T^{-1} + 0.43T \text{(kJ/mol)} \tag{3-11}$$

由式（3-11）求得铝的熔点（660℃）以上的 Al_2O_3 生成自由能（ΔG_T）和分解电压的数值列于表 3-3 中。

采用惰性阳极时，许多人利用下面的电池反应，对 Al_2O_3 的分解电压进行了研究和测定：

$Al | Na_3AlF_6 + Al_2O_3 | Pt$，$O_2$ 电池反应是：

$$2Al + 1.5O_2 = Al_2O_3 \tag{3-12}$$

表 3-4 列举了他们的测定结果和计算值。

表 3-3　Al_2O_3 的生成自由能和分解电压（惰性阳极）

温度/K	ΔG_T/(kJ/mol)	E_T/V
1000	−1357.56	2.34
1100	−1324.38	2.29
1200	−1291.34	2.23
1223	−1283.76	2.22
1273	−1267.31	2.19
1300	−1258.44	2.17

表 3-4 Na_3AlF_6-Al_2O_3 的分解电压的测定和计算结果 [Pt(O_2)]

研究试验者	温度/K	Al_2O_3 质量分数/%	$E_{T实}$/V	$E_{T计}$/V
W. Tredwell(1933)	1253	饱和	2.169	2.208
P. Drosbach(1934)	1333	10	2.06	2.161
Q. Baymakw(1937)	1273	饱和	2.12	2.194
B. Ⅱ. Marsauwitz(1957)	1288	饱和	2.12	2.187
M. M. Vychukov(1965)	1293	10	2.11	2.184
M. Rey(1965)	1230	饱和	2.2	2.219
A. Sterten(1974)	1273	饱和	2.183	2.194

（2）采用活性阳极时的 Al_2O_3 分解电压

铝电解生产中阳极采用活性材料炭素。在阳极上析出的氧气进一步和阳极反应，生成 CO_2 和 CO。在此过程中，Al_2O_3 分解电压可以从反应式（3-13）和式（3-14）分别求得：

$$2Al_{(液)} + 1.5CO_{2(气)} = Al_2O_{3(固)} + 1.5C_{(固)} \tag{3-13}$$

$$2Al_{(液)} + 3CO_{(气)} = Al_2O_{3(固)} + 3C_{(固)} \tag{3-14}$$

通过热力学计算，它们的反应自由能与温度的关系式分别为：

$$(\Delta G_T)_1 = -1120.56 + 0.46T - 0.035T\lg T - 3.70 \times 10^{-6}T^2 + 1.8 \times 10^3 T^{-1} \tag{3-15}$$

$$(\Delta G_T)_2 = -1384.49 + 0.77T - 0.04T\lg T - 6.65 \times 10^{-6}T^2 + 3.02 \times 10^3 T^{-1} \tag{3-16}$$

由以上两式计算的结果列于表 3-5 中。表中的数据清晰地表明，Al_2O_3 的分解电压是随着熔体温度的升高而线性降低的。实际上，阳极气体是 CO_2 和 CO 的混合体。当用 N 表示其中 CO_2 的体积分数时，可以设 Al_2O_3 是按式（3-17）生成的：

$$2Al + aCO_2 + bCO = Al_2O_3 + cC \tag{3-17}$$

式中 a —— $\dfrac{3N}{1+N}$；

b —— $\dfrac{3(1-N)}{1+N}$；

c —— $\dfrac{3}{1+N}$；

a、b、c ——化学计量系数。

$$(\Delta G_T)_3 = -747.04a - 461.4977b - (0.02333a + 0.01332b)T\lg T - (2.47a + 2.21718b) \times 10^{-6} T^2 + (1.2a + 1.00713b) \times 10^3 T^{-1} + (0.31a + 0.2568b)T \tag{3-18}$$

表 3-5 Al_2O_3 分解电压计算结果（活性阳极）

温度/K	$(\Delta G_T)_1$/(kJ/mol)	$(E_T)_1$/V	$(\Delta G_T)_2$/(kJ/mol)	$(E_T)_2$/V
1000	-767.46	1.33	-738.12	1.27
1100	-734.49	1.27	-676.61	1.17
1200	-701.71	1.21	-615.35	1.06
1223	-694.20	1.20	-601.29	1.04
1273	-677.90	1.17	-570.78	0.99
1300	-669.11	1.16	-554.33	0.96

表 3-6　当 CO_2、CO 的体积分数不同时，Al_2O_3 的分解电压 E_T 的计算值

$x(CO_2)/\%$	a	b	c	$-\Delta G_{1200K}/(kJ/mol)$	$(E_{1200K})_3/V$	$-\Delta G_{1300K}/(kJ/mol)$	$(E_{1300K})_3/V$
0	0	3.0	3.0	614.84	1.06	553.78	0.96
20	0.50	2.0	2.5	641.79	1.11	590.05	1.02
40	0.86	1.28	2.14	661.20	1.14	616.17	1.06
60	1.12	0.75	1.87	673.17	1.16	633.19	1.09
70	1.24	0.53	1.76	683.74	1.18	645.58	1.12
80	1.33	0.33	1.67	684.49	1.18	648.42	1.12
100	1.50	0	1.5	695.70	1.20	662.60	1.14

表 3-6 中的数值为在不同的 CO_2 与 CO 体积分数下的 Al_2O_3 分解电压。图 3-3 为 Al_2O_3 分解电压与 CO_2 和 CO 体积分数的关系，它随着 CO_2 体积分数的增大而升高，随着温度的升高而降低。

以上计算结果说明，电解过程采用活性阳极时，Al_2O_3 的分解电压在 1.13V 左右，这与实验室里采用活性电极（C，CO_2）测得的结果是一致的，表 3-7 列出了一些测定结果。

采用活性电极使 Al_2O_3 分解电压降低的原因，从能量平衡的角度来说，是由于 CO_2 和 CO 的生成释放出能量，从而减少了外加的能量。从

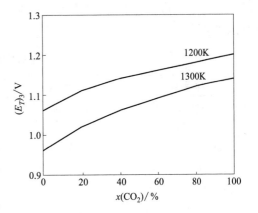

图 3-3　Al_2O_3 分解电压与 CO_2 体积分数及温度的关系（活性阳极）

电化学的观点来看，CO_2 和 CO 的生成起去极化的作用。然而能量的降低，也带来了阳极的消耗，随之而来是增加了设备费、加工费、基建费。因此，人们仍致力于研究惰性阳极材料，以其代替现用的活性炭素阳极。

表 3-7　电池 Al｜Na_3AlF_6-Al_2O_3｜C, CO_2 E_T 的测定和计算值

研究者	温度/℃	Al_2O_3 质量分数/%	$E_{T实}/V$	$E_{T计}/V$
Marsauwitz(1957)	1000	饱和	1.115	1.169
Rohlin(1960)	1000	5	1.15~1.20	1.169
Tunstadt(1964)	1000	饱和	1.15	1.169
Vychukov(1965)	1020~1030	10	1.17	1.152~8
Tunstadt(1970)	1010	饱和	1.16	1.164

（3）Al_2O_3 分解电压与熔体中 Al_2O_3 活度的关系

在一般计算和讨论中，没有考虑 Al_2O_3 分解电压与它在熔体中的活度的关系。但是研究表明，在 Na_3AlF_6-Al_2O_3 熔体中，随着 Al_2O_3 浓度的降低，Al_2O_3 的分解电压会稍稍增大。因此在精确计算中，应考虑冰晶石熔体中 Al_2O_3 活度对分解电压的影响，以便进行修正。它们之间的关系式是：

$$E_{T实}=E_{T理}-\frac{RT}{nF}\ln a \quad \text{或} \quad \Delta E_T=E_{T理}-E_{T实}=\frac{RT}{nF}\ln a \tag{3-19}$$

式中　n——Al 的价数变化总数（$n=6$）；

　　　a——Al_2O_3 的活度；

F——法拉第常数；

R——气体常数。

3.2.3 电解质中其他组分的分解电压

在铝电解质中，由于采用了添加剂，通常含有 NaF、AlF_3、CaF_2、MgF_2、LiF 和 NaCl 等，它们的分解电压的数值列于表 3-8 中。从表中的数值可以看出，Al_2O_3 分解电压值比这些化合物的分解电压要低得多。因此，在正常情况下，优先放电的是 Al_2O_3，而不是其他化合物。

表 3-8 电解质中其他组分的分解电压

反应式	E_{1100K}/V	E_{1200K}/V	E_{1300K}/V
$Al + 1.5F_2 \rightleftharpoons AlF_3$	4.154	4.064	3.976
$Na + 0.5F_2 \rightleftharpoons NaF$	4.762	4.633	4.451
$Ca + F_2 \rightleftharpoons CaF_2$	5.372	5.287	5.202
$Mg + F_2 \rightleftharpoons MgF_2$	4.831	4.739	4.562
$Li + 0.5F_2 \rightleftharpoons LiF$	5.252	5.175	5.100
$Na + 0.5Cl_2 \rightleftharpoons NaCl$	3.226	3.140	2.995
$2Al + 1.5O_2 \rightleftharpoons Al_2O_3$	2.294	2.237	2.178

3.3 两极主反应

根据对冰晶石-氧化铝熔体的离子结构、迁移数及铝与钠的析出电位等多方面的研究，可以比较容易地对两极上的放电反应（主反应）作出描述。

在铝电解环境下的冰晶石-氧化铝熔体中，由于 Na 的析出电位比 Al 的负，而 O^{2-} 的放电电位也比 F^- 的负。因此，预期在电解过程中，当 Al_2O_3 浓度不过低时，阴极上将发生铝离子（络合状态的）的放电，而阳极上将发生氧离子（络合状态的）的放电。

3.3.1 阴极主反应

在冰晶石-氧化铝熔体中，已经证实在 1000℃ 左右，纯钠的平衡析出电位比纯铝的约负 250mV。同时，研究表明，在阴极上离子放电时，并不存在很大的过电压（铝析出时的过电压约 10～100mV）。因此阴极上析出的金属主要是铝，即铝是一次阴极产物。阴极主反应是：

$$Al^{3+}_{(络)} + 3e \rightleftharpoons Al \tag{3-20}$$

Na_3AlF_6-Al_2O_3 熔体中并不存在单独的 Al^{3+}，铝是包含在铝氧络离子中。因此，Al^{3+} 放电之前首先发生含铝络离子的解离，但也不排除络离子直接放电的可能性。

3.3.2 阳极主反应

Na_3AlF_6-Al_2O_3 熔体电解的阳极过程是比较复杂的。这是由于阳极与阴极不同,阳极本身也参与电化学反应。铝电解时的阳极过程是络合阴离子中的氧离子在阳极上放电析出 O_2,然后与阳极反应生成 CO_2。阳极主反应是:

$$2O^{2-}_{(络)} + C - 4e = CO_2 \tag{3-21}$$

如前所述,电解质中存在 Na^+、F^-、AlF_4^-、AlF_6^{3-}、$Al_2OF_6^{2-}$、$Al_2O_2F_4^{2-}$ 等离子,含铝络离子在阳极放电的步骤如下:

$$AlOF_x^{1-x}{}_{(电解质)} = AlOF_x^{1-x}{}_{(电极)} \tag{3-22}$$

$$AlOF_x^{1-x} + C = C_xO + AlF_x^{3-x} + 2e \tag{3-23}$$

$$AlOF_x^{1-x} + C_xO = CO_2 + AlF_x^{3-x} + 2e \tag{3-24}$$

阳极区内应富含 AlF_3,阴极区内富含 NaF。这在工业铝电解槽上的实测也已经证明。
总反应式则是:

$$2Al^{3+}_{(络)} + 3O^{2-}_{(络)} + 1.5C = 2Al + 1.5CO_2 \tag{3-25}$$

电解的最终结果是:消耗原料 Al_2O_3 与阳极炭(当然同时需要电能),而在阴极上得铝,阳极上生成一次气体 CO_2。

3.4 阴极副反应

研究阴极过程是提高电流效率、延长铝电解槽寿命和保证电极过程平稳进行的基础。对阴极过程的研究,总的来说不如对阳极过程深入和广泛。阴极上发生的主要过程是铝的析出,次要过程是铝的溶解和钠的析出等。

3.4.1 铝的溶解和再氧化损失

在一定的电解生产条件下,电解质熔体中 Al_2O_3 被分解在阴极上还原析出金属铝。但是,与此同时存在着还原出来的铝溶解在电解质中,然后带至阳极附近又重新被氧化而损失的问题,这也是铝电解生产电流效率达不到 100% 的关键原因所在。研究铝的溶解,就是要找到引起铝氧化损失的原因和条件,进一步去控制这些条件,达到电解生产"高产、优质、低耗"的目的。

(1) 铝的溶解

铝在电解质熔体中的溶解已为众多的研究所证实。当金属铝珠放入清澈透明的冰晶石或冰晶石-氧化铝的熔体中,肉眼就能看到在铝珠的周围升起团团的雾状物质——金属雾,有人认为这是铝以中性原子的形式物理地溶解于熔体之中所产生的。在熔体中,溶解的铝粒子直径约为 10μm,其沉降速率为 2×10^{-4} cm/s,因而可稳定地存在于熔体之中。如果用强光照射金属雾,则可以看到像金属那样的反光粒子。在电泳实验中这些微粒向正极移动,证明它们可能带有负电荷。这种溶解有铝的电解质冷凝后呈灰色,而纯熔体是洁白的。用氢氧化钠或盐酸溶液处理冷凝物,有氢气产生,说明有金属铝存在(后来成为测定熔体中铝溶解度的方法之一)。

上面所述实质上是铝在熔体中的物理溶解。铝在熔体中的另一种溶解是化学溶解,即铝与熔体中的某些成分反应,以离子的形式进入熔体。

生成低价铝离子是化学溶解的主要形式,如:

$$2Al+AlF_3 \Longrightarrow 3AlF \quad 或 \quad 2Al+Al^{3+} \Longrightarrow 3Al^+ \tag{3-26}$$

$$2Al+Na_3AlF_6 \Longrightarrow 3AlF+3NaF \quad 或 \quad 2Al+AlF_6^{3-} \Longrightarrow 3Al^++6F^- \tag{3-27}$$

其次,铝可能与 NaF 作用置换出金属钠,或生成 Na_2F,其反应是:

$$Al+6NaF \Longrightarrow Na_3AlF_6+3Na \tag{3-28}$$

$$Al+6NaF \Longrightarrow 3Na_2F+AlF_3 \tag{3-29}$$

反应(3-28)已由扬德尔(W. Jander)和赫尔曼(H. Hermann)的实验证实,铝加到熔融的氟化钠里,观测到一种强烈的反应,同时有气态钠放出。许多人还从熔体上面的冷凝物中发现了钠。

此外,格洛泰姆还提出铝与冰晶石中的水起作用产生氢气的假说,即:

$$2Al+3H_2O \Longrightarrow Al_2O_3+3H_2 \tag{3-30}$$

后来,郝平用实验证实了这一点,并和 McGrew 观察到这一现象。有人认为金属雾主要是氢气泡,这种说法是难以成立的,因为如果金属雾真是氢气泡,那么浑浊的熔体应会逐渐澄清。

(2)铝在熔体中的溶解度

铝在冰晶石中的溶解度是很小的,一般在 0.05%~0.10% 之间。图 3-4 是 Na_3AlF_6-Al 二元系相图,在 0.24% Al 处有一个共晶点(共晶温度为 1005℃)。格拉赫认为在共晶点之前的浓度范围内(0%~0.24%),形成化学真溶液,而在 0.24% Al 之后,形成胶体溶液。阿瑟在 1020℃ 下测铝在纯冰晶石熔体中的溶解度是 0.085%,并且铝的溶解度随着熔体中 Al_2O_3 浓度的增加而降低,随着熔体温度的升高而增大。

铝的溶解度还随着电解质摩尔比的降低而降低。但是有人认为随着电解质摩尔比的改变,铝的溶解度出现了一个极小值,维丘科夫认为这个最小值在摩尔比 2.5~2.7 处,而池田晴彦等则认为在 2.57 处,如图 3-5 所示。持有这种"极小值"观点的人认为,在冰晶石

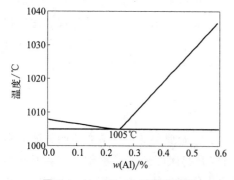

图 3-4 Na_3AlF_6-Al 二元系相图

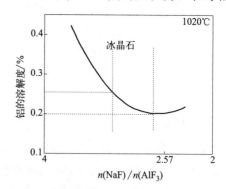

图 3-5 铝的溶解度与冰晶石摩尔比的关系

熔体中,当电解质摩尔比增大时,铝与 NaF 强烈反应而溶解度增大;而当摩尔比降低时,熔体中 NaF 降低,而 AlF_3 与铝的反应也不强烈,但是降低到一定程度,如电解质摩尔比小于 2.57 后,铝与 AlF_3 生成低价铝的反应越来越强烈,故铝的溶解度又开始回升。因此它存在一个极小值,这个极小值又与下面的电流效率的变化相对应。

(3) 铝的二次反应机理

如上所述,铝的溶解有物理的也有化学的过程,前者达到一定程度会饱和,后者在一定条件下也将达到平衡,而且溶解度也不大。尽管铝在电解质中的溶解度不大,但是电解过程熔体中存在 CO_2 且传质条件良好,由于电解质的强烈循环,溶解的铝会不断地被氧化,使平衡不断地遭受破坏,铝的损失增大,成为电流效率降低的主要原因。

为了认识二次反应的机理,对工业铝电解槽铝液界面与阳极之间的熔体中铝的浓度分布进行实测,其结果示于图 3-6 中。结果表明,铝液表面 10mm 以内,熔体内铝的含量接近其溶解度(0.08%~0.10%);在 10~30mm 的区间,铝的溶解度迅速下降,最低约为 0.01%;在阳极底掌下面 10~12mm 内,铝含量接近于零。对测定结果的解释是,在铝液表面,主要过程是铝的溶解,故其含量基本保持为铝的溶解度不变;在第二个区间(10~30mm)是溶解

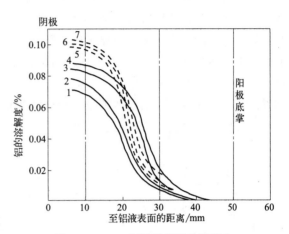

图 3-6　130kA 预焙阳极铝电解槽内
电解质中 Al 的浓度分布

注:曲线上的数字为铝电解槽号,
1~4 号在中心测定;5~7 号在边缘测定。

的铝向电解质内扩散的过程,从浓度分布曲线特征(浓度差很大)来看,该过程较为迟缓;在第三区间,铝的浓度接近于零是铝迅速与 CO_2 作用的结果,其再氧化反应是:

$$2Al+3CO_2 = Al_2O_3+3CO \tag{3-31}$$

$$3AlF+3CO_2 = Al_2O_3+AlF_3+3CO \tag{3-32}$$

综上所述,铝损失的机理分为溶解、扩散、氧化三个步骤,根据动力学观点,反应速度最慢过程决定着整个反应的速度。由于铝的损失取决于溶解铝向熔体中的扩散速度,因此要降低铝的二次反应损失应着重控制扩散速度。在下面的讨论中以扩散步骤为限制步骤来说明有关问题。

3.4.2　其他离子析出

在冰晶石-氧化铝熔体中同时存在多种离子,原料也不可避免地带入各种杂质。因生产条件的变化,使得有些离子优先析出,或与铝离子共同析出,而造成电流效应降低。

(1) 钠的析出

尽管在铝电解环境下铝优先放电析出,但钠与铝的析出电位差仅为 250mV,相差不大。当电解条件变化时,钠也会优先析出,或与铝同时析出。钠的析出,使电流效率降低。钠的

沸点低（880℃），而它在铝中的溶解度又不大，因此，析出的钠或蒸发烧掉或渗入炭块中。若渗入炭块中，则使炭块破损。因此，降低钠的析出强度是有利的。这就要求严格控制技术条件，包括电解温度、电解质的摩尔比（NaF/AlF₃摩尔比）、氧化铝浓度和阴极电流密度等。

维丘柯夫研究了工业铝电解槽内，铝中钠含量与电解温度、电解质摩尔比及电解质中氧化铝浓度的关系，其结果如图3-7所示。由图3-7（a）可见，温度升高，钠析出的电位差急剧下降。在工业铝电解槽上，当铝电解槽过热时出现黄火苗，即表明钠的大量析出，钠蒸气与空气作用而燃烧，火焰为亮黄色，这是铝电解槽过热的标志。从图3-7（b）可以看出，当摩尔比增加时，钠析出的电位差减小。图3-7（c）表明，在不同温度下氧化铝浓度的减小都容易造成钠的析出。电解质摩尔比的影响从图3-8看得更清楚，该图为工业铝电解槽内铝中钠含量与摩尔比的关系，当摩尔比增加时，铝中钠含量显著增加，例如摩尔比为2.9时，铝中钠含量为0.014％，当摩尔比为2.5时，减少到0.005％，可见降低摩尔比可以减少钠的析出量。因此在工业铝电解槽上，为防止钠的析出，通常使用低摩尔比和较低的电解温度，以及保持相对高的氧化铝浓度为好。

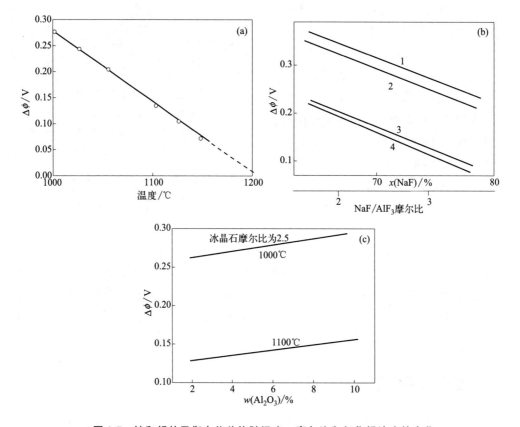

图3-7 钠和铝的平衡电位差值随温度、摩尔比和氧化铝浓度的变化

注：图（b）1—工业电解质，1.5％Al₂O₃，1000℃；2—无添加物，1.5％Al₂O₃，1000℃；
3—无添加物，3.5％Al₂O₃，1100℃；4—无添加物，1.5％Al₂O₃，1100℃。

归纳起来，钠可能优先析出的非正常电解条件是：①铝电解槽温度升高；②电解质的摩尔比增大；③阴极电流密度增大；④铝电解槽局部过冷，使该处阴极附近电解质中钠离子向外扩散受阻,此时该阴极区内电解质中 NaF 含量高,Na 有可能优先析出。

由上可见,降低电解温度、采用低摩尔比电解质、保持较高的 Al_2O_3 浓度、适宜的阴极电流密度以及良好的传质条件等,都有利于抑制钠离子和铝离子共同放电,提高电流效率。

研究表明,在高温下,阴极上析出的钠有三个去向:第一成为蒸气在离开电解质时与氧或空气接触燃烧;第二进入电解质;第三直接进入阴极铝中。铝中钠的主要去向是向炭素内衬渗透。钠进入炭素阴极和内衬以后,就会引起阴极的体积膨胀和开裂,缩短铝电解槽寿命。

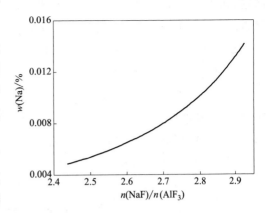

图 3-8 工业铝电解槽内 Al 中 Na 含量与 NaF/AlF_3 摩尔比的关系

($T=1233K$,$d_{阴}=0.65A/cm^2$)

(2)杂质离子析出

电解质熔体中因原料不纯带进许多杂质,如 Fe^{3+}、Si^{4+}、P^{5+}、V^{5+} 和 Ti^{4+} 等离子。上述离子的电位都正于铝离子,而优先在阴极上析出,其结果使铝的品位降低,电流效率降低。

(3)阴极的其他副过程

阴极的副过程除了钠的析出外,还有生成碳化铝、碳钠化合物和氰化物。

① 生成碳化铝　碳化铝是一种黄色化合物,遇水立即分解,生成氢氧化铝和甲烷,通常在炭阴极上容易生成,它影响铝的质量和阴极的寿命。

阴极上生成碳化铝的反应是同析出铝的主反应同时进行的,生成的碳化铝存在于阴极炭块表面和炭块的缝隙中。关于阴极上生成碳化铝提出了两种反应机理:a. 铝和碳之间的化学反应。在有冰晶石存在时,反应可以得到催化加速,因而能在较低的温度下生成,冰晶石的催化作用可解释为冰晶石能溶解铝表面上的氧化膜,使新鲜的金属铝同碳之间更容易进行化学反应而生成碳化铝。b. 铝和碳之间的电化学反应。这是由于在铝电解槽炭阴极出现微型原电池,其中铝液成为阳极,炭块成为阴极,阳极上发生生成氧化铝的反应,阴极上则发生生成碳化铝的反应。

在阴极炭块和槽侧壁炭砖中生成的碳化铝,可以不断地被溶解在电解质中,这样就会在原先的炭素材料上形成腐蚀坑,腐蚀之后暴露出来的新鲜炭表面还会生成碳化铝。因此久而久之,就会造成阴极炭块的损耗。研究表明,在电解温度下,碳化铝在电解质中的溶解度大约是 2.5%,在铝液中溶解度约为 0.01%,因此碳化铝是造成铝电解槽炭素内衬破损的原因之一。

② 生成碳钠化合物　由于铝电解槽启动初期的条件适合钠的析出,钠将优先析出,这时一部分金属钠形成蒸气经电解质表面燃烧逸去,另一部分则渗入新鲜的炭素阴极以及微细的缝隙中,生成嵌入式碳钠化合物 $C_{64}Na$ 和 $C_{12}Na$。这种化合物在温度发生变化时,将产生体积膨胀和收缩,而导致炭块中产生裂纹。

③ 生成氰化物　阴极内衬中氰化物是由碳、钠、氮三者反应而生成的。碳即炭块、捣

固糊和侧壁炭块，钠是阴极反应的产物，氮的来源主要是空气，由钢槽壳上阴极钢板窗孔处渗透进来。以上三者在阴极棒区发生反应，生成氰化钠（NaCN）。氰化钠是一种剧毒物质，它遇水分解，产生 HCN 剧毒气体，在铝电解槽停槽大修时，禁止浇水到废旧内衬上，以防止其中的 NaCN 水解造成中毒事件。

为了防止氰化物的生成，通常的办法是，在阴极炭素底糊中添加 20% 质量分数的 B_2O_3。实验证明，底糊中添加 20% 的 B_2O_3 后，氰化物生成量只有 9×10^{-6}，在无添加剂情况下，氰化物达到 1%～1.5%。B_2O_3 除了能抑制氰化物的生成外，还能抑制碳钠化合物的生成，有利于延长铝电解槽的寿命。

3.5 阳极副反应

阳极过电压和阳极效应是铝电解生产中不可忽视的阳极副反应，它们的存在和发生既关系到能量的消耗和环境污染问题，又关系到铝电解正常生产过程的稳定。

理论界曾经长期争论：阳极的原生产物是 CO 还是 CO_2？阳极过电位是怎样产生的，数值有多大，以及阳极反应速率控制步骤是什么？这些问题现在已逐渐明朗并获得结论。

3.5.1 阳极过电压

（1）基本概念

如前所述，铝电解反应式为：

$$\frac{1}{2}Al_2O_3+\frac{3}{4}C = Al+\frac{3}{4}CO_2 \tag{3-33}$$

该式的标准可逆电势 $E_{标准}=-1.186V$（970℃）。为了使这个反应能顺利进行，需要比可逆电势略高的电压 $E_{极化}$，那么，略高的差值电压就是过电压，可写为：

$$\eta = E_{极化} - |E_{可逆}| \tag{3-34}$$

式中 $E_{可逆}$——在氧化铝饱和时的 $E_{标准}$。

按照能斯特方程：

$$E_{可逆} = E^{\ominus} + \frac{RT}{nF}\ln a_{Al_2O_3} \tag{3-35}$$

式中 $a_{Al_2O_3}$——Al_2O_3 活度。

前已述及，在工业铝电解槽上，正常电流密度（0.6～1.0A/cm²）时的阳极极化电位为 1.5～1.8V，970℃下的可逆电势约为 -1.2V，那么阳极过电压为 0.3～0.5V，最新的现场测试表明阳极过电压为 0.72（5% Al_2O_3）～0.86V（2% Al_2O_3）。

（2）过电压的测量

对阳极过电压的测量做过大量的实验研究，实验室的测定可用塔菲尔曲线来表示，即：

$$\eta = a + b\lg i \tag{3-36}$$

在测定时,极化电势通常采用铝参比电极作为参考,并修正电极间(被测电极与参比电极)的欧姆压降,通过塔菲尔曲线外推至零时的过电压就可得到交换电流密度(i_0)。

然而,实验测定有很大的困难。在实验测定的过电压数据中,存在着很大差异。例如,塔菲尔系数 b 可以在 0.09~0.4 的范围内变动,塔菲尔曲线也倾向于高电流密度。产生这些差异的原因如下:

① 所用阳极质量。石墨或工业级的无定形炭,孔隙率都是不一样的,可能对结果有若干程度的影响(例如,石墨的过电位就比无定形炭的高)。

② 测定槽的设计、气泡的覆盖率等也会对过电压数据产生影响。

阳极和参比电极之间的欧姆压降的精确测定很困难,关键是被测阳极浸入电解质的面积难以确定。经过多年的努力以及测量仪器的进步,对阳极过电位的测量更趋准确。

杨建红、赖延清等对冰晶石-氧化铝熔体中炭阳极过电压的测量做了重要改进。采用了快速电流中断法和高频数字示波器进行点间间隔为 $5\mu s$ 的采样,在电流中断几微秒内记录电位衰变。还采用了快速的开关时间,在电流中断非常短的时间($10\sim40\mu s$)内,阳极的极化基本保持不变。在铝电解槽的设计上也有若干改进,采用了阳极面积比较确定的结构,其实验铝电解槽及阳极设计见图3-9,所测定的结果见图3-10。

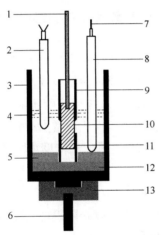

1—阳极钢棒;2—Pt-Pt10%热电偶;3—石墨坩埚;
4—电解质;5—带孔高纯氧化铝圆板;6—阴极钢棒;
7—钨丝;8—铝参比电极;9,11—削成锥形的氧化铝管;
10—炭阳极;12—氧化铝板;13—石墨托

图 3-9 阳极过电压测量铝电解槽装置和阳极设计

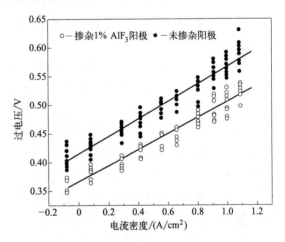

实验条件:970℃,10.9%AlF_3 和 5%CaF_2

图 3-10 炭阳极过电压与电流密度的关系

(3) 过电压的组成

铝电解生产中,阴极过电压(或称超电压)很小,然而阳极过电压却很大。铝电解过程的理论分解电压为 1.2V(960℃)左右,而实际测得的反电势为 1.45~1.65V,甚至更高。两者相差 250~500mV,其原因就是阴、阳极上存在过电压,特别是阳极。产生阳极过电压的原因很多,归纳起来有四个方面。换言之,阳极过电压是由这四个部分构成的。

① 阳极反应的反应过电压 铝电解阳极主反应是铝氧氟离子中的 O^{2-} 放电,并与炭阳极反应生成 CO_2。这一过程是极其复杂的。氧首先聚集在阳极底掌上最活泼的地方(或称

活化中心），生成化合物 C_xO，这是一稳定的表面化合物。C_xO 再吸附氧，随后又分解，结果生成 CO_2 和新鲜的表面。这些中间化合物的生成以及中间过程的存在，都需要额外的能量，即过电压。

上述过程，可用五个步骤来描述。

a. 含氧配离子到达阳极表面放电：

$$O^{2-}_{(络合)} - 2e = O_{(吸附)} \tag{3-37}$$

b. 吸附的氧（O 吸附）与阳极炭发生作用生成中间化合物（C_xO）：

$$O_{(吸附)} + xC = C_xO \tag{3-38}$$

c. 到达阳极表面的新氧离子在含有 C_xO 的阳极表面上放电：

$$C_xO + O^{2-}_{(络合)} - 2e = C_xO \cdot O_{(吸附)} \tag{3-39}$$

d. $C_xO \cdot O_{(吸附)}$ 分解：

$$C_xO \cdot O_{(吸附)} = CO_{2(吸附)} + (x-1)C \tag{3-40}$$

e. 物理吸附的 $CO_{2(吸附)}$ 进一步解吸，生成气体状态的 $CO_{2(气)}$ 逸出：

$$CO_{2(吸附)} = CO_{2(气)} \tag{3-41}$$

在上述过程中，反应式（3-37）、式（3-39）、式（3-41）都是迅速完成的。而反应式（3-38）和式（3-40）即 C_xO 的生成和分解过程迟缓，这是产生过电压的原因。此外，含氧配离子进入阳极孔隙，以原子态氧进入碳的晶体，再成为 CO_2 解吸出来，也同样会产生反应过电压。该值约为 0.15～0.25V。

② 阳极电阻过电压（气膜电阻） 阳极上吸附的大小气泡以及气泡的胚芽都起着降低电流效率的作用，故又称气膜电阻。从铝电解槽可以观察到槽电压是随着阳极气泡的逸出而波动的，并且波动的次数与气泡逸出时发出的声响的起伏是对应的。这种过电压随 Al_2O_3 浓度的降低而增大，特别是临近阳极效应时猛增。此外，还随阳极表面积的增大而增大。

③ 浓差过电压 铝电解过程中，阳极近层氧离子浓度减小、氟化铝浓度增大造成了浓差过电压，它随着 Al_2O_3 浓度的减小而增大。

④ 势垒过电压 在阳极附近的熔体中有许多离子，如 F^-、AlF_4^-、AlF_6^{3-} 等，它们都不在阳极上放电。但是它们的存在使阳极附近形成了一个电化学屏障，阻碍含氧配离子在阳极上放电。突破这道屏障就需要能量，于是产生了势垒过电压。

综上所述，阳极过电压就是这四项之和，即：

$$V_{过} = V_{反应} + V_{气膜} + V_{浓差} + V_{势垒} \tag{3-42}$$

而阴极过电压只有后面的两项，所以它比较小。

（4）阳极过电压的影响因素

① 电流密度的影响 阳极电流密度的提高直接影响到阳极过电压的升高。多个实验室研究和现场工业铝电解槽的测定都表明了二者的线性关系，图 3-10 就是典型的实例。如果随着电流密度的升高，发生阳极反应的路径改变，就会出现拐点：随电流密度的上升阳极过电压急剧增大。

② 电解质组成的影响 随电解质中 Al_2O_3 含量的增大，阳极过电压逐渐降低。Mazhaev 等采用电流中断技术测定了冰晶石熔体中 Al_2O_3 浓度与阳极过电压的关系，结果如图 3-11 所示。由于受当时测量技术的限制，他的过电压数据偏低。例如，在 5% Al_2O_3

时，阳极过电压等于 0.25V，但是 Al_2O_3 浓度与阳极过电压的关系变化趋势是合理的。

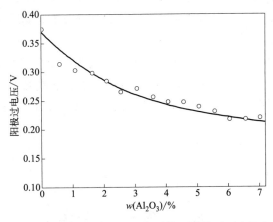

图 3-11　冰晶石熔体中氧化铝浓度与阳极过电压的关系（电流密度 0.45A/cm²）

3.5.2　阳极效应

（1）阳极效应的发生与临界电流密度

阳极效应（AE）是熔盐电解中采用炭阳极时发生的一种特殊现象。阳极效应在所有的卤素熔盐中都能发生，其特征同铝电解系统相似，由于电极的性质、电解质的性质和阳极气体的产物都有很大的差异，因而阳极效应发生机理并非都一样。本章仅讨论冰晶石-氧化铝体系发生的阳极效应。

铝电解阳极效应的外观特征是：在阳极周围产生明亮的小火花，并带有特别的响声和吱吱声；阳极周围的电解质有如被气体拨开似的，阳极与电解质界面上的气泡不再大量析出，电解质沸腾停止；排出的气体除 CO 和 CO_2 外，还有过氟化碳气体（PFC）如 CF_4 和 C_2F_6；在工业铝电解槽上，阳极效应发生时电压上升（一般为 30~50V，个别可达 120V），与铝电解槽并联的低压灯泡发亮。在高电压和高电流密度下，电解质和阳极都处于过热状态。在恒电压供电情况下，阳极效应发生时铝电解槽电流急剧降低。

阳极效应时铝电解槽内的现场特征是：电解质中氧化铝浓度降低；炭阳极附近 F^- 浓度升高，而含氧离子浓度降低；炭阳极电位升高达到 F^- 放电电位，析出过氟化碳气体 CF_4 和 C_2F_6，阳极表面为一层气体膜所覆盖。

观察实验铝电解槽中的阳极效应：采用可透视铝电解槽，这些铝电解槽装有透明红宝石窗口或石英窗口，或者采用 X 射线透视，也可采用座滴法观察熔体和电极之间的变化等。Polyakov 采用了电影技术，研究了炭和石墨阳极上气泡的生长和形成，电解质摩尔比为 2.7，氧化铝质量分数为 6%，阳极底面或者向上或者朝下。他观察了气泡的类型和膜的类型，在湿润角（θ）为 148°~152°时，发生了阳极效应。此时临界电流密度（D_c）为 16A/cm²。气体膜并没有覆盖全部阳极，只覆盖了约 80%，在没有气体覆盖的地方，环绕气体膜的周边可以看到小火花。

阳极效应的发生可用临界电流密度（$d_{临}$）来表征。当阳极电流密度超过了临界电流密度时就会发生阳极效应。所谓临界电流密度,是指在一定条件下,铝电解槽发生阳极效应时的最低阳极电流密度。它与熔盐的性质、温度、阳极性质、添加剂等很多因素有关。但是,对铝电解来说,上述因素基本上是固定的,唯一明显变化的是电解质中氧化铝的浓度。实践证明,阳极效应发生之际,正好是氧化铝缺少之时。

由于铝电解发生阳极效应主要是电解质中缺少氧化铝所致,因此对 $d_{临}$ 与氧化铝含量的关系进行过大量的研究。研究结果表明,临界电流密度随着电解质中氧化铝含量的增加而增大。但是不同的研究,在数值上存在差别。图 3-12 所示是这方面的研究结果。

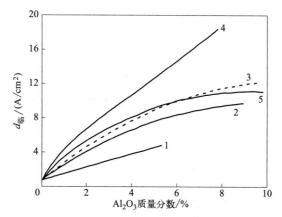

1—Schischkin;2—Беляев;3—Piontelli;4—Thonstad;5—邱竹贤等

图 3-12 Al_2O_3 含量对临界电流密度的影响

前人还研究了临界电流密度与氧化铝关系的表达式,电解质含氧化铝 0~2% 时,临界电流密度与氧化铝的关系可表示为:

$$d_{临}=0.25+2.75w(Al_2O_3) \tag{3-43}$$

式中 $w(Al_2O_3)$ ——氧化铝为质量分数。

阳极效应发生时,除有 CO_2 和 CO 析出外,还有两种新的气体排放出来,即过氟化碳(PFC)气体 CF_4 和 C_2F_6,这些气体是由以下反应生成(均在 1000℃):

$$4/3Na_3AlF_6+C = 4/3Al+4NaF+CF_4 \quad E^{\ominus}=-2.50V \tag{3-44}$$

$$2Na_3AlF_6+2C = 2Al+6NaF+C_2F_6 \quad E^{\ominus}=-1.83V \tag{3-45}$$

(2)阳极效应的机理

根据前人研究的结果,曾提出的阳极效应发生机理有五六种之多。由于研究者研究的条件不同,得出的结论也有差异,现在已经明确,使用不同材质的阳极、不同的电解质组成和不同的电解条件,所发生的阳极效应不应由一种机理来解释。综合各有关研究结果,刘业翔提出阳极效应的机理如下:

在电解冰晶石-氧化铝熔体的条件下,采用炭阳极时,只有当电解质中氧化铝的浓度降低到某个限度(例如 Al_2O_3 0.5%)时,才会产生阳极效应,此时阳极的电流密度超过该条件下的临界电流密度。阳极电流密度增大主要是由于阳极的导电面积减小了。导电面积减小的原因归结于电极和电解质的界面性质发生了变化。当氧化铝浓度降低时,电解质同阳极之间的湿润性变差，析出的气体容易进入阳极和电解质的界面上，随着阳极气泡的逐渐增多，小气泡聚合成较大气泡，形成连续的气体膜，气体的绝缘性阻碍了电流的通过。当阳极的导电面积有相当部分被气膜覆盖时，其有效面积减小，使其电流密度增大，超过该条件下的临界电流密度，于是阳极效应发生。在阳极电流密度升高的同时，阳极电位也相应增大，达到氟离子放电的电位，可先后生成绝缘的表面化合物 C_xF_y（先后以气体 CF_4、C_2F_6 排放），它们的存在也使阳极的界面性质变差，使气体能够停留在界面上。

（3）阳极效应时的气体分析

对阳极效应时析出气体的实验室定量研究还很少。Thonstad 所得的结果是，在用纯冰晶石时，阳极效应析出的 CF_4 体积分数达到 90%；若加入 1% 质量分数氧化铝时，CF_4 急剧降低降到 10% 左右。在工业铝电解槽上所做测定表明，阳极效应时排放的气体中，含有 14% CF_4 及 0.1% C_2F_6。

Nissen 和 Sadoway 对实验室铝电解槽上阳极效应期间电压，即 15~20V 范围内排出的气体进行了分析，过氟化碳（PFC）的浓度为 3%~15% CF_4 及 0~3% C_2F_6，CF_4/C_2F_6 浓度比为 5~40。他们还观察到在强酸性熔体中（摩尔比为 1.12），只检测到很低浓度的 PFC 气体；另外，在碱性熔体中，阳极电位大于 6V（相对于铝参比电极）下，也观察到了 PFC 气体的生成。

目前，比较公认的工业铝电解槽上阳极效应典型的气体组成（体积分数）是 15% CF_4、少量的 C_2F_6、20% CO_2，其余为 CO。铝电解时阳极上的反应有两种情况，即：

$$\frac{1}{2}Al_2O_3 + \frac{3}{4}C == Al + \frac{3}{4}CO_2 \tag{3-46}$$

$$\frac{1}{2}Al_2O_3 + \frac{3}{2}C == Al + \frac{3}{2}CO \tag{3-47}$$

1000℃下，反应的可逆电势分别为 -1.187V 和 -1.065V，在温度升高时，反应（3-47）强烈地向右进行生成 CO，同时受布多尔反应的影响：

$$C + CO_2 == 2CO \tag{3-48}$$

因此阳极的主要气体组成应为 CO_2 和一定量的 CO，根据炭阳极消耗的研究，反应（3-46）为最主要的过程。在非常低的电流密度下，即 0.05~0.1A/cm²，布多尔反应就开始发生，无论是实验数据或是热力学计算都支持这一结论。即在正常电流密度下，阳极的主要气体产物是 CO_2。在阳极极化后，可以不受析出的 CO_2 的作用，但如果 CO_2 渗透到阳极的孔洞中，或者同浮在电解质表面的炭颗粒相反应，就会发生布多尔反应，使 CO 增多。

除了电化学反应生成 CO_2 和布多尔反应生成 CO 外，阳极中的杂质 S、P 和 V 也会同含氧络离子作用产生气体杂质，在高电流密度下，还会有含氟离子的放电析出，同炭阳极生成有害的碳氟化物。还需指出，CO_2 同溶解的 Al 作用，即二次反应，也会产生一定量的 CO。

阳极效应时，电解过程仍然服从法拉第定理。

早年 Pruvot 曾提出阳极效应时主要气体为 CF_4，它随后部分分解：

$$3CF_4 + 2Al_2O_3 == 3CO_2 + 4AlF_3 \tag{3-49}$$

由热力学计算可知，这个反应可以强烈地向右进行，在 700℃ 以上不论 CF_4 通过何种氧化铝材料，例如冰晶石-氧化铝熔体、烧结氧化铝管和粉状氧化铝，都能按上述反应转换，只是转换的数量不同而已。但是，在干式清洗器中，由于环境温度在100~300℃之间，氧化铝对CF_4和C_2F_6的吸附很差，只有提高环境温度和采用活性氧化铝催化剂才能使CF_4和C_2F_6发生转换。

最后应指出，过氟化碳（PFC）的排放直接关系到全球变暖。PFC气体CF_4和C_2F_6是非常强烈的温室气体，它们在大气中有很长的寿命（10^4~10^6年），对于地球变暖的潜力（以CO_2为参考点）而言，CF_4为6500，C_2F_6为9200，也就是说CF_4是CO_2的温室气体效应的6500倍，且在大气中存在时间长。通常大气中CF_4的浓度约为70×10^{-11}（体积分数），C_2F_6是它的十分之一，这类气体虽然多来自半导体工业，然而如今则认为主要来源于铝工业。因此，需尽最大努力减少阳极效应的次数和持续时间。

（4）阳极效应对电解槽的影响

阳极效应是铝电解生产中阳极上发生的现象，阳极效应对铝电解生产既有正面影响，也有负面影响。

① 阳极效应的正面影响　可以利用阳极效应来检查电解槽的生产状态是否正常；冷槽时可利用阳极效应提供热量调整热平衡；利用阳极效应清除电解质中的炭渣，烧平阳极底掌，溶解槽底沉淀。

② 阳极效应的负面影响　阳极效应会增加电能消耗，造成电解质过热，使电解质挥发损失增加；阳极效应会熔化槽帮结壳，使电解质摩尔比增加；发生阳极效应时，阳极上会产生过氟化碳气体，导致温室效应；阳极效应会导致电流降低，增加劳动量。

阳极效应对铝电解生产利少弊多。因此，生产中根据生产规模、供电能力，确定一个可取的阳极效应系数，亦即每昼夜发生阳极效应的次数。一般都把效应系数和效应持续时间控制在较低范围内。

（5）工业铝电解槽上的阳极效应

① 特点　工业铝电解槽上发生的阳极效应，同实验室小试验槽上的阳极效应本质上是一样的。但工业生产要比实验室的情况复杂得多，炭素电极的性质、电解质的性质、氧化铝的添加、铝电解槽的工作温度、自动控制和人工对铝电解槽的处理等都会带来一定的影响。正常铝电解槽阳极效应发生前，槽电压有所升高，发生阳极效应时，槽电压由4.5V突然上升到30~40V。由于铝电解槽串联在直流电流的供电系统中，单台铝电解槽的电压突然升高，在等功率运转的情况下，整个系列的电流有所降低，如果在系列中同时发生几个阳极效应，则系列的电流降低更多，将会使系列中其他铝电解槽处于不稳定状态，需要通过专门的手段予以调控。

② 起因　工业铝电解槽上发生阳极效应的起因也可能有多种，首先是氧化铝质量分数降低到1.0%~1.5%就会发生阳极效应，这是多数情况。除此之外，还有几种阳极效应起因：a.铝电解槽走向冷行程，此时电解质对阳极的湿润性变差，容易引起效应的发生。b.当电解质中悬浮有氧化铝时，电解质同阳极的湿润性会严重恶化，这时产生的阳极效应将持续很长时间，又称为难灭效应，这种铝电解槽往往是加入了过多的遭受污染的氧化铝（如扫地灰、地沟脏料）。此时，必须加入新鲜洁净的熔融电解质，当原来电解质被稀释后可以较快地熄灭效应。c.抬升阳极不当，也会产生阳极效应，虽然电解时的一些条件未变，但抬

升阳极过快使部分阳极脱离电解质,导致与电解质接触的那部分阳极的电流密度增大,当超过该条件下的临界电流密度时,阳极效应就会发生。

③ 熄灭 从阳极效应的发生机理可知,熄灭效应时,要尽快恢复阳极导电面积,消除阳极表面存在的气膜,改善电解质同阳极的湿润性能,因此熄灭的方法有:a. 加入新鲜氧化铝后,通过插入阳极效应棒,急速干馏放出大量气体,强烈搅拌电解质,消除阳极上的气膜,可很快熄灭阳极效应;b. 用大耙刮除阳极底部的气膜也能很快熄灭阳极效应;c. 下降阳极,使其接触铝液,瞬间短路,借助大电流通过电极消除气膜(应尽量少用);d. 摆动阳极,有专利报道,此举的目的也是消除气膜,扩大阳极导电面积,达到消除效应的目的。

④ 预报 发生阳极效应表明电解质中的氧化铝浓度已经趋于很低值,根据阳极效应可判断铝电解槽中氧化铝的浓度,因而在传统上是检测电解过程加料状况的一个重要根据。因此,工厂还需保留一定的阳极效应次数,为了有效地控制阳极效应发生次数,需要掌握阳极效应预报技术。

现代铝电解槽的自动控制中已经有阳极效应预报程序,它是根据氧化铝浓度和铝电解槽电阻的关系曲线进行控制的。与此同时,同点式下料技术配合,可以做到阳极效应的预报,并控制每天的效应次数为最低。由于氧化铝浓度同槽电阻的关系曲线中,槽电阻除受氧化铝浓度影响外,还受其他因素的影响,因此该曲线不能精确反映出铝电解槽中氧化铝浓度的真实变化,还需作进一步改进。

采用氧化铝浓度传感器可以实时反映电解质中氧化铝浓度变化。尽管发表过数个专利,但是至今尚未得到成功的应用。

采用合适的参比电极监测阳极电位升高,以此预报阳极效应。刘业翔等于早年采用碳化硅参比电极,安放在电解质中,测定该电极同阳极之间的电位变化,在实验室中可以较好地测出效应前的电位升高,然而在工业铝电解槽上没有取得成功。主要原因是当时工业铝电解槽的供电不稳定,其次是碳化硅参比电极电阻较大,而且不能长期耐受电解质腐蚀。

思 考 题

1. 了解冰晶石-氧化铝熔体结构及氧化铝在冰晶石中的溶解机理。
2. 写出铝电解过程中两极上的放电反应(主反应)以及总反应。
3. 什么叫理论分解电压?理论分解电压与实际分解电压有何关系?
4. 了解分解电压的计算原理及测定方法。
5. 铝电解时,在两极上发生哪些副反应?
6. 工业铝电解槽中铝是如何损失的?在生产中应如何控制?
7. 铝电解过程中,钠的析出有什么危害,从热力学观点看,如何防止钠的析出?
8. 阳极过电压的组成如何?它与哪些因素有关?
9. 什么叫临界电流密度,它与哪些因素有关?如何判定阳极效应是否能发生?
10. 什么叫效应系数?发生阳极效应有何利弊?

第4章

铝电解的电流效率和电能效率

4.1 电流效率

4.1.1 电流效率的基本概念

电流效率是铝电解生产过程中的一项非常重要的技术经济指标。它在一定程度上反映着电解生产的技术和管理水平。当铝电解槽通过一定的电量（一定电流与一定时间）时，电流效率的大小是用实际铝产量和理论铝产量之比来表示的，即

$$\eta_I = \frac{P_\text{实}}{P_\text{理}} \times 100\% \tag{4-1}$$

$$P_\text{理} = CIt$$

式中 C——Al 的电化学当量，$C=0.3356\text{kg}/(\text{kA}\cdot\text{h})$；
I——铝电解槽系列平均电流强度，A；
t——电解时间，h。

在电解生产过程中，一方面金属铝在阴极析出，另一方面又以各种原因损失掉，故电流效率总是不能达到100%。目前，对提高电流效率的研究，从理论到实践都有了很大的进展。当前，最好的预焙阳极铝电解槽年平均电流效率略大于96%，一般的也表现甚好，详见表4-1。

表4-1 现代工业铝电解槽的电流效率和其他重要指标

槽参数	180kA 槽				280kA 槽			
过剩 AlF$_3$ 质量分数/%	10.9	9.4	5.5	4.0	12.5	11.2	9.5	7.7
LiF 的质量分数/%	0.3	1.0	2.2	3.2	0.4	2.1	3.0	2.6
MgF$_2$ 的质量分数/%	0.3	1.0	2.6	2.6	—	—	—	—
CaF$_2$ 的质量分数/%	4.5	4.2	3.9	3.8	—	—	—	—
温度/℃	956	958	953	947	952	937	942	953

续表

槽参数	180kA 槽				280kA 槽			
过热度/℃	2	10	15	10	—	—	—	—
电流强度/kA	181.1	181.6	180.3	179.3	281.7	285.6	284.3	281.0
电流效率/%	94.47	94.15	93.24	91.96	95.8	95.1	94.1	91.9
电耗/[kW·h/(kg Al)]	13.28	13.15	12.75	12.99	12.84	13.03	13.06	13.32
槽电压/V	4.21	4.15	3.99	4.01	4.13	4.16	4.12	4.11

电流效率为何不能达到 100%？现在的理论和实践证明电流效率（η_I）很难超过 98%，其原因是电流损失。

4.1.2 电流效率的测定

欲获得准确的电流效率数据，必须明确产铝量，准确及时地测定电流效率的方法至今还没有。现今测定电流效率的方法有：CO_2/CO 分析法、示踪原子法（含控制电位库仑计法）、氧平衡法（含质谱仪法）和盘存法等。

（1）CO_2/CO 分析法（又称为皮尔逊-瓦丁顿法）

本方法的依据是二次反应后铝被 CO_2 所氧化，产生了 CO，可按照测出的 CO_2/CO 体积比求出瞬间的电流效率。该方法于 1947 年由皮尔逊-瓦丁顿（Pearson-Waddington）提出，其公式为：

$$\eta_I = 50\% + \frac{1}{2} \times \left[\frac{V_{CO_2}}{V_{CO_2} + V_{CO}}\right] \times 100\% \tag{4-2}$$

式中　V_{CO_2}——阳极气体中 CO_2 的体积，mm^3；

　　　V_{CO}——阳极气体中 CO 的体积，mm^3。

采用的仪器是 CO_2 红外分析仪或奥萨特 CO_2 分析仪。由于此方法比较简单，因而为较多的厂家所采用。

但是 P-W 公式存在着如下缺点，需要在使用时加以修正：由于阳极的原生气体 CO_2 会和炭渣颗粒发生反应（即布多尔反应），所产生的 CO 并非二次反应引起；溶解的金属铝可能同 CO_2 反应生成 CO，在试验铝电解槽中，阳极气体被还原为 CO 的量可达 3%；由物料（主要是氧化铝）带入的潮湿水分，引起氟化盐的分解产生 HF，阳极气体中约含 0.5%（体积分数）HF，应予以修正；在自焙阳极铝电解槽中，阳极气体中还含有碳氢化合物 6%～7%（体积分数）；在取样时有空气稀释。

许多研究者提出过修正项，但普遍适应性较差，修正项要看取样技术和操作条件而定。邱竹贤教授根据在工业铝电解槽上的研究结果，得到如下关系式

$$\eta_I = \frac{1}{2}\left(\frac{V_{CO_2}}{V_{CO_2} + V_{CO}}\right) \times 100\% + 50\% + K \tag{4-3}$$

式中　K——修正系数，通常 $K = 3.5\%$。

通过研究，他认为由于布多尔反应等所引起的 CO_2 浓度的降低可能达到相当可观的程

度，所以在式（4-4）（1980年）中考虑了这个因素，即：

$$\eta_I = \frac{\left[1+\left(\frac{V_{CO_2}}{V_{CO_2}+V_{CO}}\right)\times 100\%\right](1.0+x)}{2} - r' \tag{4-4}$$

式中　x——由于布多尔反应引起的 CO_2 减少的体积分数；

　　　r'——铝的再氧化反应引起的电流效率损失，%。

总之所有研究结果都表明，阳极气体中 CO_2 的浓度与铝电解槽的电流效率有着密切的关系。这个关系为气体分析法求电流效率奠定了基础。在工业铝电解槽上作瞬时测定时，其误差有几个百分点，主要是收集阳极气体时有空气漏入。但这种方法在严格取样操作并防止样品被空气稀释的情况下，与加铜稀释方法测得的结果相当，有很好的参考价值。阳极气体分析法操作简便，在生产中得到广泛采用。

（2）加银（或铜）稀释法

此方法的依据是，往铝电解槽的铝液中加入少量的金属铜或银，经一定时间后分析该元素在铝液中的相对含量（即被稀释后的元素量），以确定该段时间内铝的增量，由此确定该时段内的电流效率。这类方法比较准确，但要求加入的元素要与铝液混合均匀。我国采用加铜稀释法较多。

美国铝业公司曾经采用控制电位库仑计作为精确测定金属含量的工具，它可以分析加入铝中的微量银含量，通常往铝电解槽铝液中加入银的质量分数为 $1\sim 100\mu g/g$，测量的精度在 0.4% 以内。用此方法在工业铝电解槽上进行的测定表明，测量铝电解槽每周的电流效率为 $95\%\pm 0.1\%$。此方法的缺点是需要精密仪器且分析时间较长。

（3）示踪原子法

此方法的依据是往铝电解槽的铝液中加入放射性同位素 ^{198}Au、^{60}Co 等，经一定时间后，分析该元素在铝液中的相对含量（即被稀释后的元素量），以确定铝的增量。通常采用盖革计数器来测定放射性同位素被稀释的程度，由此确定铝的增量。

采用放射性同位素，虽加入的金属很少，所得结果精度较高，但放射性的完全消失需要时间，例如 ^{198}Au，其半衰期为 2.7 天，放射性完全消失约需 1 个月，许多厂家不愿意采用。

（4）总氧量平衡法

Leroy 等采用质谱仪连续测定电流效率，他们在 280kA 预焙阳极铝电解槽上采用质谱仪连续分析烟气的组成，由此确定氧和碳的质量平衡，进而确定电流效率和炭耗。Hives 等也用专门制作的仪器和氧平衡方法在实验室铝电解槽中研究了炭耗和电流效率的关系。这个方法涉及复杂的仪器，要采用质谱仪测定铝电解槽气体的组成，仪器昂贵而且受磁场的影响。

（5）盘存法

它是工业上最常用的方法，其依据是：铝电解槽经过一定时间产出的铝减去槽内存有的铝，即为该时段内实际产出铝量，由此确定电流效率。其关键是必须准确测定槽内存铝量。这个方法通过较长时期的生产（例如 3 个月或半年），而后进行槽内存留铝量的盘存而获得电流效率的数据，颇为准确。因为经过较长时期的生产，产铝量很大，即使槽内存铝量的测定不很准确,也对结果的影响不大。若以年平均的电流效率计算,其误差在1%左右。因此,工业上以年平均电流效率表示电流效率是比较可信的。

4.1.3 电流效率降低的原因

目前工业铝电解槽的电流效率在85%~91%之间,现代大型预焙阳极铝电解槽的电流效率有的高达94%~95%。这就是说,仍有5%~15%的电流没有得到充分利用。研究造成电流效率降低的原因,乃是铝电解科研工作中的一个重要课题。它在某种程度上也涉及铝电解理论的建立。根据到目前为止的研究,电解电流通过了阴极,但是没有产铝,这就造成了电流的损失。电流损失主要是两大方面,即铝的二次反应损失和钠的二次反应损失,共7个项目。

(1) 铝的二次反应损失(I_1)

这种损失是最主要的,其反应式为:

$$2Al_{(溶)} + 3CO_{2(气)} = Al_2O_3 + 3CO_{(气)} \tag{4-5}$$

其动力学机理为:Al从铝液/电解质的界面上转移至电解质本体,这种溶解的Al再经过电解质转移到阳极/电解质界面,溶解的Al被CO_2所氧化并生成CO。

(2) 钠的二次反应损失(I_2)

钠的二次反应损失指的是电解过程中钠析出消耗的电流,而析出的钠被再氧化而损失。

$$6Na_{(溶)} + 3CO_{2(气)} + 2AlF_{3(溶)} = 6NaF_{(溶)} + Al_2O_3 + 3CO_{(气)} \tag{4-6}$$

由于Na^+是电解质中传递电流的主要载体,它富集在阴极区的边界层,当阴极电流密度提高时,析出的钠进入铝和电解质中,当遇到CO_2时即被氧化而损失。因此,现代炼铝技术中,有的工厂通过铝中钠的含量或槽内靠近铝液区的电解质中钠的含量来表示电流效率的大小。现代预焙阳极铝电解槽由于磁场的平衡,铝液的流动减慢,同时对铝液面的干扰减少,减缓了Na^+由边界层向电解质中的扩散,减少了钠的氧化损失。因此,在边界层,Na^+的浓度比较高,这种槽的电流效率将会很高,同时,边界层的Na^+含量高,也表明铝液镜面很稳定,电流效率高。

(3) Al_4C_3的生成和氧化(I_3)

生成Al_4C_3的反应为:

$$4Al_{(溶)} + 3C_{(固)} = Al_4C_{3(固)} \tag{4-7}$$

通常发生在与铝液接触的阴极炭块上,也会发生在没有电解质槽帮保护的侧部炭块上。当槽内铝液减少时,生成的Al_4C_3与电解质接触,发生溶解,Al_4C_3在电解质中的最大溶解度(摩尔比为1.8时)为2.15%,而后,遭遇阳极气体或空气作用而氧化,其反应为:

$$Al_4C_{3(溶)} + 6CO_{2(气)} = 2Al_2O_{3(溶)} + 3C_{(固)} + 6CO_{(气)} \tag{4-8}$$

Al_4C_3的生成也是阴极内衬破损的主要原因之一。I_3为Al_4C_3的生成和氧化消耗的电流。

(4) 电子导电性(I_4)

电子导电性主要是由溶解的钠引起的。金属溶解在自身的熔盐中,容易形成"色心",

它具有电子导电性。因此，电解质具有微弱的电子导电性。Haarberg 等测得 1000℃ 时 Na_3AlF_6-Al_2O_3（饱和）-Al 熔体中电子电导率为 0.89S/cm，此时该熔体的单位离子电导率为 2.22S/cm，形同短路，电子导电性损失估计在 1%~2% 左右。研究表明，降低温度或提高 AlF_3 含量，将减小电解质的电子导电性，有利于提高电流效率。

（5）杂质引起的损失（I_5）

Sterten 等较详细地研究了杂质对电流效率的影响。NaF/AlF_3 摩尔比为 2.5、氧化铝质量分数为 4%~6%、CaF_2 质量分数为 5% 的电解质中，在 980℃ 下的研究结果指出，大多数杂质都以单价态存在于电解质中，在含量很低的情况下，Mg、Ba 和 B 对电流效率几乎无影响，SnO_2 也无影响，而多价态的杂质离子 Fe、P、V、Si、Zn、Ti 和 Ga 等随着它们在电解质中浓度的增加，电流效率呈直线降低。电解质中这些杂质的阳离子每增加 0.01%，电流效率降低 0.1%~0.7%。P 离子是最为有害的，它以低价态到阳极氧化为高价态，转移到阴极后还原为低价态，反复地氧化还原，增大了电流损失。大多数杂质离子引起电流效率降低也是由于在阴极和阳极/二氧化碳界面上的反复氧化-还原。

（6）阴极和阳极之间的瞬时短路（I_6）

这是操作不慎而发生的，在更换阳极或出铝时，误使阳极同铝液接触造成瞬时短路而引起的电流损失，记为 I_6。

（7）铝或钠渗透进铝电解槽的内衬材料而引起的电流损失（I_7）

在高温下，阴极上析出的钠主要向阴极内衬渗透。钠进入阴极炭块和内衬后，就会引起电流损失，记为 I_7。

因此，在铝电解槽没有发生漏电的情况下，电流总损失（$I_{损}$）为上述 7 项之和，即

$$I_{损} = I_1 + I_2 + I_3 + I_4 + I_5 + I_6 + I_7 \tag{4-9}$$

可见，采取能减少 $I_{损}$ 的措施，就能够提高电流效率。

4.1.4 影响电流效率的因素

降低电流效率的原因中，除机械损失外，都与铝电解的技术条件有关，其中影响较大的主要是电解温度、电解质组成、极距、电流密度以及铝液的高度等作业参数，铝电解槽设计及铝电解槽操作等。这里仅就其中几个主要的因素略加叙述。

（1）电解温度

温度影响铝在电解质中的溶解度特别是溶解铝的扩散速度。因为扩散到阳极氧化区的速度越快，电流效率的损失就越大。根据费克（Fick）第一扩散定律：

$$q = D \frac{C_0 - C_1}{\delta} S \tag{4-10}$$

式中 q——单位时间的扩散流量，g/s；

　　　D——扩散系数，cm^2/s；

　　　δ——扩散层厚度，cm；

　　　C_0——铝界面上电解质中铝的浓度，g/cm^3；

C_1——扩散层外部电解质中铝的浓度，g/cm^3；

S——扩散面积，cm^2。

从式（4-10）可以看出，当电解温度升高时：

① 铝在熔体中的溶解度增大，亦即 C_0 增大；

② 熔体的黏度变小，则电解质的循环速度将增大，这意味着扩散层的厚度 δ 变小；

③ 扩散系数 D 也随着温度的升高而增大。

因此，电解温度升高，q 值增大，意味着铝的二次反应加剧，铝的损失增大，电流效率降低。图 4-1 定性地表示出电流效率随温度的变化，由图可见温度升高，电流效率降低。

邱竹贤教授等在工业铝电解槽的测定结果表明，在其他条件相同的情况下，电解温度每降低 10℃，电流效率提高约 1.5%。

前边已经谈到，电流效率降低的主要原因是溶解铝的再氧化损失。因此，说明各种因素对电流效率的影响，实际上也就是说明它们对

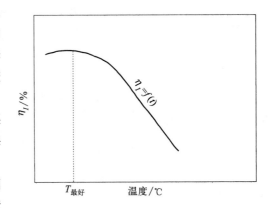

图 4-1　电流效率与温度的关系

铝损失的影响。而要说明对铝损失的影响，必须首先明确铝损失过程的控制阶段。这个问题到目前为止，还没有统一的看法。但溶解铝通过阴极附近的扩散层是最慢环节的观点较为令人信服。因此，这里以此为基础进行讨论。

已知，电流效率的一般式可写成如下形式：

$$\eta_I = \left(1 - \frac{q}{q_{理}}\right) \times 100\% \tag{4-11}$$

式中　q——单位时间内铝损失，g/s；

$q_{理}$——单位时间内铝的理论产量，g/s。

（2）电解质组成

对于铝电解生产来说，选择合适的电解质组成至关重要。电解质性质中最重要的是它的初晶温度，它决定了电解温度的高低。此外，电解质的密度、黏度等也都在一定程度上影响电流效率。目前所采用的电解质体系电解温度仍然很高（960℃左右），存在着许多不足。

电解质组成对电流效率的影响如下：

① 氧化铝浓度　在实验室微型铝电解槽上所进行的研究工作表明，随着熔体中 Al_2O_3 浓度的变化，电流效率存在一个极小值，极值处于中等 Al_2O_3 浓度处（质量分数 5%～6%）。在工业铝电解槽上，也做过相应的研究。在铝电解采用连续下料（或接近连续下料）时，应设法避开电流效率最低值所对应的 Al_2O_3 浓度，而采用其两侧的某一值。考虑到 Al_2O_3 浓度对其他性质的影响，目前工业上采用低 Al_2O_3 浓度侧，一般控制在 2%～3%（质量分数）Al_2O_3。H. Schmmitt 和 G. V. Forsblom 认为，在两次加工之间，电流效率是随着 Al_2O_3 浓度的增加而增大的，其 Al_2O_3 变化范围为 1.3%～6%。应该说明这并不只是 Al_2O_3 浓度改变所带来的影响，因为加工后，电解温度有所降低也使铝损失相应下降，近年来，邱竹贤等应用数理统计方法进行研究也得到类似结果。但高 Al_2O_3 浓度下，电流效率变化平缓。

目前，国外铝电解槽趋向于在低 Al_2O_3 浓度（质量分数 1.5%～2%）下进行电解，其

主要优点是：Al_2O_3 很快溶解，熔体中无悬浮的 Al_2O_3 固体颗粒，对熔体的黏度、电导率以及防止在铝电解槽槽底产生氧化铝沉淀都有良好的作用，有利于稳定生产、提高电流效率。

电解质中氧化铝含量对电流效率的影响至今还没有一个完全清楚的结论。有证据证明，Al_2O_3 含量对电流效率有正面的影响；但另外也有证据证明，Al_2O_3 含量对电流效率没有影响，或者影响很小。总的倾向是：Al_2O_3 对电流效率的影响比较小，主要的原因是短时的电流效率数据难以测定准确，氧化铝含量对电流效率的影响未获得足够的实证。

② NaF/AlF_3 摩尔比　研究发现，铝在熔体中的损失与冰晶石熔体的摩尔比的关系曲线上也有一个极小值（2.7 左右），见图 4-2。伯奇在 135kA 预焙阳极铝电解槽上的测定结果表明，当剩余 AlF_3 的含量过多时，使生成低价铝离子的反应增强，增加铝的损失，从而电流效率有所降低，见图 4-3。

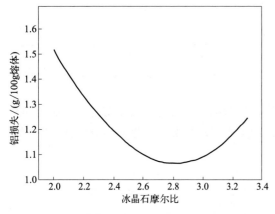

图 4-2　铝损失与电解质摩尔比的关系

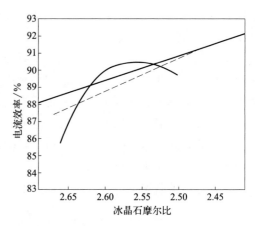

图 4-3　电流效率与电解质摩尔比的关系

另外，电解质中含过多的 AlF_3 即低摩尔比的电解质有重大缺陷：减小了电解质的电导率；减小了氧化铝的溶解度；增大了电解质的挥发损失；增大了 Al_4C_3 的溶解度（Al_4C_3 对阴极和内衬破坏很大）；操作困难。

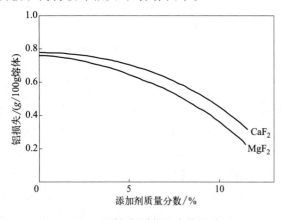

图 4-4　添加剂对铝损失的影响

目前，工业铝电解质的摩尔比一般波动于 2.5～2.7 之间。

③ 添加剂对电流效率的影响　铝电解质中的添加剂可使电解质的性质发生较明显的变化。添加剂对电流效率的影响实际上是它们对电解过程的综合影响。一切能降低铝损失量的添加剂，都有利于电流效率的提高。

图 4-4 所示是邱竹贤教授的研究结果。图 4-4 表明，CaF_2 和 MgF_2 在 5%～10%（质量分数）的范围内使铝的损失减少。CaF_2 和 MgF_2 的主要作用在于使初晶温度降低和增大铝液-电解质的界面张力，促进熔体中的炭渣分离，其中又以 MgF_2 最佳。研究结果表明，在 NaF/AlF_3 摩尔比为 2.6～2.7，

Al_2O_3 质量分数为 3%～4% 的电解质中添加 5%（质量分数）MgF_2，电流效率提高 1.5%～2%。增加 MgF_2，可以在 930～940℃ 的温度下进行电解，电流效率可达 90%。

美国雷诺公司是最早（1965 年）采用含 LiF 的电解质的，而我国于 1970 年后才采用。LiF 对电流效率的正面影响是：降低电解质的初晶温度，添加 1%（质量分数）的 LiF，初晶温度可降低 9℃；提高电解质的电导率，因而可以增大极距。

美国凯撒铝业公司在 68kA 自焙阳极铝电解槽上添加锂盐。近 1 年半的生产结果说明电解温度下降 16℃，电流效率提高 3%，而且使原系列电流增大了 5kA（因电导率提高，可以在极距不变的情况下增大电流，强化生产）。因而使每吨铝的电能消耗降低了 660kW·h，阳极糊消耗减少 5%。近年来，国内在自焙阳极铝电解槽上添加锂盐的实验研究也表明，电解可以在 950℃ 以下进行，电流效率提高 3.2%，每吨铝的电耗下降 899kW·h，阳极糊消耗降低 7.5kg。但是，锂盐的价格仍然是妨碍它广泛用于铝电解生产的因素。若能生产出含锂的氧化铝，则可以减少锂盐的用量和费用。最近有资料报道，在自焙阳极铝电解槽上随同阳极糊添加锂盐的技术，已经取得了降低锂盐消耗和改进电解生产技术指标的显著效果。

工业实践表明：老式铝电解槽（侧插或上插自焙阳极铝电解槽）采用含 LiF 的电解质能有效提高电流效率，但是，大型预焙阳极铝电解槽的效果不一定好。大型预焙阳极铝电解槽的电流效率已经高达 95%，再用 LiF 作用不明显；大型预焙阳极铝电解槽已经采用低摩尔比电解质，再加 LiF 也没有作用，而且操作当中很难保持 LiF 含量和 AlF_3 含量的稳定；费用高，增加了成本，且铝液中含有少量的锂。

（3）极距对电流效率的影响

阳极到阴极的距离（极距 L），即铝电解槽中阳极底掌到铝液表面的垂直距离称为极距。

根据费克第一定律得知，极距小时，溶解铝扩散到氧化区的距离短，有时阳极气体直接将铝液面上的铝氧化。随着极距的增大，电解质的搅拌强度减弱，因为相同的阳极气体量所搅拌的两极间液体量增加，则扩散层厚度（δ）增大，铝损失减少，电流效率提高。但是，当极距超过一定程度后，电解温度将明显升高（极距大，产生的热量增加），黏度也明显变小，使对流循环加快，铝的溶解度增大，故电流效率的提高很慢，其变化率接近于零。

应该指出，用提高极距的途径来提高电流效率不一定经济，因为极距增大，槽电压增大，电耗增加，而且随之而来的是热量增加，铝电解槽过热出现病槽等不利因素。

在目前的电解条件下，极距一般为 4.2～4.5cm。在现行预焙阳极铝电解槽上，极距不能进一步降低，除考虑热平衡外，还应考虑在磁场作用下产生的波动有可能使铝液在短极距下接触阳极发生短路。再者，极距过低，气泡析出时同液体铝金属接触，发生铝的再氧化反应，降低电流效率，因此，不能贸然采取降低极距的操作。

（4）电流密度对电流效率的影响

铝电解槽电流密度有阳极、阴极电流密度之分。它们对电流效率影响的作用机理不同，下面分别加以讨论。

① 阴极电流密度　在生产中有两种情况使阴极电流密度发生变化：第一种是电流强度不变，而阴极面积（铝液镜面）改变；第二种是阴极面积不变，电流强度变化。这两种情况在实际生产中都会遇到。槽中"伸腿"的收缩和长大，使"槽膛内型"发生改变，而使阴极电流密度增大或降低属第一种情况；而强化生产（同时保持侧部结壳不变）属第二种情况。

两种情况作用不同。

在第一种情况下,当阴极铝液镜面缩小时,由于铝的溶解与扩散面积减小,因而使铝的总损失减小。而在第二种情况下,阴极面积未变,但因电流强度增加,则阳极气体量增加,从而使电解质的搅拌强度增加,扩散层厚度减小。在这种情况下,铝损失必随阴极电流密度的增加而增加。但同时,阴极单位面积上析出铝的速度增加。因此,尽管铝损失增加,但电流效率仍是随电流密度增加而上升。

研究结果表明,总的趋势是电流效率随着阴极电流密度的增大而增大。这是显而易见的,因为在其他条件不变时,阴极电流密度增大,表示铝液镜面面积缩小,使铝的溶解总量减少,电流效率增大。相反当铝电解槽过热,槽帮熔化,则使铝液镜面扩大,扩散面积增大,铝溶解总量增加,从而使铝的损失增加,电流效率降低。同时,电流密度降低,也增加了铝离子不完全放电的可能性。至于人为地提高系列电流强度(即强化生产采取的措施),虽然铝的损失增加,但电解槽的生产能力显著地增加,所以总的结果仍是提高了电流效率。

但是,无限制地增大阴极电流密度是无益的。研究结果表明,当其增大到某一数值后,电流效率不但增长不大,甚至降低。当阴极电流密度超过某一数值(如极距为6cm时,$\alpha_{阴}=0.3\text{A/cm}^2$)后,电流效率不再增加,其原因可能是$Na^+$参与放电所起的副作用。

② 阳极电流密度 阳极电流密度的改变也存在两种情况:第一种是阳极面积增加,如加宽阳极,而电流不变;第二种是阳极不变,而电流增加,如强化生产。

加宽阳极时,电流密度降低,单位面积上的气体析出量减少,排出速度降低,搅拌作用减弱,氧化区域缩小,扩散层厚度增大。使得铝损失降低,电流效率提高。对于强化生产的情况,阳极电流密度增大,则有可能使上述因素向不利方面转化,而使电流效率降低。由此可见,阳极电流密度对电流效率的作用规律正好与阴极电流密度相反,即随着阳极电流密度的增大而使电流效率降低。

综上所述,在阳极电流密度一定的情况下,缩小阴极表面(铝液)、提高阴极电流密度,可以提高电流效率。众多铝厂的长期生产实践证明建立规整的槽膛内型很重要,其技术要点是形成陡峭的伸腿,使铝液收缩在阳极底掌的投影区以内。控制槽底不要过热,而且最好是在电解质与铝液界面上有一薄层氧化铝沉淀保护膜阻止铝的溶解。国外一些厂家采用冷行程操作法,能使上述条件得到保证,电流效率保持在90%以上。

(5)铝液高度

在工业铝电解槽上,阳极下部总是蓄积有多余热量。这就使阳极下部温度较侧部为高,从而影响电流效率。在相同条件下,若槽中铝液高度较高,因铝的导热性好,则可较快地将阳极下部多余的热量从铝电解槽四周疏导出去,使电解质的温度趋于均匀。同时能降低铝液中的电流,使铝液趋于平静,电流效率提高。

(6)铝电解槽设计

铝电解槽设计与电流效率的关系还在继续总结和认识之中。目前,比较确定的影响主要有以下几点:

① 减小铝电解槽的铝液镜面面积有利于提高阴极电流密度从而提高电流效率。设计中,把侧部炭块放在靠近阳极投影区的阴极部位效果比较好。

② 小阳极替代大阳极有利于阳极气体的排放,因而有利于提高电流效率。预焙阳极铝

电解槽的电流效率总大于只有一个大阳极的自焙阳极铝电解槽,主要原因也在此。

③ 磁场及其补偿措施,根据不同的槽型而定。采取了磁场补偿之后可以减小铝液波动和扰动的影响,减少了 Al 的溶解,有利于提高电流效率。

④ 采用点式下料和先进的控制技术,能保证铝电解槽在优化的情况下工作,有利于提高电流效率。

此外,铝电解槽的启动、槽龄和阴极条件也有影响。

综上所述,对于工业上铝电解槽的实际操作来说,采用较低的摩尔比,较低的氧化铝浓度,较低的电解温度,低的效应系数,良好的点式下料和自动控制,维持铝液面稳定减少其扰动,保持槽帮与伸腿完整,防止换阳极时的短路,因厂、因槽制宜选择好工艺技术条件,可望获得较高的电流效率。

4.2 电能效率

4.2.1 电能效率的基本概念

铝电解生产的电能效率(η_E)是指生产一定数量的金属铝,理论上应该消耗的能量($W_{理}$)和实际上所消耗的能量($W_{实}$)之比,以百分数表示,即:

$$\eta_E = \frac{W_{理}}{W_{实}} \times 100\% \tag{4-12}$$

设铝电解槽的电流强度为 $I(A)$,铝电解槽的实际电压(即平均电压)为 $V_{平}(V)$,电流效率为 η_I。而理论上的最低电压为 $V_{理}(V)$,电解时间为 $t(h)$,则:

$$\eta_E = \frac{IV_{理}t}{\frac{I}{\eta_I}V_{平}t} \times 100\% = \frac{V_{理}}{V_{平}} \cdot \eta_I \times 100\% \tag{4-13}$$

$V_{理}/V_{平}$ 即是"电压效率",则:

$$电能效率 = 电压效率 \times 电流效率 \tag{4-14}$$

由于在一定条件下 $V_{理}$ 是常数,因此,电能效率将只随电流效率 η_I 与铝电解槽平均电压($V_{平}$)而变。

在铝电解生产中,一般用单位电能的产铝量来表示,即每千瓦时电能实际生产铝的千克数 [kg/(kW·h)],记作 G,即:

$$G = \frac{P_{实}}{W_{实}} = \frac{0.3356It\eta_I \times 10^{-3}}{IV_{平}t \times 10^{-3}} = 0.3356\frac{\eta_I}{V_{平}} \tag{4-15}$$

式中 $P_{实}$——实际产铝量,kg;

$W_{实}$——实际的电能消耗,kW·h;

η_I——电流效率,%;

$V_{平}$——铝电解槽的平均电压，V。

显然，G 值越大，电能效率就越大。

为了解铝电解生产的电能消耗量，工厂还用另一个专门的指标来衡量，即生产 1kg（或 1t）金属铝的实际电能消耗（kW·h/kg 或 kW·h/t），简称电耗率，记为 w：

$$w = \frac{W_{实}}{P_{实}} = \frac{IV_{平}t \times 10^{-3}}{0.3356It\eta_I \times 10^{-3}} = 2.98\frac{V_{平}}{\eta_I} \tag{4-16}$$

显然 $w = 1/G$。电耗率既反映了能量消耗量，也反映了电能的利用率。

4.2.2 理论电耗和实际电耗

（1）理论电耗

理论电耗是指为了使电解过程连续而稳定地进行，单位产铝量理论上应消耗的最低电能。亦即电解过程中，原料无杂质、电流效率为百分之百、对外无热损失（指铝电解槽）的理想条件下，生产单位产物（铝）所需消耗的最小能量。

依此，由温度 T_1（一般为室温）的固体氧化铝和阳极转变温度为 T_3（电解温度）的液体铝与气体二氧化碳（一次阳极气体）所消耗的全部能量，都是理论上所必需的。这就是说，为了完成如下反应：

$$Al_2O_{3(固,T_1)} + 1.5C_{(固,T_1)} = 2Al_{(液,T_3)} + 1.5CO_{2(气,T_3)} \tag{4-17}$$

除了要供给反应过程吉布斯自由能变化（ΔG_T）所消耗的能量外，还要补偿反应过程束缚能（$T_3\Delta S_{T_3}$）及反应物由温度 T_1 升高到 T_3 的热焓变化（$\Delta H_{T_1-T_3}$）（前者以电能形式，后两者以热能形式），这三者是缺一不可的。若不供给后两部分能量，则它们所需要的热量将从熔融电解质中取得，电解质将逐渐冷凝，电解过程停止进行。因此，这三者都是理论上所必需的，是为了保持电解过程连续而稳定进行所应消耗的最低电能。

据此，可以把理论电耗 $W_{理}$ 与理论电压 $V_{理}$ 分别写成如下形式：

$$W_{理} = 2980V_{理} = 2980(a_{1理} + a_{2理} + b_{理}) \tag{4-18}$$

$$V_{理} = a_{1理} + a_{2理} + b_{理} \tag{4-19}$$

式中 $a_{1理}$——补偿反应过程吉布斯自由能理论上所需消耗能量所对应的电压值，V；

$a_{2理}$——补偿反应过程束缚能理论上所需消耗能量所对应的电压值，V；

$b_{理}$——补偿反应物（Al_2O_3 与 C）由室温 T_1 升高到电解温度 T_3 热焓变化理论上所需消耗能量所对应的电压值，V。

若将反应物（Al_2O_3 与 C）在室温（25℃）下投入铝电解槽内，而电解温度为 950℃，则经计算得出 $a_{1理} = 1.196V$，$a_{2理} = 0.698V$，$b_{理} = 0.227V$。则：

$$W_{理} = 2980(1.196 + 0.698 + 0.227) = 6320 \text{kW·h/t}$$

这就是为了保持铝电解槽在所要求条件下连续而稳定地进行生产，理论上所应消耗的最低电能。

当 $V_{平} = 4.3V$，$\eta_I = 88\%$ 时，则电能效率为：

$$\eta_E = \frac{2.121}{4.3} \times 88\% = 43.4\%$$

由此可见，铝电解的电能利用率是很低的，还不到50%。

（2）实际电耗

由于从铝电解槽操作空间出来的阳极气体是CO_2和CO的混合体，当用N表示阳极气体中的CO_2体积分数时，铝电解过程的总反应式可以写成：

$$Al_2O_3 + \frac{3}{1+N}C = 2Al + \frac{3N}{1+N}CO_2 + \frac{3(1-N)}{1+N}CO \tag{4-20}$$

为了在铝电解槽上完成上述总反应，需要供给如下五部分能量：补偿反应过程吉布斯自由能变化所消耗的能量（$2980a_1$）；补偿反应过程束缚能所消耗的能量（$2980a_2$）；补偿反应物由室温T_1升高到电解温度T_3热焓变化所消耗的能量（$2980b$）；补偿铝电解槽向周围空间的热损失所消耗的能量（$2980a_{热损}/\eta_I$）以及补偿体系内铝电解槽外母线的热损失所消耗的能量（$2980V_{外}/\eta_I$）。

据此，可以把实际电耗$W_{实}$与平均电压（即实际电压）$V_{平}$分别写成如下形式：

$$W_{实} = 2980\left(a_1 + a_2 + b + \frac{a_{热损}}{\eta_I} + \frac{V_{外}}{\eta_I}\right) = 2980\frac{V_{平}}{\eta_I} \tag{4-21}$$

$$V_{平} = (a_1 + a_2 + b) \times \eta_I + a_{热损} + V_{外} \tag{4-22}$$

式中　a_1——补偿反应过程吉布斯自由能所需消耗能量所对应的电压值，V；

　　　a_2——补偿反应过程束缚能所需消耗能量所对应的电压值，V；

　　　b——补偿反应物（Al_2O_3与C）由室温T_1升高到电解温度T_3热焓变化所需消耗能量所对应的电压值，V；

　　　$a_{热损}$——补偿铝电解槽向周围空间的热损失所需消耗能量所对应的电压值，V；

　　　$V_{外}$——补偿体系内铝电解槽外母线的热损失所需消耗能量所对应的电压值，V；

　　　η_I——电流效率，%。

4.2.3　铝电解槽的平均电压

从理论上说，电耗率只取决于电流效率和铝电解槽的平均工作电压，在此着重讨论铝电解槽的平均工作电压分配，即电压平衡。

铝电解槽的平均电压主要包括三部分，即：

$$V_{平} = V_{槽} + \Delta V_{母} + \Delta V_{效应} \tag{4-23}$$

式中　$V_{槽}$——铝电解槽工作电压，V；

　　　$\Delta V_{母}$——铝电解槽外母线电压降，V；

　　　$\Delta V_{效应}$——阳极效应分摊电压降，V。

（1）铝电解槽工作电压（$V_{槽}$）

铝电解槽工作电压简称槽电压，可以由铝电解槽上的电压表直接测出。槽电压包括阳极、阴极、电解质电压降和反电动势（或称实际分解电压）。故

$$V_{槽} = \Delta V_{阳} + \Delta V_{质} + \Delta V_{阴} + E_{反} \tag{4-24}$$

式中　$\Delta V_{阳}$——阳极电压降，V；

　　　$\Delta V_{质}$——电解质电压降，V；

$\Delta V_{阴}$——阴极电压降，V；

$E_{反}$——反电动势，V。

（2）铝电解槽外母线电压降（$\Delta V_{母}$）

铝电解槽外母线主要有阳极母线（阳极小母线和阳极大母线的总称）、立柱母线、阴极母线（阴极小母线和阴极大母线的总称）以及铝电解槽间连接母线等。当电流通过这些母线，将造成电压损失，尽管它们的电阻很小。此外，母线与母线的接触处（焊接或压接）也会产生接触电压降。铝电解槽外母线电压降即为上述各项之和。

（3）阳极效应分摊电压降（$\Delta V_{效应}$）

铝电解槽生产中产生阳极效应时，槽电压突然升高，也造成额外的电能消耗，将其平均分摊到系列中各台铝电解槽上，称为阳极效应分摊电压。它可由式（4-25）求得：

$$\Delta V_{效应} = \frac{k(V_{效应} - V_{槽})\tau_{效应}}{1440} \quad (4-25)$$

式中 k——效应系数，次/(槽·日)；

$\tau_{效应}$——效应持续的时间，min；

$V_{效应}$——效应电压，V。

例如，$k=0.5$，$V_{效应}=30V$，$V_{槽}=4.3V$，$\tau_{效应}=5min$，则 $\Delta V_{效应}=0.0446V$。

表 4-2 中列出几种铝电解槽的平均电压。

表 4-2 铝电解槽平均电压

电压平衡/mV		自焙阳极铝电解槽		预焙阳极铝电解槽		
		60kA 侧插棒式	80kA 上插棒式	80kA 预焙槽	160kA 预焙槽	120kA 连续预焙槽
$V_{槽}$	$E_{反}$	1600	1600	1600	1650	1650
	$\Delta V_{质}$	1800	1450	1700	1380	1450
	$\Delta V_{阳}$	330	470	200	270	500
	$\Delta V_{阴}$	410	400	430	360	330
$\Delta V_{母}$	$\Delta V_{母线}$	340	250	180	180	190
	$\Delta V_{槽间}$	50	50	50	—	—
$\Delta V_{效应}$		12	50	60	100	80
$V_{平}$		4542	4270	4220	3940	4200

由实例可知，反电动势和电解质电压降均占到平均电压的 35%~40%，是平均电压中的两个最大项，可望降低的是反电动势中的过电压和电解质的电阻（或增大电解质的电导率）电压降。其次是母线电压降，特别是母线之间的接触电压降，小的只有几毫伏，而高的达百毫伏。总之，降低平均电压是有潜力的。

4.2.4 铝电解槽的节能途径

Hall-Héroult 铝电解槽使用初期，铝电解槽的槽电压高达 10V 以上，电流效率在 80% 左右，直流电耗高达 30000~40000kW·h/t。Hall-Héroult 铝电解槽诞生 100 年前后，铝电解槽的槽电压降低到了 4.2~4.5V，直流电耗降低到了 15000kW·h/t 左右。自 2000 年来，铝电解生产的电能消耗有了更大的降低，现代铝电解生产已经可以实现槽电压 3.7~3.8V，电能消耗降低到 12300～12450kW·h/t。

同时人们也在思考，现代铝电解生产的电能消耗还有没有可能进一步降低，达到 11300～11500kW·h/t 或 11000kW·h/t 以下。从理论与技术上分析，这种可能性是存在的，但需要同时在如下两个技术层面上达到要求：一是通过降低槽电压或提高电流效率的技术操作使电能消耗降低到 11000kW·h/t 或 11000kW·h/t 以下；二是在降低槽电压或提高电流效率的同时，减少铝电解槽散热损失。

一个铝电解槽电能消耗的降低，必定是铝电解槽电能效率的提高，而铝电解槽电能效率的提高，必须相伴的是热损失的降低。因此可以说，一个完整的铝电解槽的节电技术，是上述二者相结合的技术。

下面简要介绍铝电解槽的节能途径。

(1) 提高电流效率

提高电流效率的途径很多，其中主要的方法是降低电解温度，而降低电解温度的最有效方法是选择合适的添加剂，即找到一个初晶温度低的电解质组成。大量的研究表明，添加锂盐（LiF 或 Li_2CO_3）可以显著降低电解质的初晶温度。但是电解温度的降低也伴随氧化铝溶解困难、电导率下降、热稳定性差等一系列问题。

提高电流效率的另一途径是合理配置母线，这对大型铝电解槽来说尤为重要。根据瑞士铝业公司的报道，引起磁力效应的主要因素是铝液中水平电流（包括横向和纵向）的电度分量和磁场的垂直分量，应该予以消除或减弱。按此原则设计的铝电解槽，其电流效率达到95%。大型铝电解槽的磁场问题日益得到重视，随着研究工作的深入，铝电解槽的母线配置日益完善，在一定程度上削弱了磁场的影响，但是也带来母线配置复杂，投资增大的问题。

提高电流效率的更为有效长远的目标是改变现行铝电解槽的结构。

(2) 降低平均电压

① 提高铝电解质的电导率　铝电解质电压降一般在 1.65～1.75V。铝电解质是平均电压中的耗电大项，约占 30%～40%，其原因是现在的铝电解质体系电导率太小，同时又要保持一定的极距。提高铝电解质电导率的办法很多，主要有以下几方面：

a. 通过采用合适的添加剂来提高铝电解质的电导率，如 LiF、NaCl 都能显著提高铝电解质的电导率，至于 MgF_2 和 CaF_2，特别是 MgF_2，虽然对铝电解质的导电有不良的影响，但可以净化铝电解质中的炭渣，且铝电解质中添加 MgF_2 可使电解的反电动势降低。采用低摩尔比再添加 LiF 效果较显著。现行工艺中采取低氧化铝浓度是有利于提高电导率的。然而低氧化铝浓度将增大阳极气体同阳极之间的接触角，不利于气体的迅速释放，因此应改进阳极形状（包括阳极底部开沟）以利于气体的排出。

b. 采用合理的加料制度，对于减少悬浮在铝电解质中的 Al_2O_3、减少铝电解槽底沉淀是有利的，因为沉淀多，容易造成电流分布不均匀，故使铝电解槽底压降升高。我国根据长期的实践，曾对中型侧插棒式铝电解槽提出了"勤加工、少加料、加工快、适压壳"的加料制度。采用这种加料制度，可使铝电解槽底干净，电压不波动或波动很小，生产稳定，效率高。

降低铝电解质电压降今后的方向是：改变铝电解质组成或采用能增大铝电解质电导率的添加剂；保持电解质的清洁，即不含炭渣、碳化铝、悬浮氧化铝等；改变阳极结构和形状以利于气体排出,进而降低极距;采用导流铝电解槽,阴极上没有厚的铝液层,可以在较低的极距下进行生产;改变阳极和阴极排列方式,由电极面水平相对排列改成电极面竖式相对排列,电极的竖式排列有利于气体排出和电解质循环。

② 降低阳极过电压　阳极过电压是引起理论分解电压升高的主要原因,数值约占反电动势的1/3。

适当减小阳极电流密度,增大氧化铝浓度,适当增加摩尔比,可以减小阳极过电压。当然,这些措施和当今的生产工艺条件如低氧化铝浓度、低摩尔比及较高阳极电流密度是有矛盾的。因此降低阳极过电压的方向在于采用电催化剂等新技术。刘业翔教授等的研究结果指出,阳极掺杂可以产生电催化作用,使阳极过电压降低。掺杂物质中以$CrCl_3$、Li_2CO_3和$RhCl_3$的效果最好,阳极过电压的降低可达200mV左右。电催化作用主要是使C_xO的分解速度加快。

③ 降低母线电压降　母线电压降的降低对降低铝电解生产的电能消耗也很有意义。母线电压降的降低,可以通过增加母线的导电面积、降低母线的电流密度和降低母线电阻率来实现。但降低母线的电流密度会增加投资成本,因此合理地选定母线的电流密度,要从技术和经济两个方面来加以考虑。在20世纪70年代以前,我国铝电解厂的铝电解槽为自焙阳极铝电解槽,其母线的电流密度为$0.7A/cm^2$,70年代进行了母线加宽的技术改造,加宽后的母线电流密度为$0.213A/cm^2$左右,仅此一项技术改造,就使得我国每吨铝直流电耗降低了300kW·h以上。因此,可以说在选定母线的电流密度时经济因素占比更重。

此外是降低母线接触电压降,它与接触的好坏有关,一般只有几毫伏。焊接效果较差,而压接效果较好。压接时要求磨平、打光、压紧,否则,其接触电压可增高上百毫伏。

(3) 降低铝电解槽的热损失

铝电解槽热损失大的主要原因是电解温度高,与环境空气的温差大。目前采取的主要措施是:

① 增加结壳保温料的厚度,因为氧化铝具有良好的保温性能,覆盖于结壳以及预焙阳极铝电解槽的阳极炭块和钢爪上,可以减小热损失。

② 加强铝电解槽体保温,通过在铝电解槽底增加氧化铝粉保温层的厚度来实现。

上述做法都是有限的,最佳的途径是降低电解温度。一台150kA的铝电解槽,若把电解温度从950℃降至900℃,一天的热损失减少近150万千焦;若降低到800℃,则每吨铝节电1250kW·h。

此外,有人提出采用散热型槽体,将散热加以利用,以提高能量利用率。

(4) 铝电解槽改进革新

降低铝电解槽平均电压和提高电流效率是降低电耗的根本任务。科研工作者围绕如何降低铝电解槽电压和提高电流效率做了大量研究,比如阳极开槽技术、石墨化阴极炭块技术、阴极涂层技术、无效应低电压技术等,这些技术都能在一定程度上降低铝电解槽电压。如果采用导流铝电解槽、可湿润性阴极与惰性阳极联合使用的竖式铝电解槽,或者双极性电极的多室铝电解槽,有可能把现有电解方法的能耗再减1/3,达到10000~11000kW·h/t。

现有铝电解厂吨铝电耗仍在13500~14000kW·h之间,节电空间较大。大量电能消耗于铝电解槽结构和操作工艺的不合理,应当全面、系统地对铝电解槽结构和操作工艺进行革新,才能切实达到节能、降耗、减排的目的。

铝电解槽是铝电解的必要设备,铝电解槽的工作效率也影响着铝电解的能源损耗量。所以,要想实现节能降耗,还要重视新技术的引进和应用,对铝电解槽进行优化。新型铝电解槽技术是将自焙阳极铝电解槽、预焙阳极铝电解槽两种铝电解槽的优点集成起来,摒弃缺点,研发出具有连续阳极、惰性阴极、无需人工操作、工艺简捷、节能显著、无污染气体排放、全信息数字化生产等特点的铝电解槽。该新型铝电解槽的核心技术有:分隔法、颗粒阳极糊、全密闭阳极箱体、多功能导电母线、沥青烟裂变器、氟化物增强吸附器、金属陶瓷惰性阴极、热管法回收余热并调控铝电解槽温度、二氧化碳回收、氟动态平衡计算、梯度法热量实时检测、电解质实时检测及数据驱动多元设计实验室全信息智能管控等,使铝冶炼工艺技术和装备获得革命性突破,达到节能减排的效果,为国家碳中和、碳达峰提供技术支撑。

我国铝行业的发展潜力巨大,在发展铝电解产业的同时,企业要加大对铝电解节能降耗技术的研究和运用,改善铝电解高耗能、高污染情况,从而实现自身的可持续发展。

思 考 题

1. 什么是铝电解的电流效率?铝电解电流效率降低的原因是什么?
2. 影响铝电解电流效率的因素有哪些?各因素与铝电解电流效率的关系如何?
3. 测定工业铝电解槽电流效率的方法有哪些?它们各自的特点如何?
4. 什么是铝电解的电能效率?生产上常用什么指标来表示铝电解的电能效率?
5. 铝电解槽的平均电压有哪些组成部分?
6. 工业铝电解槽实际电耗是如何分配的?
7. 生产上提高铝电解电能效率的途径有哪些?

第 5 章
铝电解槽的物理场

5.1 物理场的概况

5.1.1 物理场的基本概念

铝电解槽的物理场指存在于铝电解槽内及其周围的电、磁、流、热、力等物理现象。这些物理场可以是独立的,也可以是其他场派生出来的。它们包括电场、磁场、热场、熔体流动场和应力场等。

电场主要关注铝电解槽中电流与电压的分布,它是铝电解槽运行的能量基础,是其他各物理场形成的根源:

① 电流产生磁场。
② 电流的热效应(焦耳热)产生热场。
③ 电场与磁场相互作用产生的电磁力场是造成熔体运动的主要原因,即形成流场(熔体流动场)。
④ 流场影响电解质中 Al_2O_3 和金属的扩散与溶解,即形成浓度场。
⑤ 材料受热膨胀产生热应力使铝电解槽体结构发生变形,从而形成应力场。

5.1.2 物理场对铝电解过程的影响

铝电解槽的物理场产生过程十分复杂。现行基于 Hall-Héroult 法的预焙阳极铝电解槽是一个极其典型的多物理场电化学反应器。铝电解生产过程中,电流由母线传导经阳极通入铝电解槽内熔体(包括上层的电解质和下层的铝液),再经阴极由钢棒导出汇集至母线进入下一槽。铝电解槽内熔体具有阻抗,电流产生焦耳热,使电解质和铝液维持在高温熔融状态,在铝电解槽内部形成热场。同时,高强度直流电产生强磁场,磁场与电场相互作用形成电磁力场,与外逸的阳极气泡共同驱动熔体做快速运动,形成槽内流场。此外,槽体受热膨胀产生热应力场,点式下料及流场输运作用使得氧化铝在槽内形成浓度场。铝电解槽的各物理场之间存在明确的耦合关系,每个物理场均受到其他物理场的影响,同时又对其他物理场产生作用。

随着铝电解工艺技术的创新发展,铝电解企业的建设向规模化、容量大型化、高效环保节能方向发展,其目的是降低每吨铝投资成本、提高劳动生产率,为铝电解企业带来最大的经济效益。目前我国投产运行的最大容量的铝电解槽达到620kA,500kA、400kA和300kA槽型是生产中产能最多的三个槽型,正在建设或拟建设项目中,约95%以上的产能采用500~600kA槽型。未来大容量、高效节能槽型的产能占比将越来越大。

大容量铝电解槽有着更为突出的物理场问题。首先,大容量意味着大电流,大电流和相应强磁场作用产生强电磁力,电磁力的增大使得熔体做更高速的运动。同时,由于铝电解槽垂直进电、水平出电的结构特征,大电流易在铝液中产生大水平电流。高熔体流速和大水平电流可能加剧铝液-电解质界面的垂直波动,降低铝电解槽电流效率,并使磁流体不稳定问题更为显著。大电流也会伴随高热量收入,高熔体流速又造成熔体与槽帮间的强对流换热,高能量状况下热平衡态不易保持,槽膛内型较难稳定。其次,铝电解槽尺寸的增大可使物料分散的难度加大,在流场设计不佳或下料点配置不当的情况下可能导致物料浓度的不均匀以及沉淀的增加。再者,以追求最大幅度的节能为目标,铝电解槽通常运行在低电压(低极距)、低过热度、窄能量窗口等综合临界状态下,物理场允许变动的区间很小,变动幅度稍大就可能引起槽能量平衡被打破、磁流体稳定性难以维持。

整体而言,物理场的分布和相互的耦合作用会直接影响电流效率、能耗、铝电解槽寿命以及铝电解槽结构等关键技术经济指标。因此,对于铝电解过程物理场的研究已经成为铝电解槽稳定运行和改进经济技术指标的重要方向。

5.1.3 物理场的研究方法

铝电解槽物理场研究涉及冶金、物理和数学等多学科领域,其研究方法主要分为工业测试方法、计算机数值计算和模拟仿真方法。

对铝电解槽物理场进行工业测试尤其是在线连续监测成为铝电解槽设计合理性和运行稳定性判断、槽况和效应诊断、技术经济指标改进的一种手段。铝电解生产中的工业测试,除一些参数需要由专门机构和使用特殊设备进行检测外,其他参数的测量主要依靠测试棒、万用表、温度计等基本测试工具,而获取数据的可靠性和准确性主要取决于测试人员操作的规范性。

由于铝电解槽物理场的研究对象是涉及高温强腐蚀性熔盐的大规模工业体系,现阶段在线分析检测设备和方法的不完善、实验条件的恶劣性和现场环境的复杂性限制了实验研究的广泛开展,在此背景下,通过数学建模和计算机数值计算分析并研究铝电解槽物理场成为经济有效的方法,也是研究者所广泛采用的方法。尽管各自的研究方法和路线不同,但均以母线配置和电流分布为基础,采用数学物理的模拟方法,结合原型工业试验的结果,建立起一整套关于铝电解槽电场、磁场、热场、熔体流动场、应力场及它们与电解过程电流效率之间关系的数学模型和计算机程序,实现各物理场的在线检测和计算机仿真。利用现代计算机仿真方法对铝电解槽物理场分布及其变化规律的模拟分析技术称为物理场的计算机仿真技术。铝电解槽物理场的计算机仿真技术已成为铝电解槽优化设计、辅助生产过程的重要手段，特别是随着大容量铝电解槽的开发和对铝电解槽内电解过程的深入研究，计算机仿真技术起着越来越重要的作用。

铝电解槽物理场计算机仿真的实质是数学模拟与数值解析。因为各个物理场都遵循已知的物理学规律，所以运用计算机就能求解方程组的数值解，然后利用计算机的图形处理能力，便可以图形方式输出计算结果。

铝电解槽各物理场（电、磁、热、流、力）之间是相互耦合、相互影响的，理论上来讲应当耦合求解。但因耦合关系的复杂性和计算手段的局限性，长期以来都将它们分割（或部分分割）开来进行研究，在各种假设条件下，分别建立起相对独立的算法与软件模块，得到每种场的特性和规律。然后进行模块的集成，可实现铝电解槽电场、磁场、流场和热场的综合仿真解析。这种仿真方式被称为静态仿真，静态仿真所得到的结果都是与给定的结构参数和工艺参数相对应的结果。

在实际生产中，由于工艺参数及部分结构参数是变化的，所以物理场分布也是变化的。于是人们认为，将静态仿真软件做适当的改造，用于铝电解槽的监控软件中，使输入到仿真解析软件中的工艺参数是实测的参数，这样，随着工艺参数的变化，物理场分布就相应地变化，可以给现场操作人员提供物理场分布的动态变化信息。这就是人们常说的动态仿真技术。

动态仿真基于下列事实。影响铝电解槽运行工况的因素可分为两大类：一类是静态（或缓变）因素，包括母线配置、槽体结构、材料电热特性、熔体性质、槽体散热条件等；另一类是动态（或瞬变）因素，包括系列电流、槽电压、极距、摩尔比、电解质和铝液温度、电解质和铝液高度、阳极效应系数等工艺参数，以及加料、出铝、换极、极距调整、边部加工、效应处理等控制变量或常规作业。静态因素只影响铝电解槽的中长期行为，可作为建立基准工况的依据；动态因素影响铝电解槽的动态行为，是动态仿真的主要依据。

5.2　铝电解槽的电场

5.2.1　电场的表征

电场即电位场，在现代工业铝电解槽的设计与研究中，电场多以电流的分布形式被表征。铝电解槽中电流从阳极导入，通过电解质和金属铝液到阴极炭块再由阴极钢棒导出。电场（电流与电压分布）是铝电解槽运行的能量基础，是其他各物理场形成的根源。因此，铝电解槽的电流分布好坏对铝电解生产有重要的影响。

电流的分布首先涉及铝电解槽的导电结构，导电结构包括槽外及槽内母线、阳极部分、熔体部分和炭阴极部分。

5.2.2 电流分布

(1) 母线电流分布

铝电解槽的母线包括阳极母线、阴极母线、立柱母线和槽间连接母线。调整铝电解槽周边母线的配置方式是改变槽内磁场,进而改变槽内流场的主要手段。

调整母线的配置方式时还要考虑母线的投资成本。过于复杂的配置增加了建设投资。这就需要估算优化流场的好处是否大于增加的母线投资。除了考虑母线的空间布局外,还要考虑母线的截面积大小,即母线的经济电流密度问题。从母线电阻产生的电耗和母线的投资成本两方面来考虑,显然母线的截面积越大,母线电耗越小,但是投资成本越高。一种研究结论是,当投资费用与电耗费用相等时,总费用为最低,即对应的电流密度为经济电流密度。

(2) 阳极电流分布

预焙阳极铝电解槽的阳极电流分布是指各个阳极组(块)的电流分布情况。阳极电流分布可通过测量各阳极导杆上的等距压降来确定。阳极电流分布是否均匀对铝电解槽的稳定性有很大的影响,因为阳极电流分布不均时,通过引起"电-磁-流"的连环式变化使熔体剧烈波动,导致电压剧烈波动。

对阳极电流分布的研究还包括单个阳极块或阳极组(包括阳极导杆在内)的电流分布。因为通过这一研究可寻找阳极块(组)的结构与电压分布(进而寻找与温度分布、热应力分布)的关系,以便提出阳极结构的优化设计方案。

(3) 熔体中的电流分布

熔体包括电解质和铝液两个部分。由于这两种熔体的电导率相差很大,因此其电流分布情况也有很大差异。熔融电解质的电阻比较大,因此在阳极投影下边电解质中的电流密度基本一致,电流的方向垂直向下。阳极侧部电解质中电流密度较小,并随着到阳极边缘距离的增加而迅速减小。因此,电解质中的电流高度集中在阳极底掌到铝液表面的极距空间(约4cm高度)内,电解质中的水平电流是较小的。

铝液是良好的导体,因此铝液中的电流分布更多地受到铝液周边环境的影响,如槽膛厚度与形状、槽底沉淀与结壳状态、阴极的结构与状态等。因此,熔体中的水平电流及水平电流引起的熔体波动主要集中在铝液中。最大的水平电流可达 $0.45 \sim 0.65 A/cm^2$。一般情况下,在靠近铝电解槽侧部的地方出现最大值。如果阴极工作状态出现异常,水平电流分布便会出现较大的变化。例如,槽底某一局部有较大沉淀与结壳会使该局部电阻增大(甚至不导电),电流便绕过该区域的铝液向阴极其他区域流动,这就在该区域产生了较大的水平电流,而水平电流又产生垂直磁场,进而影响磁流体稳定性。

铝电解槽电解质熔体内的电流95%以上是从阳极底掌到阴极铝液方向上的垂直电流,其大小与分布与其相对应的阳极电流分布一致,只有在阳极炭块工作面的边缘出现扇形的密度较低的电流分布,这是电解质熔体有较大的电阻所致。

(4) 阴极结构中的电流分布

对现代的预焙阳极铝电解槽而言,其阴极铝液内的电流分布有如下几个特点:

① 各阴极铝液中存在着水平方向的电流密度 i_x、i_y 和垂直方向的电流密度 i_z，它们分别以式（5-1）～式（5-3）表示：

$$i_x = I_x/(W_{Al} h_{Al}) \tag{5-1}$$
$$i_y = I_y/(l_{Al} h_{Al}) \tag{5-2}$$
$$i_z = I_z/(W_{Al} l_{Al}) \tag{5-3}$$

式中 W_{Al}——铝液的宽度，m；
l_{Al}——铝液的长度，m；
h_{Al}——铝液的高度，m。

② 阴极铝液内的垂直电流密度 i_z 大于阴极铝液内的水平电流密度 i_x、i_y。

③ 阴极铝液内的电流强度包括垂直电流密度和水平电流密度，在阴极铝液内的各个部位电流强度是不一样的。

④ 各阳极炭块底掌下的阴极铝液中的垂直电流密度正比于其上的阳极炭块中的电流密度。由于各阳极炭块的电流密度是可变的，因此各阳极下面的阴极铝液内垂直电流密度不仅不一样，而且是不断变化着的。

⑤ 在每个阴极炭块的纵向方向存在着从里向外的水平电流，如图 5-1 所示。这种水平电流的产生是由阴极铝液的电阻小于阴极钢棒的电阻所引起的，因此降低阴极钢棒的电阻，或用高导电性的金属材料制作导电棒，可以有效降低铝电解槽中的水平电流。

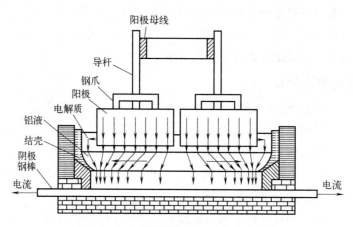

图 5-1 铝电解槽截面水平电流产生示意

⑥ 当各阴极炭块或阴极炭块与钢棒的组合体的电阻存在差别时，在阴极铝液中存在纵向方向的水平电流，由于这种水平电流的存在，使具有较小电阻的阴极炭块及其与阴极钢棒的组合体承载较大的电流，造成阴极各炭块电流分布不均。提高阴极炭块的质量，减少阴极炭块的内部裂纹和断层，提高阴极炭块与阴极钢棒的组装质量，可有效减少阴极铝液内的这种纵向方向的水平电流。

⑦ 当槽底出现较厚的沉淀层，特别是当边部伸腿较大或槽膛较大时，会使铝电解槽阴极铝液内产生水平电流，如图 5-2 所示。

阴极结构中的电流分布，主要受阴极结构形式与材料、槽膛中侧部槽帮和伸腿的形状与大小影响。某厂的测试结果表明，靠近阴极钢棒出口端 25% 的钢棒长度上汇集了 75% 的电流，其余 75% 的钢棒长度上则只汇集了 25% 的电流。这说明了铝液中存在很大的水平电流，

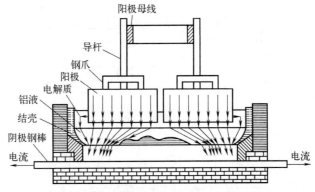

图 5-2 槽底有较多沉淀时铝液水平电流较大

同时电流过分集中造成了阴极电压降的增加，因此这种阴极结构是不甚合理的。

5.2.3 电场的计算模型

采用等效电阻法与有限元法相结合来研究铝电解槽的电流分布。在计算中对所研究的铝电解槽的导电部分（阳极炭块、熔体和阴极炭块）作出如下假设：①在模型进行迭代求解的有限时间段内，整个铝电解槽及其解析域的电、磁、流等参数场属于稳态场；②铝电解槽帮结壳看作绝缘体；③阳极炭块下表面处于同一水平面；④阳极炭块、熔体和阴极炭块分别等温，各子域电阻率相等；⑤铝液高度和电解质高度各处均匀；⑥母线系统、阳极导杆、阳极钢爪等按等效电阻处理。

（1）母线电流计算模型

流经母线系统、阳极导杆及阳极钢爪各部件的电流可根据欧姆定理和基尔霍夫定律计算：

$$U = IR \tag{5-4}$$

$$\sum_j I_j = 0 \quad (j \text{ 表示节点处的支路}) \tag{5-5}$$

图 5-3 是某种槽型的导电段等效电阻网络模型示意，计算时将母线段都用等效电阻代替，然后根据总电流及各母线段的串并联关系，绘制电路网络图，由式（5-4）和式（5-5）解出各节点的电位及母线段的电流。

（2）阳极、阴极与熔体电流解析模型

对于阳极、熔体、阴极电流场，可采用多种数值计算方法，例如有限差分法、有限元法、电荷模拟法、表面电荷法等，其中有限差分法和有限元法是目前使用较为广泛的两种数值计算方法。由于在进行迭代求解的有限时间段内，铝电解槽的电流场属于静态电场，场量与时间无关，因此铝电解槽内导电部分的导电微分方程可表示为：

$$\nabla \cdot (\sigma \nabla \phi) = 0 \tag{5-6}$$

$$J = -\sigma \nabla \phi \tag{5-7}$$

式中 ϕ——标量电位，V；

J——电流密度，A/m^2；

σ——电导率，S/m。

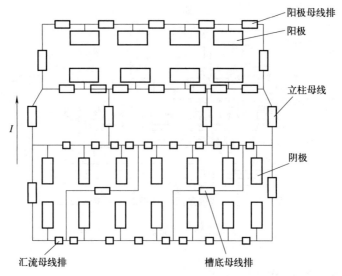

图 5-3 母线段等效电阻网络模型

求解铝电解槽阳极、阴极与熔体电流场的有限元基本方程可以从泛函出发经变分求得，也可从微分方程出发用加权余量法求得。以后者为例，对电位分布方程取插值函数：

$$\widetilde{U}(x,y,z)=\widetilde{U}(x,y,z,U_1,U_2,\cdots,U_n) \tag{5-8}$$

式中 $U_1, U_2, \cdots, U_n$——n 个待定系数。

根据加权余量法的定义，可得：

$$\iiint_U W_l \left[\sigma_x \frac{\partial^2 \widetilde{U}}{\partial x^2} + \sigma_y \frac{\partial^2 \widetilde{U}}{\partial y^2} + \sigma_z \frac{\partial^2 \widetilde{U}}{\partial z^2} \right] dxdydz = 0, l=1,2,\cdots,n \tag{5-9}$$

式中 U——三维电场的定义域；

W_l——权函数。

根据伽辽金法对权函数的选取方式，得：

$$W_l = \frac{\partial^2 \widetilde{U}}{\partial U_l}, l=1,2,\cdots,n \tag{5-10}$$

为了引入边界条件，利用高斯公式把区域内的体积分与边界上的曲面积分联系起来，经变换可得：

$$\frac{\partial J}{\partial U_l} = \iiint_U \left(\sigma_x \frac{\partial W_l}{\partial x} \frac{\partial U}{\partial x} + \sigma_y \frac{\partial W_l}{\partial y} \frac{\partial U}{\partial y} + \sigma_z \frac{\partial W_l}{\partial z} \frac{\partial U}{\partial z} \right) dxdydz - \\ \oiint_\Sigma \left[W_l \left(\sigma_x \frac{\partial U}{\partial x} \cos\alpha + \sigma_y \frac{\partial U}{\partial y} \cos\beta + \sigma_z \frac{\partial U}{\partial z} \cos\gamma \right) \right] dS = 0, l=1,2,\cdots,n \tag{5-11}$$

一般在整体区域对式（5-11）进行计算，将求解区域熔体、阳极炭块、阴极炭块进行网格剖分，先在每一个局部网格单元中计算，最后合成为整体的线性方程组求解。如果将区域划分为 E 个单元和 n 个结点，则电场 $U(x, y, z)$ 离散为 U_1、U_2、$\cdots$、U_n 等 n 个结点的待定电位，得到合成的总体方程为：

$$\frac{\partial J}{\partial U_l} = \sum_{e=1}^{E} \frac{\partial J^e}{\partial U_l} = 0, l=1,2,\cdots,n \tag{5-12}$$

式 (5-12) 有 n 个结点，相应可求得 n 个结点的电位。最后得到矩阵方程式 (5-13):

$$[k]^e \cdot \{U_l\}^e = [f_p]^e \tag{5-13}$$

迭代并求解，即可得求解域内各点的标量电位 U，并求解出各点的电流密度 J、电场强度 E 及电流 I 等量。

(3) 铝电解槽导电系统综合计算模型

铝电解槽导电系统综合解析模型也就是将母线电流等效电阻网络计算模型与阳极、阴极和熔体电流有限元计算模型综合于一体，实现铝电解槽整槽电流场的计算。

5.3 铝电解槽的磁场

5.3.1 磁场对电解过程的影响

铝电解槽中的磁场是由通过导体的电流（电场）而产生的。磁场和电流相互作用，在熔体介质中产生一种电磁力，称为洛仑兹力。洛仑兹力可引起电解质和铝液的运动，同时使两者间的界面发生形变（形成流场）。因此，磁场对电解过程的影响是通过对电解质和铝液流动（流场）以及两者界面的形变和波动的影响而起作用的，具体体现在它影响槽电压的稳定性，从而影响铝电解槽运行的稳定性和电流效率。

5.3.2 磁场设计的目标以及磁场补偿技术

实现电解质与铝液的界面尽可能平坦，铝液流速限制在一定数值内，当槽电阻变化时不引起较强烈的铝液运动，这些就是铝电解槽磁场设计所要达到的目标。

通过调整铝电解槽导电母线系统（铝电解槽上及周边母线）的配置（改变电场），可改变母线系统在铝电解槽中产生的磁场，从而改变磁场对铝液流速和波动的影响（改变流场）。这种以减小铝液流速和波动为目标，设计最佳的母线配置来实现最佳的磁场分布的技术称为磁场补偿（又称磁场平衡）技术。

显然，磁场补偿技术涉及电场、磁场和流场的优化设计。补偿的对象是磁场，补偿的手段是改变电场，而补偿的目的是优化流场。铝电解槽有横向排列和纵向排列两种基本方式。纵向排列的主要问题是所有电流都经槽两侧的阴极母线输送，铝电解槽的磁场强度在靠近出电端处特别高。另外，由于立柱母线集中一端输入，使得在铝电解槽出电端处产生一个很强的水平磁场，使得铝电解槽水平电流不平衡。两列铝电解槽相距较近，会产生有害的垂直磁场叠加。因此，150kA 以上的铝电解槽都采用横向排列方式。

大型铝电解槽采用横向排列一方面是为了降低投资，另一方面是为了使阴极母线产生的磁场减弱。此外横向排列比较容易调整母线的配置布局，即容易补偿不利的磁场，使磁场分布尽可能合理。横向排列的一个缺点是必须采用多功能天车（联合机组）完成加工和其他操作。另外，两个厂房才能容纳一个系列，建筑面积利用率相对较低。

5.3.3 电解系列磁场解析

磁场是电流产生的，当一个直流电流通过导体时，就会在导体周围产生与导体垂直的环形磁场，如图5-4所示。其磁场 B 的大小与通过该导体的电流强度成正比，与该点到导体的距离成反比。

$$B = 2I/L \tag{5-14}$$

式中　B——磁场强度，G；
　　　I——电流强度，kA；
　　　L——距离，m。

磁场强度的另一个单位是特斯拉（T），$1T = 10^4 G$，$1mT = 10G$。

假设两电解厂房相距50m，系列电流200kA，其中一个厂房中的铝电解槽受另一个电解厂房的系列电流影响所产生的磁场强度（垂直磁场）为 $B = 2 \times 200/50 = 8G = 0.8mT$，那么在两个电解厂房之间25m处的磁场强度为 $B = 2 \times 2 \times 200/25 = 32G = 3.2mT$。

对于工业铝电解槽而言，一个电解系列有两个电解厂房，两个厂房相对于整流电源远端的铝电解槽由母线连接，形成一个回路。两个电解厂房的电流方向相反，由此，一个厂房的系列电流所产生的磁场会叠加到相邻的另一个电解厂房的铝电解槽上。而且这个磁场是与铝电解槽相垂直的磁场，如图5-5所示。这个磁场的大小，与系列电流大小成正比，与两电解厂房之间的距离成反比。目前世界上最大的工业铝电解槽电流强度已经达到了660kA，仍按两个电解厂房间距为50m进行计算，则其中一个电解厂房的铝电解槽中除了自身铝电解槽母线产生的垂直磁场外，还存在一个来自于相邻厂房铝电解槽系列电流产生的垂直磁场，强度为 $2 \times 660/50 = 26.4G$。如此高的垂直磁场叠加在系列铝电解槽自身母线所产生的磁场上，对铝电解槽的影响可想而知。对大型铝电解槽而言，通常用额外设置的空载母线的电流对其进行补偿，以削弱其影响。但这需要另设一套直流供电系统，空载母线消耗的电能在 180~350kW·h/t 之间。

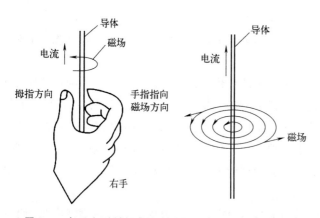

图5-4　右手定则判断直流通过导体后产生的磁场方向

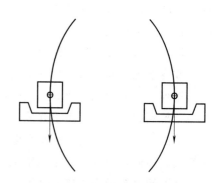

图5-5　相邻厂房的系列电流在铝电解槽中产生的磁场

注：箭头所指方向代表两个电解厂房的系列电流所产生的磁场方向。

加大电解系列两个电解厂房之间的距离，是降低临近电解厂房系列电流对铝电解槽垂直磁场影响的有效方法，但会导致电能消耗和母线投资的增加，以及工厂占地加大。为此，需要权衡投资和经济效益。

以一个600kA电解系列为例，如果该系列两电解厂房之间距离为50m，则来自相邻电解厂房的垂直磁场为24G，如果要使这个600kA的电解系列中每个电解厂房受到的叠加垂直磁场与200kA系列相同，即8G，则必须使600kA系列电解厂房间距达到150m，即增加100m。对于该电解系列，厂房外的母线长度将增加200m。由此可以看出，将电解厂房之间的间距加大后，其正面的效果是可以减小铝电解槽系列每台铝电解槽受到的叠加垂直磁场影响，但其负面影响是增加了铝电解槽的占地面积和母线长度，既增大了投资费用，又增加了电能消耗。然而，如果不考虑电解系列的占地成本（比如铝厂所在地区地价便宜），这种电解厂房间母线长度的增加，所产生的技术和经济上的综合效益有可能大于采用空载电流母线进行磁场补偿的经济效益。

在现代工业铝电解中，人们对铝电解槽阴极铝液中的磁场投入了非常多的研究，特别是对铝电解槽阴极铝液内垂直磁场的研究。铝电解槽阴极铝液内的垂直磁场强度与铝电解槽阴极铝液中水平电流作用产生的电磁力，以及由此而引起的阴极铝液循环、流动以及波动，对铝电解槽生产产生了重要影响。铝液的波动会使槽电压不稳定，尽管这种不稳定只有在极距比较低时才显现出来。当然，这种铝液面的波动和不稳定也有来自于阳极气体逸出所驱动的电解质流动对阴极铝液面的影响。

除了来自于相邻电解厂房系列电流产生的垂直磁场外，铝电解槽内的垂直磁场主要为自身阴极母线电流所产生的磁场，如图5-6所示。阳极立柱母线和阳极横母线中的电流在阴极铝液内产生的磁场主要为水平磁场。槽周边阴极母线电流会在阴极铝液内产生垂直磁场，铝电解槽阴极铝液内的垂直电流在阴极铝液产生水平磁场，但阴极铝液内的水平电流会在阴极铝液内产生垂直磁场。因此，当铝电解槽内出现严重的水平电流分量时，会加剧阴极铝液的不稳定性。大部分铝电解槽阴极铝液内的水平电流，可以利用铝电解槽阴极材料的电阻数据模拟计算出来，因此，由这部分水平电流产生的垂直磁场可以被估算。然而这种模拟计算所依赖的是常温冷态下铝电解槽阴极材料的电阻数据，这与高温工作状况时的电阻数据相差很大。处于高温工作状态的铝电解槽阴极材料，特别是当这些材料在电解条件受到电解质熔体物理的、化

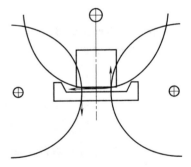

图5-6　阳极母线和阴极母线在铝电解槽中产生的磁场

注：⊕表示阳极母线或母线中电流的方向；箭头所指方向代表母线磁场方向。

学的和电化学的渗透与腐蚀作用后，其电阻特性会与常温冷态下的未被腐蚀时的电阻特性有很大不同，特别是阴极炭素材料和钢棒与炭的接界电阻不可测，且随槽龄增加而变化。因此，铝电解槽阴极铝液中的水平电流在铝电解槽内所产生的垂直磁场可能比计算的数据大得多。

铝电解槽内的磁场情况，特别是垂直磁场与铝电解槽母线设计有关，就一般情况而言，铝电解槽阴极铝液内的磁场的最大值出现在铝电解槽进电侧（A面）的两个端部，这是由于在A面的两个角部常设计有角形阴极母线，如果铝电解槽的出电阴极母线电流不从槽侧部走，而从槽底走，有可能使垂直磁场降低。

5.3.4 磁场的计算模型

把铝电解槽磁场计算场域划分为 4 部分：母线系统区 Ω_1，阳极、电解质、铝液、阴极炭块区 Ω_2，有源电流的磁性材料阴极钢棒区 Ω_3，铝电解槽槽壳钢板区 Ω_4。分别采用不同的计算方法进行计算。

（1）母线磁场计算模型

铝电解槽的母线分为斜立母线和平行轴线母线，其中平行轴线母线又可以分为串接母线和非串接母线。在计算母线电流产生的磁场时，通常采用均匀分布的有限长矩形母线，故而也称为矩形母线模型。

设矩形母线与 z 轴平行，母线截面的边长分别为 $2a$ 和 $2b$，如图 5-7 所示。母线长度为 z_2-z_1，通过母线的电流为 I，电流沿 z 轴方向流通。取一截面为 $\mathrm{d}x'\mathrm{d}y'$ 的细丝形成一平行于 z 轴的线电流 I'，长度为 l，并将坐标原点取在母线断面的中心。根据毕奥-萨伐尔定律：

$$\mathrm{d}\boldsymbol{B}=\frac{\mu_0 I'}{4\pi}\frac{\mathrm{d}z\times\boldsymbol{r}_0}{r^2} \tag{5-15}$$

式中 $\boldsymbol{r}_0$——P' 点指向 P 点的矢径 $\boldsymbol{r}$ 方向上的单位矢量；

μ_0——真空中的磁导率，$\mu_0=4\pi\times10^{-7}\mathrm{H/m}$；

r——$\boldsymbol{r}_0$ 的长度，m。

$$\mathrm{d}\boldsymbol{B}=\frac{\mu_0 I'}{4\pi}\frac{\mathrm{d}z\times(r_P-r_{P'})}{r^3} \tag{5-16}$$

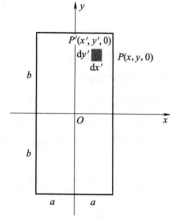

图 5-7 矩形载流母线磁场计算示意

由于：

$$r=\sqrt{R^2+z^2},\ R=\sqrt{(x'-x)^2+(y'-y)^2},\ \sin(z,\boldsymbol{r}_0)=R/r \tag{5-17}$$

式中 z——P' 点和 P 点的 z 向坐标的差值；

R——xy 投影面内 P' 点到 P 点的距离，m。

因此线电流 I' 在 $P(x,y,0)$ 点产生的磁感应强度为：

$$B'=\frac{\mu_0 I'}{4\pi}\int_l\frac{\sin(z,\boldsymbol{r}_0)}{R^2+z^2}\mathrm{d}z=\frac{\mu_0 I'}{4\pi\sqrt{(x'-x)^2+(y'-y)^2}}\times$$

$$\left(\frac{z_2}{\sqrt{(x'-x)^2+(y'-y)^2+z_2^2}}-\frac{z_1}{\sqrt{(x'-x)^2+(y'-y)^2+z_1^2}}\right)$$

$$\tag{5-18}$$

载流母线可视为由有限根细丝线电流所组成，因此矩形母线所产生的磁场为各线电流产生的磁场的叠加。线电流为：

$$I'=\frac{I}{4ab}\mathrm{d}x'\mathrm{d}y' \tag{5-19}$$

将 I' 代入式（5-18）并对之积分，即得 P 点的磁感应强度为：

$$B = \int_{-a}^{a}\int_{-b}^{b} \frac{\mu_0 dx' dy'}{16ab\pi\sqrt{(x'-x)^2+(y'-y)^2}} \times$$

$$\left(\frac{z_2}{\sqrt{(x'-x)^2+(y'-y)^2+z_2^2}} - \frac{z_1}{\sqrt{(x'-x)^2+(y'-y)^2+z_1^2}}\right) dxdy \quad (5\text{-}20)$$

采用数值积分求得上式的结果后，求得 3 个分量 B_x、B_y、B_z。当计算铝电解槽内任一点 $P(x,y,z)$ 上的磁感应强度时，首先进行坐标变换，将坐标原点沿 z 轴向上移动 z，变换坐标后 P 的坐标为 $P(x,y,0)$，利用上面的方法即可得到载流母线的磁场。

（2）阴极、阳极、熔体磁场计算模型

炭块及熔体中电流产生的磁场可采用有限元模型，在计算中将炭块、熔体区划分成若干六面体有限元单元，通过有限元方法计算出每个单元的电流分布，作为炭块及熔体区磁场计算的电流源，然后应用毕奥-萨伐尔定律计算出炭块和熔体区的磁场。

其计算方法如下：

$$\boldsymbol{B} = \mu\boldsymbol{H} = \mu\boldsymbol{H}_s \quad (5\text{-}21)$$

$$\nabla \times \boldsymbol{H}_s = \boldsymbol{J}_s \quad (5\text{-}22)$$

式中 $\boldsymbol{H}_s$——源电流区域产生的磁场强度，A/m；

$\boldsymbol{J}_s$——源电流区域电流密度，A/m²；

μ——磁导率，H/m。

式（5-22）中源电流区域产生的磁场强度可以由毕奥-萨伐尔定律体积分计算得出：

$$\boldsymbol{H}_s = \frac{1}{4\pi}\int_v \frac{\boldsymbol{J}_s \times \boldsymbol{r}_0}{r^3} dv \quad (5\text{-}23)$$

$$\boldsymbol{B} = \mu\frac{1}{4\pi}\int_v \frac{\boldsymbol{J}_s \times \boldsymbol{r}_0}{r^3} dv \quad (5\text{-}24)$$

式中 $\boldsymbol{r}_0$——源点到场点的径向矢量；

r——场点到源点的距离，m。

（3）阴极钢棒磁场计算模型

阴极钢棒区既是铁磁物质又存在着电流，对此可采用简化标量磁位法计算。阴极钢棒产生的磁场由两部分组成：阴极钢棒电流产生的磁场和阴极钢棒铁磁物质产生的磁场。

$$\boldsymbol{B} = \mu\boldsymbol{H} = \mu(\boldsymbol{H}_s + \boldsymbol{H}_0) \quad (5\text{-}25)$$

式中 $\boldsymbol{H}_s$——阴极钢棒电流产生的磁场强度，A/m；

$\boldsymbol{H}_0$——阴极钢棒铁磁物质产生的磁场强度，A/m；

$\boldsymbol{H}$——总磁场强度，A/m。

对于由阴极钢棒铁磁物质产生的磁场强度，由式（5-22）有：

$$\nabla \times \boldsymbol{H}_0 = 0 \quad (5\text{-}26)$$

由此可定义简化标量磁位 ϕ 为：

$$H_0 = -\mathrm{grad}\phi \tag{5-27}$$

代入式（5-25）得：

$$H = H_s - \mathrm{grad}\phi \tag{5-28}$$

因此：

$$B = \mu H = \mu\left(\frac{1}{4\pi}\int_v \frac{J_s \times r_0}{r^3}\mathrm{d}v - \mathrm{grad}\phi\right) \tag{5-29}$$

（4）槽壳磁场计算模型

由于 $\nabla \times H = 0$，因此可以定义全标量磁位 ϕ 为：

$$B = \mu H = -\mu\,\mathrm{grad}\phi \tag{5-30}$$

计算时可先用标量电位法计算出母线系统、阳极、阴极、熔体及阴极钢棒的电流密度分布，然后应用毕奥-萨伐尔定律、全标量磁位法和简化标量磁位法分别计算出各部分的磁感应强度，最后综合各部分的磁感应强度，得出所计算区域任一点的磁感应强度。

（5）铝液电磁力场计算模型

铝液电磁力场的计算主要分为3步：①铝电解槽电流场的计算；②铝电解槽磁场的计算；③根据铝电解槽的电流场和磁场计算结果计算出铝液电磁力场。

求出铝电解槽内各点磁感应强度及其分量后，其电磁力由所计算单元内电流密度矢量 J 与磁场矢量 B 的叉积确定，即：$F = \int_v J \times B \mathrm{d}v$，用 x、y、z 方向的分量表示为：

$$F_x = \int_v (J_y B_z - J_z B_y)\mathrm{d}v \tag{5-31}$$

$$F_y = \int_v (J_z B_x - J_x B_z)\mathrm{d}v \tag{5-32}$$

$$F_z = \int_v (J_x B_y - J_y B_x)\mathrm{d}v \tag{5-33}$$

5.4 铝电解槽的热场

5.4.1 热场的研究和计算分析的作用

铝电解槽因电能转化为热能而处于高温状态，必然向外散热，于是形成了从内部向外部不断散热的热流分布状态和从内部到外部温度逐渐下降的温度分布状态，这种状态便是热场（或称温度场）。

在铝电解槽的槽膛内，由于铝液和电解质的流动，使高温熔体的大量热以对流方式向槽内衬传递。在槽内衬中，热量以传导形式经由炭素材料、耐火材料、保温材料等传向铝电解槽钢壳表面，再由钢壳表面向周围环境以对流和辐射的方式散发出去。

铝电解槽的热场直接影响电解槽的电流效率、能量消耗以及电解槽寿命。对铝电解槽热场的研究，目的是确定电解槽内衬及熔体的温度分布，合理调整操作参数，以保证电解温度稳定，形成规整的电解槽槽帮厚度。电解槽的结构设计和操作会影响电解槽热损失及槽帮厚度，过度保温会造成槽帮太薄或无法形成槽帮，侧部炭块遭电解质腐蚀，电解槽过早破损；保温不足则槽帮结壳太厚，伸腿太长，电解槽过冷，槽底沉淀增多，阴极压降增大。

热场的分析计算结果不但可以用来分析所设计的保温结构是否合适，进行保温结构设计的优化选择，而且可以用来进行参数灵敏度的分析，即分析热场对哪些参数的改变最敏感，从而为设计参数的选择提供依据，并且能提醒电解槽的操作者关注那些对热场影响最显著的参数或因素。

Bruggeman 曾通过参数灵敏度计算获得如下一些结论：

① 阴极产生的热量在阴极中的分布状态　对槽帮、结壳和温度都没有显著影响。阴极的影响不是其热量分布，而是其产生的总热量。

② 上部热损失　上部热损失对槽膛内型有直接和重要的影响，这说明了保持稳定、正常保温料层的重要性。

③ 槽底和阴极棒热损失　对于槽膛内型仅有次要的影响。

④ 侧壁传热系数　对槽膛内型和槽温均有重大的影响。这说明保护好侧壁，并让侧壁形成组成和形状均十分稳定的槽帮，对于保持铝电解槽热平衡的稳定十分重要。

⑤ 环境空气温度　±50℃的温度变化导致槽帮相对基础条件变动±4cm。相对于基础条件，升高环境温度比降低环境温度对平均槽温的影响显著，升高环境温度50℃使电解质平均温度升高12℃，而降低环境温度50℃使电解质平均温度降低4℃。

⑥ 铝液和电解质高度　铝液高度变化比电解质高度变化对槽帮和槽温的影响要大。铝液高度增加3.8cm，引起电解质平均温度降低7℃；电解质高度增加5.0cm，引起电解质平均温度降低3℃。可见，保持铝液高度的稳定对于保持热平衡稳定十分重要。

5.4.2　热场设计的基本原则

铝电解槽的热场设计主要是指阴极底部和侧壁的热场设计。设计的原则是，尽可能地降低热损失，以减小能耗，但必须满足以下条件：

① 建立稳定的、产生高电流效率的合理形状的槽帮。

② 内衬中等温线分布合理。900℃等温线应在阴极炭块层下面（即保证阴极炭块的温度在900℃以上），以免电解质在阴极炭块中凝固结晶，造成炭块的损坏；800℃等温线应在保温砖层以上（即保证保温砖的温度在800℃以下），以免保温砖受高温作用而损坏。

③ 散热分布合理，即通过阳极、槽面、槽壳侧面、槽壳底部、阴极钢棒等各部位散热的比例处于最佳状态，所谓最佳状态就是使铝电解槽具有的对热平衡变化的自调节能力为最好，工作适应性为最强。现代大型铝电解槽散热设计的基本思想是"侧部散热型（有利于自然形成槽膛），底部保温型（有利于避免槽底结壳的形成）"。

5.4.3 热场的计算模型

(1) 电热传导微分方程

电流在铝电解槽内传递过程迅速、滞后小，故电传递过程可采用拉普拉斯方程表示，即：

$$\nabla \cdot \sigma \operatorname{grad} V = 0 \tag{5-34}$$

式中 σ——电导率，S/m；

V——电位差，V。

对坐标为 (i,j,k) 的控制单元体，若有电流通过，其焦耳热为：

$$q_{i,j,k} = q_{i,j,k}^{i-1,j,k} + q_{i,j,k}^{i+1,j,k} + q_{i,j,k}^{i,j-1,k} + q_{i,j,k}^{i,j+1,k} + q_{i,j,k}^{i,j,k-1} + q_{i,j,k}^{i,j,k+1} \tag{5-35}$$

其中，

$$q_{i,j,k}^{i-1,j,k} = \sigma_x \cdot (V_{i-1,j,k} - V_{i,j,k})^2 \frac{\Delta y \Delta z}{\Delta z} \tag{5-36}$$

(2) 槽内温度和槽帮结壳界面控制方程

忽略铝电解槽熔体流动的黏性耗散作用，槽内熔体温度随时间的变化可由能量控制方程表达如下：

$$\rho \frac{\partial H}{\partial \tau} + \operatorname{div}(\rho v H) = \operatorname{div}(k \operatorname{grad} T) + q_{\text{vol}} \tag{5-37}$$

对于理想气体以及固体和液体，温度与焓的关系可表示为：

$$H = \int_{T_0}^{T} c_p(T) \mathrm{d}T \tag{5-38}$$

即：

$$c_p \operatorname{grad}(T) = \operatorname{grad}(H) \tag{5-39}$$

对于纯物质关系为：

$$\begin{aligned} H &= c_p T & T \leqslant T_m \text{(固相)} \\ H &= c_p T_m + H_{\text{ps}}(T) & T = T_m \text{(界面)} \\ H &= c_p T + \lambda & T \geqslant T_m \text{(液相)} \end{aligned} \tag{5-40}$$

式中，$H_{\text{ps}}(T)$ 是虚焓，满足如下关系式：

$$\int_{T}^{T+\Delta T} \left(\frac{\mathrm{d}H_{\text{ps}}}{\mathrm{d}T} \right) \mathrm{d}T = L = H_l - H_s \tag{5-41}$$

式中 L——潜热，kJ/kg；

T_m——熔点，℃。

对于相变发生在一温度区间的物质，其关系为：

$$\begin{aligned} H(T) &= \int_{T_0}^{T} c_p(T) \mathrm{d}T & T_0 \leqslant T \leqslant T_{\text{sm}} \\ H(T) &= H(T_{\text{sm}}) + \frac{L(T - T_{\text{sm}})}{2\varepsilon} & T_{\text{sm}} \leqslant T \leqslant T_{\text{ml}} \\ H(T) &= H(T_{\text{ml}}) + \int_{T_{\text{ml}}}^{T} c_p(T) \mathrm{d}T & T_{\text{ml}} \leqslant T \end{aligned} \tag{5-42}$$

式中 ε——相变温度范围；

下标 m——过渡区，即相变区；

下标 s——固相区，即铝电解槽帮结壳区；

下标 l——液相区，即熔体区。

将式（5-39）代入到式（5-37）可得：

$$\rho c_p \frac{\partial T}{\partial \tau} + \mathrm{div}(\rho v H) = \mathrm{div}\left(\frac{k}{c_p}\mathrm{grad}H\right) + q_{\mathrm{vol}} \tag{5-43}$$

若只考虑导热，则式（5-43）可简化为：

$$\rho c_p \frac{\partial T}{\partial \tau} = \mathrm{div}\left(\frac{k}{c_p}\mathrm{grad}H\right) + q_{\mathrm{vol}} \tag{5-44}$$

对于液相区，如不能忽略流动的影响，仍可采用式（5-39）的形式表示。但热导率 k 用有效热导率 k_{eff} 表示。

$$k_{\mathrm{eff}} = k + k_t$$

式中 k——分子热导率，W/(m·K)；

k_t——湍流热导率，W/(m·K)。

式（5-44）即是所求的控制方程。

若进一步假定 c_p 是常数，则 H-T 的关系可简化为：

$$H = c_p T$$

则式（5-44）可简化为：

$$\rho c_p \frac{\partial T}{\partial \tau} = \mathrm{div}(k\,\mathrm{grad}T) + q_{\mathrm{vol}} \tag{5-45}$$

（3）槽帮结壳界面位置的确定

假定开始时（$t=0$）熔体温度为 $T_{\mathrm{mlt}}(x,y)$，并以 $\partial\Omega_0$ 的边界条件占有区域 Ω_0。当 $t>0$ 时，边界 $\partial\Omega_0$ 冷却，温度降至初晶温度 T_{F} 以下，那么以 $\partial\Omega_0$ 为边界的熔体就开始从边界向熔体内冷凝形成新的槽帮结壳层。若 t 时刻的等温界面为 $\partial\Omega_{\mathrm{L}}(t)$，则控制方程为：

$$\rho c_{p\mathrm{s}} \frac{\partial T_{\mathrm{s}}(x,y,t)}{\partial t} = \nabla \cdot [k_{\mathrm{s}} \nabla T_{\mathrm{s}}(x,y,t)] \quad (x,y) \in \Omega_{\mathrm{s}}(t) \tag{5-46}$$

$$\rho c_{p\mathrm{L}} \frac{\partial T_{\mathrm{L}}(x,y,t)}{\partial t} = \nabla \cdot [k_{\mathrm{L}} \nabla T_{\mathrm{L}}(x,y,t)] \quad (x,y) \in \Omega_{\mathrm{L}}(t) \tag{5-47}$$

式中 Ω_{s}、Ω_{L}——形成的槽帮结壳区域和熔体区域，且 $\Omega_{\mathrm{s}} \cup \Omega_{\mathrm{L}} = \Omega_0$；

$T_{\mathrm{s}}(x,y,t)$、$T_{\mathrm{L}}(x,y,t)$——形成的槽帮结壳区、熔体区内 t 时刻点 (x,y) 处的温度，℃；

ρ、c_p、k——密度、比热容和热导率；$k_{\mathrm{L}} = k_{\mathrm{eff}}$；

下标 s——形成的槽帮结壳；

下标 L——熔体。

在槽帮结壳界面上满足如下等温条件：

$$T(x,y,t) = T_{\mathrm{F}}$$

式中 T_{F}——电解质初晶温度，℃。

则界面上能量方程为（Stefan 条件）：

$$k_s \frac{\partial T_s(x,y,t)}{\partial n} - k_L \frac{\partial T_L(x,y,t)}{\partial n} = \rho L v \cdot \boldsymbol{n} \tag{5-48}$$

式中 $\boldsymbol{n}$——界面 $\Omega_L(t)$ 在 (x, y) 点处指向熔体区域的法向量；
$\boldsymbol{v}$——界面上点 (x, y) 的速度矢量；
L——熔化潜热，kJ/kg。

式 (5-48) 即是要求的铝电解槽帮结壳界面位置控制微分方程。

对于槽帮结壳熔化过程的处理方法和控制方程同上述一样，也是 Stefan 条件，只是从假设槽帮结壳占有的区域开始进行推导，方法一样。

联立式 (5-34)～式 (5-36)、式 (5-40)、式 (5-41) 或式 (5-42)、式 (5-44) 和式 (5-48) 即可求出铝电解槽内的电位和熔体温度分布以及铝电解槽帮结壳的界面位置。对于铝电解槽，上述方程只能用数值解法，阴极与阴极棒部分用三维解析，其余部分可用二维或三维解析。

5.5 铝电解槽的流场

5.5.1 流场对电解过程的影响

铝电解槽流动区域指熔融的电解质与铝液熔体所占据的空间，且电解质与铝液分为上下两层。熔体在铝电解槽内受 4 种力的作用：电磁力、阳极气体流动所产生的力、温差对流浮力、重力。这些力的作用使熔体发生循环流动、界面波动和隆起变形。

熔体的流动为氧化铝加入电解质中后迅速分散和溶解创造了条件。但流速的增大又促使铝的二次反应增加，降低电流效率。对铝电解槽的稳定性和电流效率影响最大的流动形式是铝液面的上下波动。波动过大时，可造成阴阳极短路，甚至造成铝液翻滚或喷射等恶性事故。

5.5.2 铝液的运动形式及减少铝液波动的方法

决定铝液面曲率（即弯曲变形程度）和铝液流动速度的不仅仅是电磁力，其影响因素较多。其实质是由于槽膛内的熔体受到外力和内力作用而形成的密度不同且互不相混的流体的流动。外力包括磁力和重力；内力主要为流动过程产生的黏滞阻力。内力和外力共同作用引起电解质和铝液中各处的压力不等，形成了压力场；熔体在压力场的作用下运动，形成流动场，流动状态一般呈旋涡状。随着槽型及母线配置设计的不同，有的呈现为两个大旋涡（例如一些两点进电的铝电解槽），而有的呈现为四个大旋涡（例如一些四点进电的大型预焙阳极铝电解槽）。除了大旋涡外，可能还存在一些局部的小旋涡。

目前主要有三种方法来减少铝液波动：

（1）阻止铝液流动

在传统水平阴极炭块的基础上，添加不同形状的带有凸起的异形结构阴极炭块来阻止铝液的流动，降低铝液流动速度，以此来达到降低铝液波动的目的。

（2）优化磁场

铝电解槽中磁场与电流相互作用产生的电磁力导致铝液界面波动。一种非常有效的措施就是设法降低或者改善铝电解槽中磁场，尤其是垂直磁场的分布。所以，改善母线结构，优化磁场设计是开发大型铝电解槽的基础。

在铝电解槽中，母线不仅是电流的导体，更重要的是它产生的磁场。母线系统的电流和铝电解槽内的电流会产生一个强磁场。通过调整母线系统的配置，可改变铝电解槽中的磁场，进而改变磁场对铝液流速和波动的影响。这种以减小铝液流速和波动为目的，通过优化母线配置来实现最优磁场的技术称为磁场补偿技术或者磁场平衡技术。

现代大型铝电解槽在设计槽结构和母线系统时，力图减小或者优化垂直磁场。大型预焙铝电解槽的开发必须针对铝电解槽磁场（磁流体动力学）进行设计，这也是铝电解槽物理场仿真和优化设计的主要内容。

（3）减小水平电流

减弱铝电解槽中铝液的波动也可以通过减小铝液中的水平电流来实现。铝电解槽中水平电流指的是铝液中电流在水平方向的分量。随着铝电解槽容量的逐步扩大，仅仅依靠优化磁场很难进一步改善铝液波动，又由于水平电流受到诸多因素影响，对水平电流的研究也越来越受到重视。

5.5.3 铝液流场的计算模型

流体分为牛顿流体和非牛顿流体，牛顿流体包括水、空气等，而非牛顿流体包括泥浆、石油、沥青等。至今国内外研究都表明铝电解槽中铝液属于牛顿流体。由于铝电解槽内各部分熔体受力不同，研究熔体流动时一般将铝电解槽内的熔体分为三个子区：一区为铝液层，为单相流动区域，主要受电磁力的作用；二区为近铝液面的电解质薄层，没有气泡，因而也可处理为单相流动区域，这部分也主要受电磁力的作用；三区为近阳极区，即阳极周围及底掌下的电解质，这一区域气泡运动起主要作用，为气泡-液体两相流动区域。显然，一、二区之间存在明确的分界面，二、三区之间则没有明显的分界面。铝电解槽中铝液的运动对电解生产影响显著，因此一般主要研究铝液流动，并对所研究的对象进行以下简化：①铝液流动视为单相流；②铝液流动视为不可压缩流，并且在本模型迭代求解的时间段内视为稳态流；③由于密度的差别，铝液在铝电解槽的下部，电解质在其上部，可以认为两层熔体互不掺混，因此将铝液表面视为自由面；④铝液的导热性好，因此铝液流动视为等温流动。

由于熔融铝液与电解质互不掺混，且不考虑两者之间的热交换，因此自由表面可近似作为对称面处理。在对称面和对称轴线上，速度方向平行于对称面或对称轴线，而垂直于对称面或对称轴线的速度分量为 0。同时，所有变量在垂直于对称面或对称方向的导数都为 0，即：

$$\frac{\partial p}{\partial n_a} = \frac{\partial k}{\partial n_a} = \frac{\partial \varepsilon}{\partial n_a} = 0 \tag{5-49}$$

式中 n_a——对称面的法线方向。

在简化的基础上，建立铝电解槽流场的三维流动紊流数学模型。利用广义的牛顿黏性定律，相应的雷诺时均 Navier-Stokes 方程组可表示为（此处均略去了时均符号）：

连续性方程：
$$\frac{\partial(\rho v_x)}{\partial x} + \frac{\partial(\rho v_y)}{\partial y} + \frac{\partial(\rho v_z)}{\partial z} = 0 \tag{5-50}$$

动量方程：
$$\frac{\partial(\rho v_x v_x)}{\partial x} + \frac{\partial(\rho v_y v_x)}{\partial y} + \frac{\partial(\rho v_z v_x)}{\partial z} = \rho g_x - \frac{\partial p}{\partial x} + \frac{\partial}{\partial x}\left(\mu_{\text{eff}} \frac{\partial v_x}{\partial x}\right) + \frac{\partial}{\partial y}\left(\mu_{\text{eff}} \frac{\partial v_x}{\partial y}\right) + \frac{\partial}{\partial z}\left(\mu_{\text{eff}} \frac{\partial v_x}{\partial z}\right) + F_x \tag{5-51}$$

$$\frac{\partial(\rho v_x v_y)}{\partial x} + \frac{\partial(\rho v_y v_y)}{\partial y} + \frac{\partial(\rho v_z v_y)}{\partial z} = \rho g_y - \frac{\partial p}{\partial y} + \frac{\partial}{\partial x}\left(\mu_{\text{eff}} \frac{\partial v_y}{\partial x}\right) + \frac{\partial}{\partial y}\left(\mu_{\text{eff}} \frac{\partial v_y}{\partial y}\right) + \frac{\partial}{\partial z}\left(\mu_{\text{eff}} \frac{\partial v_y}{\partial z}\right) + F_y \tag{5-52}$$

$$\frac{\partial(\rho v_x v_z)}{\partial x} + \frac{\partial(\rho v_y v_z)}{\partial y} + \frac{\partial(\rho v_z v_z)}{\partial z} = \rho g_z - \frac{\partial p}{\partial z} + \frac{\partial}{\partial x}\left(\mu_{\text{eff}} \frac{\partial v_z}{\partial x}\right) + \frac{\partial}{\partial y}\left(\mu_{\text{eff}} \frac{\partial v_z}{\partial y}\right) + \frac{\partial}{\partial z}\left(\mu_{\text{eff}} \frac{\partial v_z}{\partial z}\right) + F_z \tag{5-53}$$

式中 v_x、v_y、v_z——x、y、z 熔体的速度，m/s；

x、y、z——坐标方向（其中 x 方向由出铝端指向烟道端，y 方向由 A 侧指向 B 侧，z 方向由铝液下表面指向铝液上表面）；

p——压力，Pa；

ρ——熔体密度，kg/m³；

g_x、g_y、g_z——x、y、z 的重力加速度分量，m/s²；

F_x、F_y、F_z——作用于熔体上的体积力的分量（包括电磁力以及浮力）；

μ_{eff}——有效黏度（等于分子黏度 μ 与湍流黏度 μ_T 之和），即：

$$\mu_{\text{eff}} = \mu + \mu_T \tag{5-54}$$

用 k-ε 湍流双方程模型进行封闭。

湍流脉动动能 k、湍流脉动动能耗散率 ε 方程为：

$$\mu_T = C_\mu \rho k^2 / \varepsilon \tag{5-55}$$

$$\frac{\partial}{\partial x_i}(\rho k u_i) = \frac{\partial}{\partial x_i}\left[\left(\mu + \frac{\mu_T}{Pr_k}\right)\frac{\partial k}{\partial x_i}\right] + \mu_T \frac{\partial u_j}{\partial x_i}\left(\frac{\partial u_i}{\partial x_j} + \frac{\partial u_j}{\partial x_i}\right) - \rho \varepsilon \tag{5-56}$$

$$\frac{\partial}{\partial x_i}(\rho \varepsilon u_i) = \frac{\partial}{\partial x_i}\left[\left(\mu + \frac{\mu_T}{Pr_\varepsilon}\right)\frac{\partial \varepsilon}{\partial x_i}\right] + C_1 \frac{\varepsilon}{k} \mu_T \frac{\partial u_j}{\partial x_i}\left(\frac{\partial u_i}{\partial x_j} + \frac{\partial u_j}{\partial x_i}\right) - C_2 \rho \frac{\varepsilon^2}{k} \tag{5-57}$$

式中 C_1、C_2、C_μ——经验常数；

Pr_ε——湍流脉动动能耗散率 ε 的普朗特数；

Pr_k——湍流脉动动能 k 的普朗特数。

方程中各项常数取值分别为：C_μ 为 0.09，C_1 为 1.44，C_2 为 1.92，Pr_k 为 1.0，Pr_ε

为 1.3。

铝液-电解质界面隆起的高度是以铝液流场计算所得的压力分布为基础，并根据简单的静力平衡以及铝液与电解质界面处压强连续的基本原理进行计算的，相应的表达式为：

$$h = \frac{p_E - p_M}{g(\rho_M - \rho_E)} \tag{5-58}$$

式中　h——相对于初始位置电解质-铝液界面的隆起高度，m；
　　下标 E——电解质；
　　下标 M——铝液。

根据前面对铝液流动的物理模型的简化，铝液表面为自由表面，即为等压面，p_M 为常数，则式（5-58）可表示为：

$$h = \frac{p_E}{g(\rho_M - \rho_E)} - h_0 \tag{5-59}$$

式中　h_0——常数，该常数可根据铝液体积不变的原则来确定。即：

$$h_0 = \frac{1}{S_0} \iint \frac{p_E}{g(\rho_M - \rho_E)} dx dy \tag{5-60}$$

式中　S_0——铝液界面的面积，m²。

5.6　铝电解槽的应力场

5.6.1　应力场对铝电解槽的影响

铝电解槽经历焙烧和启动后，内部的高温会导致阴极内衬材料和槽壳因受热而膨胀（热膨胀），电解质渗透（包括阴极炭块吸钠）会导致内衬膨胀。这些膨胀会在材料内部形成很大的作用力，即应力。应力场就是指阴极内衬和槽壳中的应力分布状态。

槽壳中的应力过大或分布不均会导致槽壳严重变形，槽壳严重变形是影响铝电解槽寿命的一个重要因素，铝电解槽槽壳或摇篮架开裂则是常见的停槽原因之一。如何使槽壳经受住各种力的作用，不发生开裂，变形度尽可能小，同时钢材的用量最省，是槽壳设计的主要任务。阴极内衬中的应力形成与演变是影响阴极破损（铝电解槽寿命）的一个重要因素。在铝电解槽焙烧阶段，阴极炭块受热膨胀，而周边捣固糊和阴极炭块间的捣固糊则因烧结而经历一个膨胀-收缩过程，若内衬中某一区域（或者全区）的收缩大于膨胀，则导致某一区域（或者全区）中产生裂纹，过大的裂纹会成为铝电解槽启动阶段熔体渗漏的通道，成为铝电解槽阴极早期破损的重要原因；但若某一区域（或者全区）膨胀大于收缩，则在铝电解槽启动后，会在某一区域（或者全区）中形成过大的应力。引起应力增长的原因有如下 3 个方面：①上部结构、阴极内衬材料、铝液和电解质的重力作用；②内衬材料受热膨胀；③内衬材料受到熔融电解质、铝液、电解中析出钠的侵蚀和渗透而发生化学与物理变化所导致的膨胀，其中吸钠膨胀是最主要的。

当内衬中的应力增长过大，或者严重分布不均时，阴极便会发生变形、隆起或开裂，成为槽破损的最主要原因，并且随着铝电解槽向大容量发展，阴极面积显著增大，上述原因引起槽破损的风险随之显著增大。可见，认识内衬中应力的形成与演变规律，进而采取各种有利于实现最佳应力及最佳应力分布的技术措施，对于减少槽破损，提高槽寿命是至关重要的。

由于引起阴极动态变化的因素众多且非常复杂，对动态变化规律进行全面的、定量的描绘是长期以来国内外均未有效解决的难题。随着计算机技术和数值模拟方法的发展，可以通过数学模型和数值计算对铝电解槽中应力场进行仿真研究。但目前的研究还很不深入。进一步的研究应该从内衬材质、结构设计以及焙烧启动和生产工艺等多个方面，定量地分析各种因素在阴极内衬应力的形成与演变中所起的作用，找出导致阴极内衬变形与破损的薄弱环节及主要影响因素，进而为铝电解槽的内衬材质选择与优化、铝电解槽内衬结构的设计以及为焙烧启动工艺和生产工艺的优化提供科学依据，为铝电解槽寿命的提高发挥重大作用。

5.6.2 热应力场的计算模型

通常求解弹性力学的边界条件有位移边界条件、应力边界条件和弹性边界条件。铝电解热应力仿真过程中施加体积力和位移边界条件。热应力仿真所基于的计算模型包括：

（1）微分平衡方程（纳维方程）

$$\begin{cases} \dfrac{\partial \sigma_x}{\partial x} + \dfrac{\partial \tau_{yx}}{\partial y} + \dfrac{\partial \tau_{zx}}{\partial z} + F_x = 0 \\ \dfrac{\partial \tau_{xy}}{\partial x} + \dfrac{\partial \sigma_y}{\partial y} + \dfrac{\partial \tau_{zy}}{\partial z} + F_y = 0 \\ \dfrac{\partial \tau_{xz}}{\partial x} + \dfrac{\partial \tau_{yz}}{\partial y} + \dfrac{\partial \sigma_z}{\partial z} + F_z = 0 \end{cases} \tag{5-61}$$

式中 σ_x、σ_y、σ_z——应力分量，Pa；
τ_{xy}、τ_{xz}、τ_{yx}、τ_{yz}、τ_{zx}、τ_{zy}——剪应力分量，Pa；
F_x、F_y、F_z——体积力分量。

（2）几何方程（柯西方程）

$$\begin{cases} \varepsilon_x = \dfrac{\partial u}{\partial x} \quad \gamma_{yz} = \dfrac{\partial w}{\partial y} + \dfrac{\partial v}{\partial z} \\ \varepsilon_y = \dfrac{\partial v}{\partial y} \quad \gamma_{xz} = \dfrac{\partial w}{\partial x} + \dfrac{\partial u}{\partial z} \\ \varepsilon_z = \dfrac{\partial w}{\partial z} \quad \gamma_{xy} = \dfrac{\partial u}{\partial y} + \dfrac{\partial v}{\partial x} \end{cases} \tag{5-62}$$

式中 ε_x、ε_y、ε_z——正应变；
γ_{xy}、γ_{xz}、γ_{yz}——剪应变。

（3）本构方程

$$\begin{cases} \varepsilon_x = \dfrac{1}{E}[\sigma_x - \mu(\sigma_y + \sigma_z)] + a_x \Delta T \\ \varepsilon_y = \dfrac{1}{E}[\sigma_y - \mu(\sigma_x + \sigma_z)] + a_y \Delta T \\ \varepsilon_z = \dfrac{1}{E}[\sigma_z - \mu(\sigma_x + \sigma_y)] + a_z \Delta T \\ \gamma_{yz} = \dfrac{2(1+\mu)}{E}\tau_{yz}, \gamma_{xz} = \dfrac{2(1+\mu)}{E}\tau_{xz}, \gamma_{xy} = \dfrac{2(1+\mu)}{E}\tau_{xy} \end{cases} \quad (5\text{-}63)$$

式中　　E——弹性模量，Pa；

μ——泊松比；

a_x、a_y、a_z——3个方向上的线膨胀系数，1/℃；

ΔT——温度变化，℃。

弹性力学的解法大体可以分为3大类：试验方法、数值方法、解析方法。对于复杂边界条件的弹性力学问题，一般采用变分方法，它也是将弹性力学基本方程的定解问题变为求泛函的极值（或驻值）问题，进而转化成求解函数的极值（或驻值），最后把问题归结为求解线性代数方程组。变分方法有基于最小势能原理的瑞利-里茨法和伽辽金法，基于最小余能原理的近似计算方法，广义变分方法，哈密顿变分方法，以及与上述古典变分方法相区别的有限元法等。

5.7　物理场与铝电解槽运行特性的关系

物理场之间以及物理场与工艺参数之间存在复杂的耦合关系。这种复杂耦合关系如图5-8所示。某一个参数的改变，可最终导致多个物理场及参数的连环式改变。这给现场操作人员两方面的启示：其一，调整铝电解槽的状态时应"抓主要矛盾"，通过调整一两个重要参数，间接地改变其他参数，使它们朝预期的方向发展；其二，不能孤立地进行工艺参数的调整，而要考虑参数间的关联性，并且要考虑一些参数变化引起的连环式变化会经历较长的时间才会显露出来，参数调整不能操之过急。

物理场分布的好坏与铝电解槽的运行特性有十分密切的关系。

获得良好技术经济指标（尤其是电流效率）的一个重要条件是，铝电解槽具有良好的电压稳定性，要求：①铝液面的形变及（上下）波动小，铝液流速能限制在一定数值内；②铝电解槽内熔体流动场分布好；③磁场分布好，尤其是垂直磁场小（它是引起铝液面变形和波动的主要原因）；④电场分布好，水平电流小（即电流的方向尽可能垂直向下）；⑤对铝电解槽的导电体（包括槽周边的母线）进行合理配置；⑥产生了"电→磁→流"的仿真与优化技术，其中最突出的是以磁场平衡（或称为磁场补偿）为目的的导电母线配置技术。

获得良好技术经济指标（尤其是电流效率和槽寿命）的另一个重要条件是，铝电解槽具

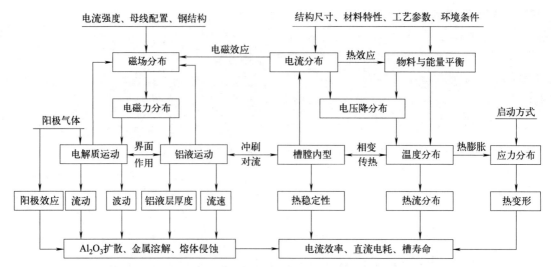

图 5-8 多种物理场之间以及物理场与工艺参数之间的复杂耦合关系

有良好的热平衡状态,要求:①热场分布好;②保温设计好;③产生了"电→热"仿真与优化技术。

要获得良好的槽寿命指标的一个重要条件是,槽壳不会严重变形,要求:①铝电解槽的阴极及槽壳内部的应力场大小及其分布合理;②产生了槽壳应力分析与优化设计技术;③今后还要加强对阴极内衬中的应力分析与优化设计的研究。

思 考 题

1. 铝电解槽的物理场是如何产生的?主要包括哪些物理场?
2. 物理场对铝电解过程产生哪些影响?
3. 物理场的研究方法有哪些?目前最广泛被采用的研究方法是什么?
4. 电场对铝电解槽其他物理场的形成起到什么作用?电场通常以什么形式被表征?
5. 铝电解槽的磁场是如何形成的?对电解过程产生哪些主要影响?
6. 铝电解槽的热场是如何形成的?研究热场的主要目的是什么?
7. 铝电解槽包括哪些熔体的流动?对铝电解槽的稳定性和电流效率影响最大的流动形式是什么?
8. 铝电解槽的应力场对电解槽的主要影响是什么?

第6章

铝电解的生产操作和氟化盐的消耗

6.1 铝电解槽的焙烧

6.1.1 焙烧的目的

自焙阳极铝电解槽和预焙阳极铝电解槽的焙烧目的有所不同。自焙阳极铝电解槽焙烧的目的如下：①将已铸型好的阳极糊通过焙烧烧成一个能供给铝电解生产连续使用的阳极。②焙烧阴极。通过焙烧使阴极炭块之间的炭糊，或全部用炭糊捣固成的阴极槽衬，成为一个完整的炭素槽膛。③烘干铝电解槽底内衬并进一步提高槽膛温度，使之接近于生产温度（900℃左右），以利于下一步的启动。

而预焙阳极铝电解槽焙烧目的为上述第②、③两项。至于二次启动槽（因某种原因临时停产后未经大修又需重新投产的铝电解槽），不管槽型为哪类，其焙烧目的仅为上述第③项。

6.1.2 焙烧方法

为了实现上述焙烧目的，在生产中有各种焙烧方法，根据铝电解槽的具体情况采用不同的方法。

（1）焦炭焙烧法

我国最早在新建侧插自焙阳极铝电解槽系列中采用了焦炭焙烧法。在铝电解槽两极之间铺设18～20cm厚的焦炭层，利用其通电后的焦炭电阻热焙烧两极。通电采用逐步升电流的方式，以有利于两极焙烧温度稳步上升，对被焙烧的两极质量有利。但是缺点为焙烧时间长，劳动强度大，环境条件差，需停电清槽，耗费的电能和材料较多。目前该法已遭淘汰。

（2）焦粒焙烧法

焦粒焙烧法适用于任何类型铝电解槽，用焦粒做导电体与发热体，是一种比较简便的方法，在铝电解槽的阴阳两极之间铺设一层2～4cm焦粒（粒度1～5mm，系列启动严格控制1mm以下的颗粒，因电解质被循环使用使炭渣越聚越多），使两极紧密接触，利用通电后焦粒电阻热和两极电阻热来焙烧两极。焦粒焙烧法示意见图 6-1。

焦粒焙烧法的优点：①阴、阳极可从常温逐渐升温预热，避免了铝液焙烧法中开始灌入高温液态铝时强烈的热冲击。②焦粒层保护了阴极表面免受氧化，不存在阴极炭块烧损问题。③在使用分流器的情况下，可以控制预热速度。④部分热量产生在阴极炭块中，可使阴极内衬得以从内部烘干。⑤如果阴极表面产生了裂缝，则可在启动时被高熔点、高摩尔比的电解质而不是高温铝液填充，有利于防止内衬早期破损。⑥电流上升较快，焙烧时间较铝液焙烧方法短（约少 4 天），而且不必清槽就可以启动，不需要复杂设备。⑦一次可以焙烧多个铝电解槽。

焦粒焙烧法的缺点：①电流上升较快，调整阳极电流的均匀分布较为困难。②阴极表面温度不是很均匀，可能产生局部过热。③需要接入和拆除电流分流器和阳极导杆导电软带，操作过程复杂，增加了操作难度。④铝电解槽四周捣固糊预热不良。⑤启动后电解质中炭渣多，需要清除炭渣，费工费料。

（3）铝液焙烧法

铝液焙烧法适用于预焙阳极铝电解槽和二次启动槽。凡是不需要焙烧阳极的铝电解槽均可采用此法。向铝电解槽两极之间灌入相当数量的液体铝后即通电，利用铝液导电并依靠两极的电阻热进行焙烧，短时间即可升至额定电流。铝液焙烧法示意见图 6-2。

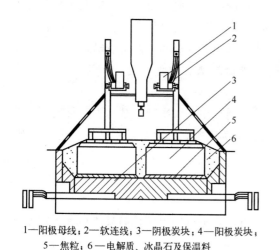

1—阳极母线；2—软连线；3—阴极炭块；4—阳极炭块；
5—焦粒；6—电解质、冰晶石及保温料

图 6-1 焦粒焙烧法示意

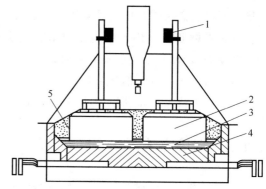

1—阳极母线；2—阳极炭块；3—铝液；
4—阴极炭块；5—电解质、冰晶石及保温料

图 6-2 铝液焙烧法示意

铝液焙烧法的优点：①方法简便，易于操作，不需要增加任何临时设施。②铝电解槽内温度分布均匀，不会出现严重的局部过热现象。③阴极炭块中升温梯度小，温度上升均匀，可减小阴极炭块热裂纹。④阴极炭块不被氧化。⑤用冰晶石粉覆盖阳极，可完全避免阳极氧化。⑥启动后电解质清洁，省工省料。⑦烟气量小。

铝液焙烧法的缺点：①灌入高温铝液（800～900℃）的瞬间，会使阴极炭块受到强烈的热冲击，影响阴极内衬寿命。②熔点低、黏度小的铝液优先渗入内衬裂纹以及填缝糊中，这种焙烧缺陷无法在焙烧结束后检测到，并及时加以补救，在一定程度上影响炭糊烧结质量。③由于铝液电阻小，预热温度上升较慢，故预热时间较长。

(4) 燃气焙烧法

燃气焙烧法是利用液化石油气和天然气作燃料，在铝电解槽阴、阳极之间的槽膛空间用火焰加热，依靠传导、对流和辐射，将热量传输到其他部位，来对铝电解槽进行预热焙烧。采用该法进行焙烧需要可燃物质、燃烧器，同时阳极上面要加保温罩，使高温气体停留在槽内，防止冷空气窜入。该法适用于预焙阳极铝电解槽。燃气焙烧法示意见图6-3。

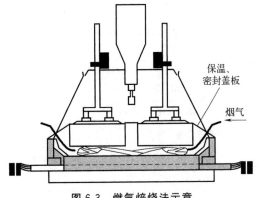

图6-3 燃气焙烧法示意

燃气焙烧法的优点：①容易控制加热速度，并可移动加热器，使阴极表面均匀受热，不存在电流分布问题。②启动后不需要清除焦粒。③对同系列生产槽的运行无影响。④升温速度快，焙烧时间短，节省电能。⑤对边部捣固糊的焙烧效果要优于其他焙烧方法。⑥在启动时，内衬及人造伸腿因焙烧而出现的裂缝会首先被高熔点、高摩尔比的电解质而不是高温铝液填充，有利于防止内衬早期破损。

燃气焙烧法的缺点：①操作较为复杂，为了放入燃烧器，不得不在阴、阳极间留出较大空间，燃料消耗多。②燃烧时所用的过量空气会使阴极和阳极表面氧化，阴极表面氧化将会严重导致启动后阴极破损，当温度低于650℃，氧化程度较小，而温度接近950℃，氧化则相当严重，所以生产中采取的是较低温度600℃进行焙烧。③预焙阳极铝电解槽的保温及防氧化比自焙阳极铝电解槽要困难。

应该注意的是：采用燃气焙烧法时，焙烧后填缝糊的强度比采用其他焙烧方法时要大，并有可能超过阴极炭块的强度。当遇到较大的热冲击时，阴极炭块有可能断裂而造成铝电解槽破损。因此，采用燃气焙烧法和抗震性较差的阴极炭块时，应适当调整填缝糊的配方，以减小其焙烧后的强度。

(5) 石墨粉焙烧法

石墨粉焙烧与焦粒焙烧相近，只是将焦粒换成性能更好的石墨粉。

石墨粉焙烧法的优点是：①石墨粉的电阻率较焦粒低，即使不用分流器，冲击电压也只有4.5V左右。②所铺的石墨粉较厚，相对焦粒又较软，因此与阳极底部接触良好，使电流分布较焦粒更加均匀。③由于受到石墨粉的保护，阴极炭块不被氧化。④焙烧时间短，节省电能。⑤冲击电压小，铝电解槽内衬损坏小，有利于延长铝电解槽寿命。

石墨粉焙烧法的缺点是：①石墨粉价格贵。②启动前需要清理石墨粉。

虽然石墨粉焙烧法比焦粒焙烧法好，但是由于石墨粉价格较贵，限制了其在焙烧上的使用。

(6) 焙烧方法的比较

表6-1列出了各种焙烧方法定性比较。

表 6-1 焙烧方法的定性比较

项 目	铝液焙烧法	焦粒(石墨粉)焙烧法	燃气焙烧法
对阴极的热冲击	大	较小	小
焙烧时间	长	短	较短
升温控制	难	较易	易
铝电解槽寿命	短	较长	长
裂缝的填充物	铝	电解质	电解质
能量利用率	低	高	较高
温度分布均匀性	较均匀	较均匀	均匀
送电的难易程度	较易	难	易
焙烧效果	较好	较好	好
操作的难易程度	易	较易	难
焙烧辅助设备	无	较多	多
阴阳极氧化程度	少	少	多
对人造伸腿的焙烧效果	差	差	好
对铝电解槽启动的影响程度	小	较大	大
焙烧费用	大	小	较小

从表中可见，铝液焙烧法的成本是所有焙烧方法中最高的，并且该法对铝电解槽的早期破损的影响非常大，铝电解槽寿命也短，但在铝电解槽二次启动时应用较多。燃气焙烧法虽然焙烧效果最好，但会受到设备及气体燃料资源的限制。石墨粉焙烧法与焦粒焙烧法相比，电流分布更均匀，焙烧效果也好，并且也不用复杂的焙烧设备，但是石墨价格高是该法的最大缺陷。综合各方面考虑，焦粒焙烧法是目前铝电解槽新槽焙烧启动的首选。

6.2 铝电解槽的常规作业

铝电解槽的常规作业，无论是自焙阳极铝电解槽还是预焙阳极铝电解槽，其主要内容都包括启动、加料（或称为加工）、出铝和阳极作业四个部分，其具体内容依槽型不同而有所不同。

6.2.1 启动

当铝电解槽的焙烧温度升高到 900~950℃ 时，即可进行启动。启动的目的是在铝电解槽内熔化足够的液体电解质，以满足生产的需要。启动的必要条件是阴极表面 60%~70% 的面积温度达到了 900℃ 以上，对于湿法启动，还有一个必要条件是铝电解槽内 60% 以上的面积有 10~15cm 的熔融电解质。启动方法分为两种：干法启动和湿法启动。干法启动是指在没有熔融电解质时直接用粉状冰晶石等原料启动的方法，通常在新电解厂启动尚无现成液体电解质情况下第一、二台铝电解槽上采用。湿法启动是指用熔融电解质进行启动的方法，在有生产槽的系列中启动时多采用湿法启动。两种启动方法中，湿法启动能缩短启动时间，并且减轻阳极和阴极的损坏程度，要优于干法启动，所以要尽可能采用湿法启动。

启动过程又分为无效应启动和效应启动。无效应启动是指在启动时，槽电压不超过10V，在没有发生阳极效应的情况下，慢慢融化固体物料。无效应启动时要求焙烧时的槽底温度要高，使之接近生产温度，这样才能使灌入的电解质不会冷凝，保持电压稳定。另外采用无效应启动时，由于在启动过程中，温度较效应启动的温度低，炭渣与电解质分离不好，所以在铝电解槽第一次发生阳极效应时，必须将清除炭渣作为首要工作，以保持电解质的清洁。而效应启动是指在启动时把阳极抬高，槽电压超过10V，在发生阳极效应产生大量热量的情况下，快速融化固体物料。目前，铝电解厂通常都采用效应启动。

铝电解槽的启动质量好坏与铝电解槽的正常生产和铝电解槽的使用寿命有密切的关系。所以在启动过程中必须遵循以下原则：

① 启动初期，因铝电解槽的热平衡还未建立，所以应保持较高的电压（8~9V）和较高的温度（970~980℃）。

② 启动初期，电解质应保持较高的摩尔比（3左右），以及较高的电解质水平。这是因为铝电解槽的炭素内衬会强烈吸收电解质中的氟化物，以及保证所加的氧化铝溶解而不在槽底沉淀和结壳。

③ 在启动初期要及时捞出阳极和内衬所掉的炭粒以防止启动时电解质含炭。

④ 在非铝液焙烧时，启动前要向铝电解槽内加入铝液，使之均匀分布在槽底，避免在槽底直接析出铝而生成碳化铝。

⑤ 为保证炭渣与电解质分离良好以及保护槽底，要向槽内加入适量的氟化钙。

⑥ 为消除铝电解槽熔料初期熔化大批氟化盐而使铝品位降低的影响，必须在启动后期向槽内加入一批质量高的铝来提高产品质量。

6.2.2 加料

铝电解槽的加料作业，就是定时定量地向铝电解槽中补充氧化铝，新型铝电解槽采用连续或点式下料，每次下料之间有规定的时间间隙。连续下料的间隙只有20s左右，点式下料是每隔几分钟下一次。

加料作业除补充氧化铝外，通常伴随着调整电解质组成，如补充添加剂、调整电解质的冰晶石摩尔比等，故加料（主要是每天的第一次加料）前要取样分析电解质成分。待添加的氟化盐要和氧化铝混合好，铺在结壳上预热，其上再以氧化铝覆盖，然后在加料时加入。

（1）加料的目的

加料的目的在于保持电解质中氧化铝浓度稳定。

（2）加料的要求

我国在生产中总结了"勤加工、少加料"的宝贵经验。所谓"勤加工、少加料"是指加料的次数多，每次加料量要少。

生产实践证明，"勤加工、少加料"操作法具有下列优点：

① 在打壳周期内，能够保持比较稳定的氧化铝浓度（3%~6%，质量分数），而不致出

现大量沉淀悬浮在电解质中,这对提高电流效率是有利的。

② 可保持低氧化铝浓度,提高电解质的电导率。近年来,大型铝电解槽采用连续下料或点式下料后,氧化铝浓度一般只有2%~3%,甚至更低。因为保持低的氧化铝浓度,电流效率可达94%。

③ 能够经常地使电解质和铝液稍加冷却。据测定,打壳之后,电解质温度大约降低4℃,铝液温度大约降低3℃。

④ 能够经常地把贴附在阳极底掌上的炭渣分离出来。铝电解槽在每次打壳之后,炭粒便直接从火眼中喷出,火焰较大。

⑤ 由于打入铝电解槽内的氧化铝数量受到一定控制,并且经过充分预热,大块料或冷料不会进入电解质中,因而不致搅动铝液,铝电解槽中的温度波动小,这对于保持铝电解槽正常生产是很重要的。

⑥ 减少阳极效应的发生,使阳极效应减少到0.3次/(槽·日)以下,节省了电能。

（3）加料作业程序

铝电解的加料作业程序是先扒开在结壳上预热的氧化铝料层,再打开结壳,将氧化铝推入熔体,然后往新凝固的结壳上添加一批新氧化铝。不允许将冷料直接加入电解质中。

（4）加料量的计算

加料量的计算,是指计算在加料周期内氧化铝的实际消耗量。例如,铝电解槽的电流强度为$I=160000A$,电流效率为$\eta_I=87.5\%$,加料周期为$t=1h$,氧化铝的消耗系数为1940kg/t,则

$$加料量=CIt\eta_I\times1940=0.3356\times160000\times10^{-6}\times1\times87.5\%\times1940=91kg$$

计算过程中,需注意单位的换算。

6.2.3 出铝

从铝电解槽取出铝液称为出铝。电解出的铝定期、定量地从铝电解槽中取出。每两次出铝之间的时间称为出铝周期。各厂出铝周期和每次出铝量要根据铝电解槽的电流强度以及铝电解槽电流效率而定。出铝周期有一天一出、两天一出和三天一出的,大型铝电解槽通常每天出一次铝,中型铝电解槽每天或每隔一天出一次铝。按既定的周期出铝就叫按进度出铝,在特殊情况下也可不按进度出铝。

每次取出的铝量差不多等于该出铝周期内产出的铝量。出铝后,铝电解槽内保留一定厚度的铝液层（亦称为"在产铝"）,槽容量不同,在产铝量也不同,具体见表6-2,企业根据实际情况可适当调整。

表6-2 不同容量铝电解槽在产铝量

槽型	在产铝量/t	槽型	在产铝量/t
45~59kA	3	140~156kA	8
60~69kA	4	170~190kA	10
70~75kA	5	200~240kA	12
80~90kA	6	250~280kA	18
120~135kA	7	>290kA	20

(1)出铝量计算

出铝量的计算是根据电流强度和电流效率而定。例如,铝电解槽的电流强度为 $I=160000\text{A}$,电流效率为 $\eta_I=87.5\%$,出铝周期为 $t=24\text{h}$,则

$$出铝量 = CIt\eta_I = 0.3356 \times 160000 \times 24 \times 87.5\% = 1127616\text{g} = 1.1276\text{t}$$

(2)出铝设备及原理

铝电解槽出铝的方法有真空出铝法、虹吸出铝法、流口出铝法和带孔生铁坩埚出铝法几种。在生产上常用的是真空出铝法,后几种使用较少,仅在试验的小铝电解槽上使用。

真空出铝的原理是利用真空泵将密闭的真空抬包抽到一定的真空,通过铝液面上的大气压力与包内压力不等使铝液从铝电解槽内压入真空抬包,从而完成出铝工作(见图6-4)。真空出铝的设备有真空泵、真空管和真空抬包。用真空抬包出铝时,其吸管插入铝电解槽中铝液内,铝液通过虹吸进入真空罐内,吸入的铝液就地称重,然后运入铸造车间的熔炉内。在铝锭铸造前,铝液要经熔剂净化、质量调配、扒渣、澄清等一系列的处理,这些过程一般都在混合炉内按一定顺序依次进行,然后铸造成各种形状的铝坯或商品铝锭。

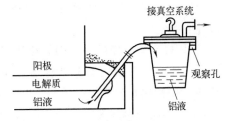

图6-4 真空抬包出铝示意

(3)出铝操作

出铝操作如下:①选择好恰当的出铝位置,并将其打开。②用吊车将真空抬包对准已打开的出铝口,将出铝管缓慢地伸入到铝电解槽中。③当出铝管伸入到铝液内以后,接上真空管,再用带孔的石棉板把包嘴封上。最后用玻璃板封死石棉板观察孔进行出铝。④通过观察孔检查出铝情况,避免抽出电解质。⑤当观察到出铝数量达到要求时,停真空泵,结束出铝。⑥停止出铝时,先拿掉玻璃板,后拔掉真空管,再吊起真空抬包。⑦用吊车将真空抬包内的铝液通过包嘴倒入开口包,速度要适中,防止铝液外溅。⑧倒完铝液后,在开口包的外壁上用粉笔清楚地写上所出铝的槽号。

6.2.4 阳极作业

阳极是铝电解槽的心脏,它的管理工作十分重要。阳极作业视铝电解槽的槽型以及电流导入方式而不同。

(1)自焙阳极铝电解槽的阳极作业

在电解过程中,阳极糊借助电解高温完成焙烧,成为阳极锥体,在生产中因参与电化学反应而不断消耗。阳极工作的主要任务是补充阳极糊和转接阳极小母线(上插棒式铝电解槽无此项工作),工作步骤一般是,拔出快要接触电解质熔体的阳极棒,将小母线转接到已经进入锥体的阳极棒上,然后钉棒,即将阳极棒钉入快要焙烧成锥体的阳极糊中去。这样当糊体焙烧成锥体时,钉入的棒便可与之保持最好的接触,保证导电均匀。阳极工作应保持阳极均匀地焙烧,电流均匀地导入阳极,并保持阳极棒、阳极以及各金属导体之间接触良好以降

低电压降。阳极工作完毕后,要保持阳极不倾斜,在电解过程中不氧化、不掉块,无断层和裂缝现象。

(2) 预焙阳极铝电解槽的阳极作业

预焙阳极作业有3项:

① 定期地按照一定的顺序更换阳极炭块,以保持新、旧阳极炭块能均匀地分担电流,保证阳极不倾斜。为保证槽内各新旧程度不同的阳极炭块能够均匀分担电流,采取交叉更换法。其基本原则是:第一,相邻的阳极炭块组错开更换时间,并且尽可能地把时间隔得远些。第二,保持阳极母线大梁两侧新换的阳极炭块组数目相同。前者可使电解质的电流分配和温度分配趋于均匀,后者还能使阳极母线大梁左右两侧的阳极炭块质量负荷平衡,而不至于发生倾斜。

② 阳极炭块更换后必须用氧化铝覆盖好。用氧化铝覆盖的作用:防止阳极炭块在空气中氧化;提高阳极炭块本身和钢-炭接触点的温度,以减小其电压降;有效地减少铝电解槽经阳极炭块的热损失量。

③ 抬起阳极母线大梁,因为阳极母线大梁随着阳极炭块的消耗位置降低,当达到不能再降的位置时,就必须将它抬高。

6.3 铝电解槽正常生产的特征及技术条件

铝电解槽经过焙烧和启动两个阶段之后,便投入正常生产。直到停槽为止,正常生产阶段通常延续5~7年。铝电解槽进入正常生产阶段的重要标志为:一是各项技术条件达到正常的范围;二是沿铝电解槽四周内壁建立起了规整稳定的槽膛内型。

槽膛内型是一层由液体电解质析出的高摩尔比冰晶石和刚玉(α-Al_2O_3)所组成的、均匀分布在铝电解槽内侧壁上形成的一个椭圆环形的固体结壳(60%~80%的 α-Al_2O_3 和 20%~40%的 Na_3AlF_6)。这层结壳环是电和热的不良导体,能够阻止电流从侧壁通过,并减少铝电解槽的热量损失;同时它还使铝电解槽侧壁炭块和四周槽底不直接接触高温电解质和铝液,保护其不受侵蚀;另外它把槽底上的铝液挤到槽中央部位,使铝液的表面积(铝液镜面)收缩,这对于提高电流效率、降低磁场的影响是有益的。因此,现代铝电解生产上十分重视槽膛内型的建立,要求槽膛内型规整而又稳定,让电流全部均匀地通过槽底,防止边部漏电和局部集中,使铝电解槽热场均匀,保证铝电解槽稳定运行并获得良好的经济指标。新启动铝电解槽启动后期的重要任务就是让铝电解槽建立稳定规整的槽膛内型。正常生产的槽膛内型如图6-5所示。铝电解槽的边部伸腿均匀分布在阳极正投影的边缘,铝液被挤在槽中央部位,电流从阳极至阴极成垂直直线通过。具有这种槽膛内型的铝电解槽技术条件稳定,铝电解槽容易管理,电流效率较高。

6.3.1 正常生产的特征

处于正常生产状态的铝电解槽的外观特征有:①火焰从火眼强劲有力地喷出,火焰的颜色为淡紫蓝色或稍带黄色;②槽电压稳定,或在一个很窄的范围内波动;③阳极四周电解质

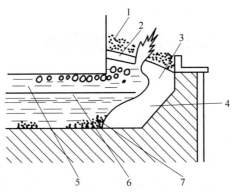

1—结壳上的Al_2O_3粉；2—结壳；3—槽帮；4—伸腿；5—电解质；6—铝液；7—槽底沉淀

图 6-5 铝电解槽正常生产时的槽膛内型

"沸腾"均匀；④炭渣分离良好，电解质清澈透亮；⑤铝电解槽面上有完整的结壳，且疏松好打；⑥铝电解槽膛内型规整；⑦槽底应该是干净的，即无氧化铝沉淀，或只有少量的沉淀。

6.3.2 正常生产的技术条件

正常生产是铝电解槽高产、优质、低耗的保证。维护正常的生产取决于合理的技术条件和与之相适应的操作制度以及操作的精心程度。正常生产的技术条件主要包括：系列电流强度、槽电压、电解温度、极距、电解质组成、电解质高度、铝液高度、槽底压降以及阳极效应系数等。上述条件都是相互影响、相互关联的，总的说来，在一定时期内应尽可能保持相对稳定，一旦因某种原因需要变动时，就必须相应地调整其余参数与之协调。

铝电解槽的容量不同、槽型不同及厂家操作水平不同，所控制的技术参数也不尽相同。表 6-3 仅列出常规数值。

表 6-3 铝电解槽的技术参数

技术参数	自焙阳极铝电解槽	预焙阳极铝电解槽
槽电压/V	4.2	4.2
电解温度/℃	950～960	940
极距/cm	4.0	4～5
摩尔比	2.6～2.8	2.3～2.55
添加剂(氟化钙或氟化镁)质量分数/%	3～6	3～6
氧化铝质量分数/%	3～7	1.5～3
电解质高度/cm	16～18	21～24
铝液高度/cm	24～26	20～22
阳极效应系数/[次/(槽·日)]	0.3	0.3
阳极电流密度/(A/cm^2)	0.94	0.74～0.78

6.4 氟化盐的消耗

6.4.1 电解质的蒸发

人们对冰晶石-氧化铝电解质熔体蒸气凝聚产物粒子的质谱分析和蒸气压的研究已经确定，其挥发物主要是 $NaAlF_4$，占气相组成的 80% 左右，其他的蒸发物为 Na_2AlF_5 和 HF 等。$NaAlF_4$ 在气相中不是很稳定，它在冷却时发生分解：

$$5NaAlF_{4(气)} = Na_5Al_3F_{14(固)} + 2AlF_{3(固)} \tag{6-1}$$

这一反应使电解质熔体蒸发产物中不仅有 $NaAlF_4$，而且还有 $Na_5Al_3F_{14}$ 和 AlF_3。

工业铝电解槽中电解质的蒸发不仅发生在电解质熔体的表面，也发生在电解质熔体与阳极气体（CO_2+CO）相接触的界面上。铝电解槽中的阳极气体连续不断从槽中出来后携带蒸发的电解质气体产物进入排烟管道，少量逸出槽外，因此电解质的蒸发损失与电解质的蒸气压和铝电解槽中阳极气体与电解质接触面积的大小成正比。

$$m_b = k_1 S_1 p + k_2 S_2 p \tag{6-2}$$

式中 m_b ——单位时间铝电解槽中由蒸发而引起的电解质损失，g；

S_1 ——单位时间从铝电解槽中排出的阳极气体的气泡表面积，cm^2；

p ——电解质的蒸气压，Pa；

S_2 ——铝电解槽中电解质熔体与空气接触的熔体表面积，cm^2；

k_1，k_2 ——系数。

由式（6-2）可以看出，阳极电流密度、电解质成分、温度、氧化铝浓度等因素会影响电解质的蒸发损失：①电解质温度升高，电解质分子和 Al_2O_3 浓度降低会使电解质蒸气压升高，因此会增加电解质的蒸发损失；②电解质中氧化铝浓度降低和摩尔比降低会使阳极气体的气泡直径增大，在恒定的阳极电流密度下会使阳极气体与电解质的接触面积减小，降低电解质的蒸发损失；③阳极电流密度增加，阳极气体体积增加，会增加电解质的蒸发损失。电解质的蒸发损失是上述各种因素的总和。

实验室测出的电解质蒸气压与电解质的摩尔比、温度和氧化铝浓度的关系如图 6-6、图 6-7 所示。

Grjotheim 和 Welch 给出了电解质的蒸气压 p（kPa）与温度的关系：

$$\lg p = \frac{A}{T} + B \tag{6-3}$$

式中 $A = 7101.6 + 3069.7BR - 635.77(BR)^2 + 51.22w_{LiF} - 24.638w_{LiF} \times BR + 764.5w_{Al_2O_3}/(1+1.0817w_{Al_2O_3}) \tag{6-4}$

$B = 7.0184 + 0.6844BR - 0.08464(BR)^2 + 0.01085w_{LiF} - 0.005489w_{LiF} \times BR + 1.1385w_{Al_2O_3}/(1+3.2029w_{Al_2O_3}) \tag{6-5}$

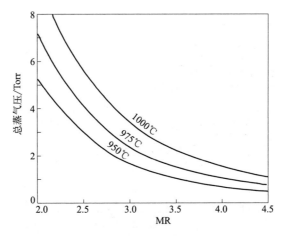

图 6-6 温度和摩尔比对蒸气压的影响（1Torr＝133.322Pa）

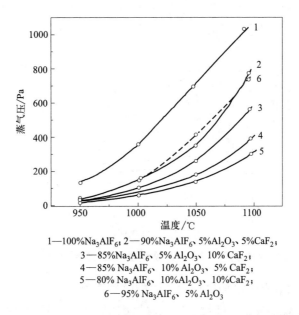

1—100%Na_3AlF_6；2—90%Na_3AlF_6、5%Al_2O_3、5%CaF_2；
3—85%Na_3AlF_6、5%Al_2O_3、10%CaF_2；
4—85%Na_3AlF_6、10%Al_2O_3、5%CaF_2；
5—80%Na_3AlF_6、10%Al_2O_3、10%CaF_2；
6—95%Na_3AlF_6、5%Al_2O_3

图 6-7 温度、Al_2O_3 质量分数和 CaF_2 质量分数对蒸气压的影响

式中，BR 为电解质质量比；w_{LiF} 和 $w_{Al_2O_3}$ 分别为 LiF 和 Al_2O_3 的质量分数。

铝电解生产过程中，由于电解质的蒸发而消耗电解质，其蒸发损失除了与电解质的成分和温度有关外还与电解质的过热度有关，如图 6-8 和图 6-9 所示。铝电解槽中电解质由于蒸发，摩尔比逐渐升高。然而就现代化的中间点式下料铝电解槽而言，在采取了干法净化技术后，其烟气净化效率可达到 98% 以上。烟气中的 HF 被 Al_2O_3 吸收，其他氟化物以固相颗粒的形式被干法系统捕获并得以返回到铝电解槽中，因此当铝电解槽的密封性和集气效率很高时，则由蒸发而引起的电解质损失及其所引起的电解质成分变化是很小的。

6.4.2 电解质水解引起的氟化盐消耗

铝电解槽电解质中的水分来自于两个方面：一个方面是原料氧化铝、冰晶石和氟化铝中

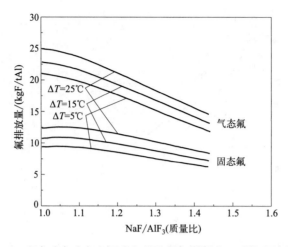

图 6-8 烟气中气态氟和固态氟排放量与质量比、过热度的关系

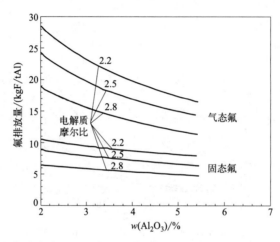

图 6-9 烟气中气态氟和固态氟排放量与 Al_2O_3 质量分数、摩尔比的关系

带入的水分；另一方面源自于焙烧过程中沥青的分解产物 H 在阳极炭块孔隙中的吸附，在 C 的活性质点上 H 与 C 形成 C—H 键，在电解过程中，H 在阳极炭块上参与电化学反应生成 H_2O。

$$O^{2-} + 2H - 2e = H_2O \tag{6-6}$$

电解质中的 H_2O 可以溶解到电解质熔体中

$$H_2O = 2H^+ + O^{2-} \tag{6-7}$$

$$H^+ + F^- = HF_{(气)} \tag{6-8}$$

电解质熔体中的 H^+ 也可以在阴极上放电生成 H 而进入阴极铝液中，这是铝电解槽金属铝中含 H 的主要原因。当电解质中的 H^+ 含量比较大时，也可以在阴极上释放 H_2，这时生成的 H_2 可以还原电解质熔体中的组分

$$Na_3AlF_{6(液)} + \frac{3}{2}H_{2(气)} = Al_{(液)} + 3NaF_{(液)} + 3HF_{(气)} \tag{6-9}$$

电解质中的水还可以直接和电解质组分反应

$$2AlF_3 + 3H_2O = Al_2O_3 + 6HF \tag{6-10}$$

水分与冰晶石-氧化铝熔体的水解反应，也可以写成如下的形式

$$\frac{2}{3}Na_3AlF_6 + H_2O = \frac{1}{3}Al_2O_3 + 2NaF + 2HF \tag{6-11}$$

反应式（6-10）和式（6-11）在1300K的标准平衡常数分别为20.4和5.47×10^{-3}。由这两式可以看出，电解质熔体的水解，消耗的是AlF_3，水解的产物有Al_2O_3和HF。HF会进入铝电解槽的排烟系统，极少数逸出槽罩之外，但进入排烟系统中的HF又被干法净化系统中的新鲜氧化铝所吸附，并返回铝电解槽。因此总的来说，铝电解槽电解质中的AlF_3并不会由于电解质的水解而损失。

6.4.3 原料中的杂质引起的氟化盐消耗

铝电解所用原料主要是氧化铝，氧化铝中除了水分之外，还有其他一些碱金属和碱土金属氧化物杂质，它们的存在对电解质成分的稳定有直接影响。这些杂质与电解质中的AlF_3反应，会使电解质中的AlF_3浓度降低，摩尔比升高。在铝电解生产中，为了使电解质摩尔比稳定，必须不时地向铝电解槽中添加AlF_3，以补充由此而引起的摩尔比升高，这无疑会增加铝电解生产的AlF_3消耗。

在现代化的点式中间下料预焙阳极铝电解槽中，氟化盐的消耗一般在30kg/t左右，其中AlF_3的消耗是主要的，约为25kg/t。

原料氧化铝中的金属氧化物杂质主要有Na_2O、CaO、Fe_2O_3、SiO_2、TiO_2等，其中的碱金属和碱土金属的氧化物与电解质的反应为

$$3Na_2O + 2AlF_3 = 6NaF + Al_2O_3 \tag{6-12}$$

$$3CaO + 2AlF_3 = 3CaF_2 + Al_2O_3 \tag{6-13}$$

以氧化铝中的Na_2O杂质质量分数为0.5%、CaO质量分数为0.04%为例，根据化学反应式（6-12）和式（6-13）可以计算出这些杂质的存在，造成电解质熔体中AlF_3的消耗为10kg/t左右，而NaF含量增加13kg/t左右。为了维持电解质摩尔比和电解质熔体总量的稳定，除了要向铝电解槽中补充上述反应消耗的AlF_3外，还要补充由于上述反应生成的NaF而导致摩尔比增加所要添加的AlF_3量。上述两项之和为应向铝电解槽中补充的AlF_3量，估计为21~23kg/t。

电解质中其他比Al惰性的金属的氧化物杂质，可部分或全部地被溶解于电解质熔体中并被Al还原而进入铝液中，使金属铝中的杂质含量升高，如

$$Fe_2O_3 + 2Al = Al_2O_3 + 2Fe \tag{6-14}$$

$$3SiO_2 + 4Al = 2Al_2O_3 + 3Si \tag{6-15}$$

原料中的SiO_2杂质进入电解质熔体中后，也会分解AlF_3，其产物SiF_4为气态，最后进入烟气中。

$$3SiO_2 + 4AlF_3 = 2Al_2O_3 + 3SiF_4 \tag{6-16}$$

上述反应的存在也会消耗电解质中的AlF_3但其量比较小。

6.4.4 电解过程中阴极内衬吸收电解质引起的氟化盐消耗

在工业铝电解槽中，不同槽龄的铝电解槽，其电解质的渗透是不一样的。新槽对电解质

的渗透是比较大的。当阴极内衬对电解质的吸收达到饱和后，在化学的和电化学的渗透压的作用下，电解质会通过炭内衬向槽底渗入，并与槽底的耐火材料反应，这些渗入槽底的电解质以及电解质与槽底耐火材料反应生成的产物越积越多，体积越来越大，会使槽底阴极炭块向上的隆起越来越严重。

按照邱竹贤给出的数据，一个年产10万吨的铝电解厂，每年废旧阴极炭块的排放量约为3000t，阴极炭块中约含有30%的电解质，加上渗入到铝电解槽阴极炭块底部耐火材料中与耐火材料反应的电解质，则渗入铝电解槽阴极内衬中的电解质总量约为1100万吨/年，由此而分摊到每吨铝的氟化盐消耗为11kg左右。

6.4.5 铝电解槽启动时的氟化盐消耗

新槽和大修后铝电解槽的启动需要消耗较大量的电解质，这是因为：①铝电解槽启动时，铝电解槽的密封较差，集气效率不高；②铝电解槽启动时的电解质温度较高，电解质的摩尔比较高，电解质的挥发损失大；③阳极效应多；④铝电解槽阴极内衬对电解质的吸收量大。

铝电解槽启动到转入正常生产时氟化盐的额外消耗量与铝电解槽的启动方法、工艺技术管理都有关。一般来说，干法启动的铝电解槽，其氟化盐的消耗要比湿法启动大得多。铝电解槽启动时的电解质消耗根据铝电解槽容量而定。杨瑞祥对300kA铝电解槽的启动所做的冰晶石消耗计算给出，铝电解槽启动期的电解质减量为21.72t，其中包括炭素内衬吸收，以及取出存放或用于其他铝电解槽的启动的电解质。

铝电解槽启动时采用碱性电解质，一般添加Na_2CO_3来调整电解质的碱性。如果电解质中添加Na_2CO_3，必然引起电解质中AlF_3的消耗，而使电解质的NaF含量增加。

$$3Na_2CO_3 + 2AlF_3 \Longrightarrow 6NaF + Al_2O_3 + 3CO_2 \tag{6-17}$$

由式（6-17）可以看出，用Na_2CO_3调整电解质的摩尔比是使电解质中NaF含量增加、摩尔比升高的有效方法，但电解质中氟的总含量并没有改变。其物料平衡是电解质中加入1t Na_2CO_3，消耗0.8t AlF_3，生成1.2t NaF和0.48t Al_2O_3，生成的NaF会渗入到阴极炭块内衬中。

应该说，如果铝电解槽在启动时密封较好，使铝电解槽在启动过程中挥发的物料、蒸发的电解质都能进入烟道和净化系统内，那么电解质的消耗应该主要是铝电解槽内衬对电解质的吸收。如果铝电解槽在启动期间的集气效率不高，将会使电解质的消耗增加。

6.4.6 阳极效应引起的氟化盐消耗

铝电解槽在发生阳极效应时，阳极气体的主要成分为CF_4，此外还有少量C_2F_6。它们是严重的温室效应气体，对大气的温室效应能力CF_4相当于CO_2的6500倍，而C_2F_6相当于CO_2的9200倍。关于阳极效应期间排放的CF_4有多种计算公式，政府间气候变化专门委员会（IPCC）建议用式（6-18）计算铝电解槽阳极气体中CF_4的排放量（kg/t）：

$$m(CF_4) = Sk\tau_{效应} \tag{6-18}$$

式中　S——与铝电解槽工艺技术有关的一种参数；

k——阳极效应的系数；

$\tau_{效应}$——阳极效应的持续时间，min。

式（6-18）也可以写成：

$$m(\mathrm{CF}_4) = S\tau_{\mathrm{AE}} \tag{6-19}$$

式中 τ_{AE}——每天平均的效应时间，min。

S 系数大小依铝电解槽型而定，预焙阳极铝电解槽 $S=0.14\sim0.16$；自焙阳极铝电解槽 $S=0.07\sim0.11$。

Hydro 和 ALCOA 皆用此式计算铝电解槽阳极效应 CF_4 气体的排放量，并现场测定了预焙阳极铝电解槽系数（或称斜率）S 值的大小，得出相同的测量结果（$S=0.12$）。

以一个阳极效应系数为 0.5 的预焙阳极铝电解槽为例，如果效应时间为 5min，则利用式（6-18）和 $S=0.15$ 进行计算，铝电解槽阳极效应所引起的 CF_4 消耗应为 0.375kg/t。

从阳极效应对氟化盐的消耗来看，如果将上述计算得出的 0.375kg/t 换算成 F 的消耗，再换算成 AlF_3 的消耗，就等于 0.48kg/t。此值并不很大，实际的阳极效应所造成的电解质损失可能要比这大得多，特别是当用木棒插入电解质中处理阳极效应时，不仅会造成铝的损失，也会造成比较多的电解质挥发损失。

铝电解槽阳极效应期间产生的 CF_4 和 $\mathrm{C}_2\mathrm{F}_6$ 不能被干法净化系统所吸收，它们完全排入大气中，对环境有不利的影响。

6.5 电解质成分的变化及调整

6.5.1 电解质成分变化经过及原因

铝电解槽从启动到正常生产阶段，由于所处环境不同，电解质成分变化所表现出的形式也不同。在生产初期，电解质成分变化的趋势主要是摩尔比降低；而在正常生产阶段，电解质成分变化的趋势则主要是摩尔比增高。

（1）生产初期电解质成分的变化

在生产初期，电解质成分变化的趋势主要是摩尔比降低。在生产初期，由于炭素材料对氟化钠有选择性吸附的能力，所以新的炭素内衬会大量吸收氟化钠，使电解质中氟化钠减少，虽然氟化铝也在同时发生分解和挥发，但损失量相对较小，电解质中氟化铝含量仍然过剩，电解质显示为酸性。此时，如果电解质摩尔比降得过低，则形成的槽膛内型熔点低，质量不好，会对生产和阴极寿命产生严重影响。因此，在这段时间里，应向铝电解槽内添加一定数量的苏打（$\mathrm{Na}_2\mathrm{CO}_3$）或氟化钠（NaF）与冰晶石的混合料，以补充被炭素材料所吸收的氟化钠。目前，生产上多用苏打代替氟化钠调整过酸的电解质。

炭素对氟化钠的吸附并不是无限制的，氟化钠在炭素材料中的存在数量是有限度的。随着电解时间的延续，炭素中氟化钠已经接近或达到饱和状态时，对氟化钠的吸附作用就会逐渐减弱或停止,而电解质摩尔比的变化趋势也由向酸性变化为主逐渐转化为向碱性变化为主。

(2) 正常生产阶段电解质成分的变化

正常生产阶段,电解质成分变化的主要趋势是摩尔比增高。引起摩尔比增高的原因有原料中杂质在电解质中的反应、电解质的挥发和添加剂的作用。

① 原料中杂质在电解质中的反应　电解生产所用的氧化铝、氟化盐和阳极糊中都含有一定数量的杂质成分,如 H_2O、Na_2O、SiO_2、CaO、MgO 等,这些杂质均会分解氟化铝或冰晶石,使电解质中氧化铝和氟化钠增加,摩尔比增高。

② 电解质的挥发　在构成电解质的各成分中,氟化铝的沸点最低。所以,在正常电解温度下从电解质表面挥发出的蒸气中绝大部分是氟化铝,温度越高损失越大,从而使电解质中氟化钠相对增加,摩尔比增高。

③ 添加剂的作用　生产中,在电解质摩尔比小于 3 的情况下添加氟化镁时,氟化镁与冰晶石反应生成 Na_2MgAlF_7 和 NaF,使摩尔比增高,其反应式:

$$Na_3AlF_6 + MgF_2 = NaF + Na_2MgAlF_7 \tag{6-20}$$

但是电解质中的氟化镁并不是由于这个反应而大量减少的。实际上电解质中氟化镁和氟化钙的减少主要是由于更换电解质造成的。捞炭渣、电解质挥发和长槽帮等都会使电解质数量减少,所以要添加新冰晶石来补充电解质,这样也就稀释了氟化镁和氟化钙的浓度。

在正常生产时,因氧化铝和阳极糊的杂质中含有氧化钙和氧化镁,它们与冰晶石反应生成氟化钙和氟化镁,所以电解质中含有一定量的氟化钙和氟化镁,如果含量低于规定范围时则要补充。

6.5.2　电解质成分的调整

铝电解槽在正常生产时期,电解质成分变化主要是摩尔比偏高和添加剂含量的降低。所以要根据电解质成分分析报告,按照规定的范围,因槽而异地进行调整。

当电解质摩尔比高于规定范围时,应向槽内添加计算好的氟化铝量,其添加方法为:在加工后电解质结壳上,先加一层氧化铝,然后将氟化铝与氧化铝混合后均匀撒在薄壳上,其上再加保温氧化铝。下次加工前不扒料,氟化铝随结壳一起打入槽内。

当摩尔比低于规定范围,电解质过酸时,应添加苏打或氟化钠。添加氟化钠最好与冰晶石混合后添加。添加方法与氟化铝添加方法一样。为了迅速调整成分,可在发生阳极效应时,将苏打或氟化钠与冰晶石混合料直接加到电解质液面上熔化。

添加氟化钙或氟化镁时,要加在槽帮空处,不要加到阳极附近,要沿槽帮均匀添加,要勤加少加,不要集中大量添加。

调整摩尔比的计算过程举例如下:

【例1】 已知电解质质量为 6t,摩尔比为 2.8,Al_2O_3 的质量分数为 3%,MgF_2 质量分数为 5%,现将摩尔比调整为 2.3,求所需添加的氟化铝量。

设 K 为冰晶石摩尔比;W 为冰晶石质量,kg;X 为 NaF 质量,kg;Y 为 AlF_3 质量,kg。

电解质中的冰晶石质量为:

$$W = 6000 \times (1-0.08) = 5520 \text{kg}$$
$$X + Y = W$$
$$2 \times \frac{X}{Y} = K$$

式中 2——NaF 与 AlF_3 的分子量的比值。

将原电解质的摩尔比 2.8 及冰晶石的质量 5520kg 代入上式，则得到原电解质的：

$$X = 5520 \times \frac{2.8}{2.8+2} = 3220 \text{kg}$$

$$Y = 5520 \times \frac{2}{2.8+2} = 2300 \text{kg}$$

当摩尔比为 2.3 时，该电解质中 AlF_3 质量为：$2 \times \frac{3220}{2.3} = 2800 \text{kg}$

则需添加 AlF_3 为：$2800 - 2300 = 500 \text{kg}$

这里所求出的 AlF_3 添加量为理论值，由于添加时的挥发损失，实际添加量要大于该值，一般为理论量的 130% 左右。

【例2】 配制实验室用电解质试样，质量为 130g，摩尔比 2.8，Al_2O_3 的质量分数为 6%，现有 Al_2O_3、NaF 及摩尔比为 2.16 的 Na_3AlF_6，求以上三种物质所需添加的量。

设 K 为冰晶石摩尔比；W 为冰晶石质量，g；X 为 NaF 质量，g；Y 为 AlF_3 质量，g。

需添加 Al_2O_3 为：$130 \times 0.06 = 7.8 \text{g}$

配制电解质中的冰晶石质量为：

$$W = 130 \times (1-0.06) = 122.2 \text{g}$$
$$X + Y = W$$
$$2 \times \frac{X}{Y} = K$$

将配制电解质试样的摩尔比 2.8 及配制电解质中冰晶石的质量 122.2g 代入上式，则得到配制电解质试样的：

$$X = 122.2 \times \frac{2.8}{2.8+2} \approx 71.28 \text{g}$$

$$Y = 122.2 \times \frac{2}{2.8+2} \approx 50.92 \text{g}$$

其中 NaF 来自于两部分：

一是从摩尔比为 2.16 的冰晶石带入的 NaF，其带入质量为：$2.16 \times \frac{50.92}{2} = 54.99 \text{g}$

二是为配制摩尔比为 2.8 的电解质试样所加入的 NaF，所以需添加 NaF 为：$71.28 - 54.99 = 16.29 \text{g}$

需添加 Na_3AlF_6 为：$122.2 - 16.29 = 105.91 \text{g}$

思 考 题

1. 铝电解槽焙烧的目的是什么？

2. 铝电解槽有几种焙烧方法，各有什么优缺点？
3. 铝电解槽有几种启动方法，其特点是什么？
4. 铝电解槽正常生产的特征有哪些？
5. 勤加工少加料的优点是什么？
6. 铝电解过程引起氟化盐消耗的因素主要有哪些？
7. 电解质成分调整的注意事项有哪些？

第7章 铝电解新技术及原铝的精炼

7.1 铝电解新技术

7.1.1 氯化铝熔盐电解法

氯化铝熔盐电解法是以氯化铝为原料,以碱金属和碱土金属为电解质进行熔盐电解制铝的方法,该法早在1854年就开始了研究。1963年,H. L. Slatin获得了添加10%(质量分数)CaF_2的氯化铝电解法炼铝的专利。1969年,E. L. Singletton等人发表了采用石墨阳极、NaCl-KCl-$AlCl_3$电解质进行熔盐电解制铝的报告,报告中指出电解可在700℃进行。1973年1月,美国铝业公司(ALCOA)宣布,公司耗资2500万美元,经过15年的努力,成功地开发了氯化铝熔盐电解工艺,并在得克萨斯州建立了一个年产1.5万吨氯化铝熔盐的电解制铝试验工厂。工厂建设3年后投产运行,然而不久就停止了生产,但是作为一种炼铝新方法,当时受到了人们的广泛关注。

(1) 氯化铝以及电解质体系

① 氯化铝($AlCl_3$) 它由铝和氯气反应生成,其晶体为双分子结构,属于六方晶系,见图7-1。

$AlCl_3$在181℃时就升华,在440℃以下呈双分子结构,440~600℃时部分分解为单分子结构,大于600℃全部分解为单分子。在$AlCl_3$分子中Al—Cl键基本属于分子键,故其熔点、沸点都很低;在熔点附近熔体的电导率仅为$5.6×10^{-3}$S/m,说明在熔体中它基本上是以分子形态存在的。$AlCl_3$的蒸气压很大,在180.2℃就达$1.01×10^5$Pa(即一个大气压)。

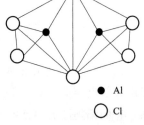

图7-1 氯化铝分子结构

② 电解质体系 S. C. Deville研究氯化铝电解时所用的电解质是NaCl-$AlCl_3$二元系熔体,如图7-2所示。在NaCl-$AlCl_3$二元系中存在着一不稳定化合物NaCl·$AlCl_3$,温度高于150℃就分解,其组成点为NaCl 50%(摩尔分数)处,在$AlCl_3$ 60%(摩尔分数)处出现共晶,共晶温度为113.4℃。

美国铝业公司所采用的电解质组成(摩尔分数)为53% NaCl、40% LiCl、5% $AlCl_3$、

0.5% $MgCl_2$、0.5% KCl、1% $CaCl_2$,基本体系可以用 NaCl-LiCl 二元系来表示(见图 7-3)。在该体系中,存在着两个连续固溶体,并在 66% LiCl+34% NaCl 处出现最低熔点,其温度为 552℃。实验所用的电解质落在该二元系最低熔点的右侧。

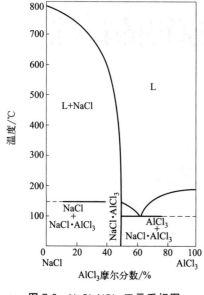

图 7-2 $NaCl-AlCl_3$ 二元系相图

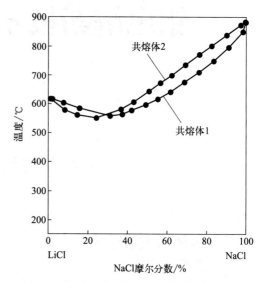

图 7-3 LiCl-NaCl 二元系相图

此外,还有氯氟化物体系,如 $CaF_2-CaCl_2-AlCl_3$ 三元系。道化学公司所用的电解质组成及主要物理化学性质如下:电解质组成(摩尔分数),CaF 18.3%、$CaCl_2$ 71.4%、$AlCl_3$ 10.3%;其熔度小于 700℃;熔体电导率(975℃)为 260S/m;熔体在 975℃下的蒸气压为 933.24Pa。

(2)氯化铝的理论分解电压

氯化铝的生成反应可用式(7-1)表示:

$$Al_{(液)} + 1.5Cl_{2(气)} = AlCl_{3(液)} \tag{7-1}$$

该式的反应自由能 ΔG_T 用式(7-2)计算:

$$\Delta G_T = -587.43 + 10.46 \times 10^{-3} T \lg T + 2.95 \times 10^{-2} T \text{ (kJ/mol)} \tag{7-2}$$

式(7-2)所适用的温度范围为 933~1273K,表 7-1 是式(7-2)的计算结果以及相应的理论分解电压值(V)。图 7-4 是根据表 7-1 而作的图,直观地表明了 ΔG_T、E_T 与温度的关系,它们都是随着温度的升高而降低的。

表 7-1 氯化铝(液)ΔG_T 和 E_T 的值

温度/K	ΔG_T/(kJ/mol)	E_T/V
933	-530.92	1.834
973	-528.32	1.825
1023	-525.04	1.814
1073	-521.76	1.803
1123	-518.47	1.791
1173	-515.17	1.780
1273	-508.53	1.757

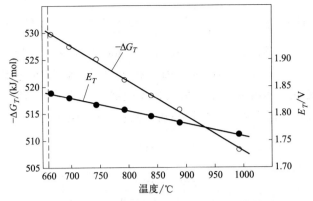

图 7-4 AlCl$_3$（液）的 ΔG_T、E_T 与温度的关系

（3）氯化铝电解的机理

关于氯化铝电解的机理，现在有以下几种认识：

① 钠置换铝的观点（简称置换理论） 置换理论认为，在电解过程中，钠离子首先在阴极上放电，然后金属钠与 AlCl$_3$ 进行反应，将铝置换出来。即

$$\text{在电解质中} \quad 3NaCl \Longrightarrow 3Na^+ + 3Cl^- \tag{7-3}$$

$$\text{在阴极} \quad 3Na^+ + 3e \Longrightarrow 3Na \tag{7-4}$$

$$3Na + AlCl_3 \Longrightarrow Al + 3NaCl \tag{7-5}$$

$$\text{在阳极} \quad 2Cl^- - 2e \Longrightarrow Cl_2 \tag{7-6}$$

② 铝离子一次放电理论 如前所述，AlCl$_3$ 中 Al—Cl 键仍有部分为离子键，因而在熔体中存在 Al^{3+} 离子，而 Al^{3+} 将优先于钠在阴极上放电，即

$$\text{在阴极上} \quad Al^{3+} + 3e \Longrightarrow Al \tag{7-7}$$

$$\text{在阳极上} \quad 3Cl^- - 3e \Longrightarrow 1.5Cl_2 \tag{7-8}$$

在上述两种机理中，所消耗的都只有 AlCl$_3$，总反应是：

$$AlCl_3 \xrightarrow{\text{电解}} Al + 1.5Cl_2 \tag{7-9}$$

此外，也有人认为是含 Al 的配离子放电。

关于氟氯化物体系，则认为其电解机理可能是：

$$3MeF_x + xAlCl_3 \Longrightarrow xAlF_3 + 3MeCl_x \tag{7-10}$$

$$xAlF_3 + 3MeCl_x \Longrightarrow xAl + 1.5xCl_2 + 3MeF_x \tag{7-11}$$

整个过程，氟化物不消耗，总反应仍然与上述相同。

（4）氯化铝熔盐电解的工艺

氯化铝熔盐电解工艺主要包括两个过程：一是氯化铝的制备；二是氯化铝的电解。

① 氯化铝的制备 氯化铝的制备有两种途径：其一是工业氧化铝的氯化（美国铝业公司）；二是铝土矿的直接氯化。图 7-5 所示为美国铝业公司的氧化铝表面渗碳氯化法制取 AlCl$_3$ 流程。该法的工艺要点是工业纯氧化铝经过预热，在专门的渗碳装置中与重油一起焙烧，使其表面吸附一层由重油裂解的碳制成渗碳氧化铝，要求氧化铝含碳量为 15%～20%。渗碳氧化铝和氯气在沸腾（或流化床）反应器中，在 750～950℃下进行氯化反应：

$$\frac{1}{3}Al_2O_{3(固)} + Cl_2 + C_{(固)} \Longrightarrow \frac{2}{3}AlCl_{3(气)} + CO_{(气)} \tag{7-12}$$

$$Al_2O_{3(固)} + 3Cl_2 + \frac{3}{2}C_{(固)} \Longleftrightarrow 2AlCl_{3(气)} + \frac{3}{2}CO_{2(气)} \qquad (7-13)$$

据计算,式(7-12)的 $\Delta H_{1000K} = 137.130 kJ/mol$,是吸热反应。对于反应(7-13),$\Delta H_{1000K} = -133.1 kJ/mol$,是放热反应。因此在氯化过程需鼓入一定的干燥空气,促使 CO_2 的生成,以补充氯化所需的热量。从氯化反应器产生的气态 $AlCl_3$ 是不纯的,必须净化分离。最后在冷凝器凝固为固态氯化铝并送往储仓供铝电解槽使用。

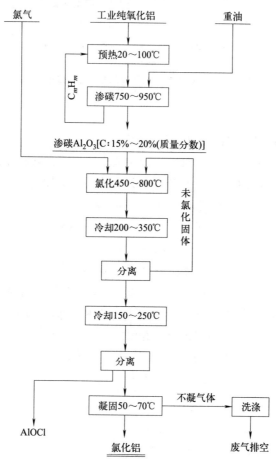

图 7-5 工业氧化铝的表面渗碳制取
氯化铝的工艺流程(ALCOA 法)

② 氯化铝的熔盐电解 氯化铝电解槽是氯化铝电解的核心设备。氯化铝电解槽的显著特点是阳极不消耗,可采用由若干个双极性电极组成的多层铝电解槽,其结构如图 7-6 所示。氯化铝电解槽的外壳为钢槽壳,内衬是电绝缘性能好、耐氯化物腐蚀的耐火材料,如氮化物(氮化硅、氮化硼)等一类材料。氯化铝电解槽槽内设有专门的汇集铝液的石墨容器。槽上有密封盖,盖上设有氯气排出孔和加料孔。金属导电棒直接与槽内电极相连,所有接触缝需用石墨函密封,以防漏气和熔体漏出。整个电解过程在密封状态下进行。

在电解过程中,阳极产生氯气,经排气口抽走;铝在阴极表面析出,流入汇集容器(氯化铝电解槽槽内)。由于气体的排出,促使电解质循环流动。气体、铝液、电解质的流动,视电极的形状各不相同(参见图 7-6)。

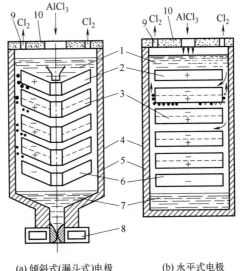

(a) 倾斜式(漏斗式)电极　　(b) 水平式电极

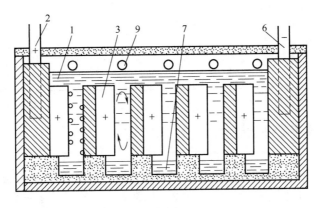

(c) 立式电极

1—电解质；2—阳极；3—双极性电极；4—槽壳；5—保温层(槽衬)；
6—阴极；7—铝液；8—温度调节器；9—Cl_2 排出孔；10—槽密封盖

图 7-6　氯化铝电解槽的结构示意

氯化铝熔盐电解法较之于现行的氧化铝熔盐电解法（霍尔-埃鲁特法）有许多的优点，根据文献，总结比较了氯化铝熔盐电解法和霍尔-埃鲁特法的有关特性、技术条件、经济技术指标等，如表 7-2 所示。

由表 7-2 数据可见，氯化铝熔盐电解法（单指电解部分）和氧化铝熔盐电解法（霍尔-埃鲁特法）相比，具有电解温度低、阳极不消耗、电耗率低（因为过电压低，极距小）、磁场影响可以避免、铝电解槽结构简单、采用双极性电极、单槽产量高、单位铝量占地面积减少等优点。但是，氯化铝熔盐电解法的主要缺点有：氯化铝需用工业氧化铝制取，而且每生产 1t 铝需消耗 5t 氯化铝，就整体而言，能耗不会低于氧化铝熔盐电解法；氯化物对设备的腐蚀严重；氯化铝的水解容易在铝电解槽中产生沉淀，既降低电流效率，又因必须捞渣而对正常生产产生影响。

表 7-2　氯化铝熔盐电解法与氧化铝熔盐电解法（霍尔-埃鲁特法）的比较

项目	氯化铝熔盐电解法	氧化铝熔盐电解法
铝电解槽构成	多室槽	单室槽
电解质组成	NaCl-LiCl-AlCl$_3$ （约5% AlCl$_3$）	Na$_3$AlF$_6$-AlF$_3$-Al$_2$O$_3$ （2%~7% Al$_2$O$_3$）
理论分解电压/V	1.8	1.2
阳极过电压/V	0.35	0.5
阳极/阴极	石墨/石墨	碳/碳
阳极电流密度/(A/cm^2)	0.8~2.3	0.6~1.0
极距/cm	1~2.5	4~5
电解温度/℃	700	950~970
电解质密度/(g/cm^3)	约1.5	约2.1
电解质-铝液密度差值	0.8	0.2
电解质电导率/(S/m)	1.7~2.0	2.3
电解质蒸气压/Pa	<4000	270
电解质黏度/mPa·s	<1.5	4
铝液黏度/mPa·s	3	0.6
阳极消耗速度/(cm/24h)	0	2
单槽电压/V	3	4
电流效率/%	0.85	0.89
生产能力/[t/(槽·日)]	>13	1.0~1.8
电耗率/(kW·h/kg)	9~10（直流）	13~15（直流）

7.1.2　电热法熔炼铝硅合金

电热法炼铝是一种非电解炼铝方法。它和传统电解法相比，具有流程简单，设备投资少；产能大，能量利用率高，不用整流设备；对原料要求不高（高岭土、黏土即可为原料），不需要氟化盐等优点。但是该法只能得到铝硅合金。

（1）电热法熔炼铝硅合金的原理

电热法熔炼铝硅合金的原理，实际上就是用碳还原熔炼。根据图 7-7 可以判断各种金属对氧的亲和力的大小。在图中 CO 生成反应自由能随着温度的升高而降低，稳定性增大，或者说对氧的亲和力增强，而各种金属氧化物则与此相反，即随着温度的升高，稳定性降低，或者说对氧的亲和力变小，因此当这些金属氧化物和碳在一起共热时，碳将夺取其中的氧生成稳定性更大的 CO。由于各种金属对氧的亲和力不同，故碳夺取其中氧的温度也不同。图中金属氧化物自由能的温度曲线和二氧化碳的自由能温度曲线的交点所在的温度就是该金属氧化物被碳还原的温度。对氧化铝来说，碳必须在 2000℃ 以上才能夺取其中的氧，还原出金属铝。相比之下 SiO$_2$ 在 1700℃ 左右就可以被碳还原。

① 氧化铝和碳的反应　实际上氧化铝和碳的反应更为复杂。G. Gitleson 等人研究了 Al-O-C 三元体系（见图 7-8），发现在该三元系中 Ⅰ 区内的固相是 Al$_2$O$_3$、Al$_4$O$_4$C 和 C；Ⅱ 区内是 Al$_4$O$_4$C、C 和 Al$_4$C$_3$；在 Ⅲ 区内为 Al$_4$O$_4$C、Al$_4$C$_3$ 两个固相和一个液相 L$_1$（主要是金属铝），在 Ⅳ 区内的固相是 Al$_2$O$_3$、Al$_4$O$_4$C，而液相也是 L$_1$（主要是金属铝）。由此指出，当氧化铝与碳进行反应时，首先发生的反应是：

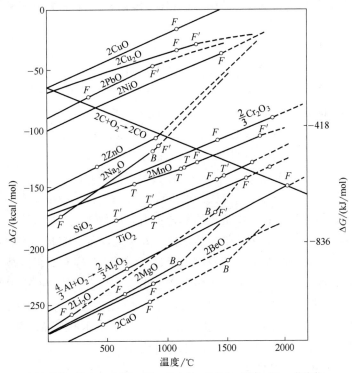

图中符号：熔点 F—元素；F'—化合物；沸点 B—元素；B'—化合物；
相变 T—元素；T'—化合物

图 7-7　各种氧化物生成自由能（ΔG_T）与温度的关系

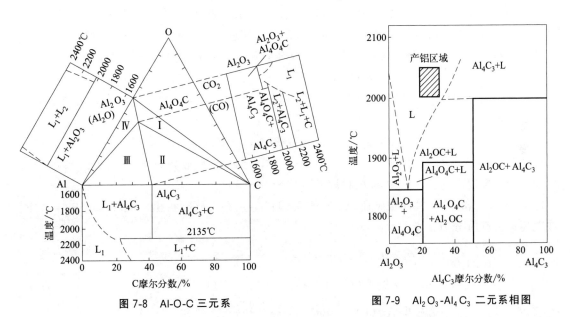

图 7-8　Al-O-C 三元系　　　　　图 7-9　Al_2O_3-Al_4C_3 二元系相图

$$2Al_2O_3 + 3C \Longrightarrow Al_4O_4C + 2CO_{(气)} \tag{7-14}$$

$$Al_4O_4C + 6C \Longrightarrow Al_4C_3 + 4CO_{(气)} \tag{7-15}$$

故在 I、II 区内便有上述物质的凝聚相共存。在 III 区中，还发生下面的反应

$$Al_4O_4C + Al_4C_3 \Longrightarrow 8Al_{(液)} + 4CO_{(气)} \tag{7-16}$$

但是，当温度高于1900℃时，气相中的铝含量较高，因此在常压下操作，上面反应难以进行。

上面3个反应的总和则是：

$$Al_2O_3 + 3C \Longrightarrow 2Al + 3CO_{(气)} \quad (7-17)$$

在整个还原过程中，上述反应的顺序是：$Al_2O_3 \longrightarrow Al_4O_4C \longrightarrow Al_4C_3 \longrightarrow Al_{(液)}$。

此外，还有其他的副反应发生：

$$Al_2O_3 + 2C \Longrightarrow Al_2O_{(气)} + 2CO_{(气)} \quad (7-18)$$

$$Al_2O_3 + 3C \Longrightarrow 2Al_{(气)} + 3CO_{(气)} \quad (7-19)$$

$$Al_4O_4C + C \Longrightarrow 2Al_2O_{(气)} + 2CO_{(气)} \quad (7-20)$$

$$Al_4O_4C + 3C \Longrightarrow 4Al_{(气)} + 4CO_{(气)} \quad (7-21)$$

这些副反应的产物都是气相，将造成原料的损失，也将造成铝的损失。

L. M. 弗斯特等人指出，Al_2O_3和C的配比以及反应温度，是控制产物成分和数量的决定因素。按理论计算，炉料的组成（即Al_2O_3∶3C）应等于74∶26。但是，这样配比的炉料，熔化不完全，黏度大，蒸发损失大，而且产量很小。只有按图7-9中斜线所示的区域配料，即将Al_2O_3与C的比例保持为85∶15以上时，才可能在2000~2050℃的温度下，产生含Al约80%、Al_4C_3约20%的熔体，它与Al_2O_3-Al_4C_3熔体不相混，浮于其上。

② SiO_2和碳的反应　SiO_2被碳还原的主要反应是：

$$SiO_2 + 3C \Longrightarrow SiC_{(固)} + 2CO_{(气)} \quad \Delta G_T = 143.059 - 0.0799T \quad (7-22)$$

$$SiO_2 + 2C \Longrightarrow Si_{(液)} + 2CO_{(气)} \quad \Delta G_T = 162.783 - 0.0839T \quad (7-23)$$

$$2SiC_{(固)} + SiO_2 \Longrightarrow 3Si_{(液)} + 2CO_{(气)} \quad \Delta G_T = 196.036 - 0.0861T \quad (7-24)$$

上面3个反应的起始温度分别是1517℃、1667℃和2004℃。从上面反应式中可以看出，反应式（7-23）可以认为是式（7-22）和式（7-24）的总和。由此可知，SiO_2被C还原时，其理论配料比（C/SiO_2摩尔比）应为2。如果碳量不足，则将生成低价氧化硅：

$$SiO_{2(液)} + Si_{(液)} \Longrightarrow 2SiO_{(气)} \quad (7-25)$$

反应的起始温度为1842℃。这是造成物料损失的主要原因。此外，低价氧化硅也可以按下式生成：

$$SiO_{2(气)} + C_{(固)} \Longrightarrow SiO_{(气)} + CO_{(气)} \quad (7-26)$$

此时同样造成原料的损失。生产多晶硅和碳化硅已有成熟的技术，实践指出，在1700~1800℃以上时，炉料中Si的提取率可达80%~84%。

③ Al_2O_3和SiO_2共同被碳还原　近来美国科奇兰等人研究指出，Al_2O_3和SiO_2共同被碳还原的反应分为3步进行：

$$第一步\ 3SiO_2 + 9C \xrightarrow{1500\sim1600℃} 3SiC + 6CO \quad (7-27)$$

$$第二步\ 2Al_2O_3 + 3C \xrightarrow{1600\sim1900℃} Al_4O_4C + 2CO \quad (7-28)$$

$$第三步\ Al_4O_4C + 3SiC \xrightarrow{1950\sim2200℃} 4Al + 3Si + 4CO \quad (7-29)$$

根据化学反应平衡理论，只要使反应中产生的CO尽快排除，就有利于生产的进行。

（2）电热法熔炼铝硅合金的工艺

电热法制取铝硅合金的工艺流程如图7-10所示。

据报道，电热法所得的产品，铝的最高质量分数通常是70%~72%，否则合金中将出

现 Al_4C_3，因为进一步提高炉料中 Al_2O_3 的含量，会导致下述反应，即：

$$2Al_2O_3 + 9C \rlap{=}{=} Al_4C_3 + 6CO \quad (7-30)$$

但柏林工业大学研究认为，铝质量分数可达 70%~80%，且不生成 Al_4C_3。其关键是电炉的控制，如温度保持在 2050~2200℃，保持较高能量密度并及时地取出产品等。

① 原料 电热法的原料一般是铝土矿、高岭石和硅线石等，主要控制指标是原料中的铝硅比，即原料中 Al_2O_3 和 SiO_2 的质量比（w）：

$$w = A/S \quad (7-31)$$

式中 A、S——原料中 Al_2O_3、SiO_2 的质量，kg。

显然，Al-Si 合金产品中铝、硅含量（a 及 b）与原料铝硅的关系是：

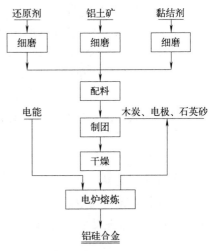

图 7-10 电热法制备铝硅合金的工艺流程

$$a = [0.529A/(0.529A + 0.467S)] \times 100\% = [0.529w/(0.529w + 0.467)] \times 100\% \quad (7-32)$$

$$b = \left(\frac{0.467S}{0.529A + 0.467S}\right) \times 100\% = \left(\frac{0.467}{0.529w + 0.467}\right) \times 100\% \quad (7-33)$$

式中 0.529、0.467——Al_2O_3 中的 Al 含量及 SiO_2 中的 Si 含量。

计算表明，若制取含铝 70% 以上的合金，其原料铝硅比的合适范围为 2.0~3.0。如果达不到这个要求，就需配 Al_2O_3 或 SiO_2 进行调整。

原料中的各种杂质，如 TiO_2、Fe_2O_3、CaO、MgO 等对熔炼、产品的质量及后续处理有影响。从图 7-7 得知，还原熔炼时，所有金属氧化物杂质均被碳还原成金属，除镁全部挥发外，其余金属均进入合金中。铁能与铝、硅结合为金属化合物，如 Al_5FeSi_2；钛与铝生成 $TiAl_3$，并增大合金的黏度，为合金的进一步处理带来困难。故原料中 Fe_2O_3 和 TiO_2 的含量不宜太高。当产品用作炼钢脱氧剂时则例外。原料中的氧化钙，少量形成硅化物进入合金，大部分参与造渣反应。

碱金属氧化物（Na_2O、K_2O）是有害杂质，主要是它们使炉料的熔点降低，容易结块；高温下，还原出来的钾、钠蒸气，发生离子化作用，形成长电弧，使电炉操作困难。故应限制其含量。

熔炼中所用还原剂通常是褐煤等。熔炼要求还原剂的还原能力强、电导率低、灰分和有害杂质少、制团性能好，并且价廉易得。

② 原料（炉料）的制团 制团所用黏结剂是黏土和纸浆废液，借助于黏结剂将原料、还原剂黏结在一起制成球团炉料。在制团前，必须进行准确配料，关键是还原剂的数量。若过量，则易生成碳化物，炉料电阻降低，造成炉底长高的现象；反之，渣量会增大，造成原料损失和产品的机械损失。熔炼对团块的要求是：有较高的还原能力和速度，它取决于物料的粒度和混合，有足够的孔隙度；团块的电导率小，强度较大，这取决于物料的导电能力、混合均匀程度、烧结程度以及孔隙度；团块炉料的熔点要高于还原温度；团块的含水量应在

1%以下，否则会影响团块的机械强度，增加电能消耗，故团块必须在150℃下进行干燥，因为温度大于150℃时，会导致团块氧化也不利于熔炼。

③ 炉料的熔炼　熔炼过程是在电炉中进行的。常用的电炉有单相单极式、单相双极式、三相三极式几种。其中单相单极式具有热量集中、加热迅速、操作简便、产品挥发损失低等优点而得到广泛应用。图7-11所示是单相电炉的结构简图，电炉炉壁和炉底分别用耐火砖和炭块砌筑而成。由于炉温高，还有合金侵蚀，故要求内衬材料不导电、耐高温、抗腐蚀、耐冲刷。通常用低铁铝土矿熔铸成莫来石耐火砖，它的耐火度达1866℃，耐压为100MPa，在900℃下能抵抗铝液的侵蚀，是砌筑炉衬的好材料。炉底炭块耐高温，导电性良好，炭块下面铺设有耐火保温层。

在熔炼作业正常的情况下，炉膛内可划分为炉料预热带、凝固带（习称炉帮）、反应带、电弧带和铝硅合金汇集带，各部分的大致分布情况如图7-12所示。

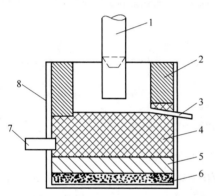

1—电极；2—耐火砖；3—放料口；4—炭块炉底；
5—耐火砖；6—石英砂；7—导电炭块；8—炉壳

图7-11　单相电炉结构

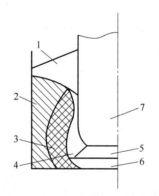

1—炉料预热带；2—凝固带(炉帮)；3—低温反应带；
4—高温反应带；5—电弧带；6—铝硅合金汇集带；
7—电极

图7-12　电炉炉膛内各带分布

炉料预热带：它是堆积在炉面上的炉料团块层，炉气由此逸出，炉气中的低价氧化物在这里凝集。正常作业时，它的温度为1200～1500℃，火苗呈黄色。若温度过高时，生料会结块，不易下落。此时需要将料层捣松。

凝固带：它紧贴在内衬表面上，起着保护内衬的作用；炉帮的化学成分与其位置相关，其上部主要是未反应的生料，其下部则由生料、半熔渣、合金凝固体组成。此外，炉帮还有减少散热损失的作用。

反应带：炉帮至电极之间的区间为反应带，还原反应及各种副反应在此进行。它又可划分为高温反应带和低温反应带。

电弧带：位于电极底掌与熔融铝硅合金之间。

铝硅合金汇集带：反应生成的硅和铝在这里汇集，达到一定高度后定期放出。

维持电炉的正常生产是获得好的技术经济指标的保证。电炉正常生产的外观特征是：电极的位置低，而且稳定；炉料分布均匀，平稳下落；气体排出均匀畅通。

熔炼中发生最严重的故障是合金排放不畅，甚至排不出来。其主要原因是在炉底有莫来石、碳化铝等化合物生成，造成了炉底上长的现象。此时应适当减少下料，升高电极，使凝体（炉底）迅速熔化。如果仍不能熔化，应该添加少量石灰或石英砂，使之与炉底凝体反应生成低熔点化合物排出，但添加量要适当，过量则有可能熔化炉帮，进而侵蚀耐火砖，故不宜经常采用。

目前，电热法熔炼铝硅合金的发展趋势是电炉容量日益增大，如单相电炉功率达16000kW，三相则达到25000～30000kW。一般说来，电炉的电耗率是随着功率的增大而降低的，但炉子的工作电压略有增加，见表7-3。

表 7-3 单相电炉功率、工作电压、电耗率的关系

电炉功率/kW	50～100	250	600～800	1000～1500	8000	10000
工作电压/V	30～40	40～45	40～45	50～60	55～70	—
电耗率/(kW·h/kg)	26～30	18～22	15～18	13～15	—	10

（3） Al-Si 粗合金的精炼

电热法所得的 Al-Si 合金，实际上是 Al-Si 粗合金，因为其中还会有许多杂质，如 Fe、Ti、Ca 等金属杂质以及硅化物、碳化物、氧化物、氮化物等非金属杂质等。如果要配制一定组成的合金材料，或者铝硅共晶，粗合金还必须加以精炼，除去上述杂质，特别是非金属杂质。

精炼采用熔剂熔炼法在电炉中进行。熔剂的组成为 44% Na_3AlF_6、47% NaCl 和 9% KCl。精炼温度是 1100～1200℃，精炼所得合金称为一次铝硅合金，可以作为制铝硅共晶的原料。

铝硅共晶的制取原理，可以用图 7-13 所示的 Al-Si-Fe 三元系来说明。在该三元系中有一个三元共晶点 E，其组成为 Al 87.6%、Si 11.8%、Fe 0.6%，共晶温度 575℃，这就是铝硅共晶的成分。提取的方法有稀释法、过滤法等。

① 稀释法 它是将精炼所得一次铝硅合金用工业铝稀释，使之达到铝硅共晶的成分。该法简便易行，可以节约原铝。该法要求一次铝硅合金中的 Fe、Ti 含量低。若一次合金难以满足时，还需用混锰法，将铁以 $FeMnAl_4Si$ 金属化合物（固相）的形式除去。添加的锰是以特制的铝锰合金

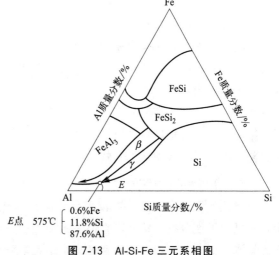

图 7-13 Al-Si-Fe 三元系相图

[$w(Al):w(Mn)=80:20$] 形式加入的，添加量（锰）按 $n(Mn)/n(Fe)=2$ 确定。

② 过滤法 过滤法是将一次铝硅合金冷却至共晶温度（575℃），然后过滤，滤液即为铝硅共晶。这是因为一次合金中过量的硅在冷却时，除以 Al_5FeSi（β体）和 Al_4FeSi_2（γ体）析出外，还以单质硅形式（熔点为 1440℃）析出，析出的残渣用过滤法或离心分离法除去。

电热法熔炼铝硅合金可以广泛利用黏土、煤矸石、煤灰等低品位含铝原料，故具有原料价格低廉、生产流程简短、设备产能大、可以得到 CO 气体燃料等优点。其产品在钢铁、建筑等领域得到广泛应用。

7.1.3 铝硅合金提取纯铝

从铝硅合金提取纯铝的方法很多,常见的有电解法和低价氯化物歧解法。

(1) 电解法

铝硅合金电解法提取纯铝的原理与原铝的三层液电解精炼相同,但是阳极合金保持为固态。在电解过程,阳极铝硅合金中铝溶解进入电解质,然后在阴极上析出。

斯鲁斯基对电解法进行了研究,他使用的阳极铝硅合金的组成(质量分数)是 Al 46%～56%, Si 36%～38%, Fe 6%～8%, Ti 0.8%～3.5%;电解质为 KCl-NaCl-AlF$_3$(或 Na$_3$AlF$_6$),其中 n(NaCl):n(KCl)=1:1, AlF$_3$ 为 10%;阳极电流密度为 0.06～0.08A/cm^2,阴极电流密度 0.4A/cm^2;平均电压对钨阴极为 (1.7±1)V,石墨阴极为 (2.0±1)V。电解在 750℃下进行,电流效率为 95%～97%,阴极铝质量分数为 99.7%。根据研究,他推导了电解操作对产品质量影响的关系式:

$$y=-0.36+6.25x_1+0.29x_2+0.06x_3+0.04x_4 \quad (相关系数\ r=0.89) \quad (7-34)$$

式中 y——阴极产品的纯度;

x_1——阳极电流密度,A/cm^2;

x_2——阴极电流密度,A/cm^2;

x_3——阴极合金粒度,mm;

x_4——合金中铝的回收率,%。

由式 (7-34) 可以看出,在诸因素中,阳极电流密度对产品纯度影响最大,而其他因素的影响很小。他还对不同材质的阴极上的电流效率和电能消耗进行研究。结果表明采用钨阴极时,电耗低,电流效率高;而采用石墨阴极的效果差。其主要原因是铝液对石墨阴极润湿性差,铝珠汇集不好,而造成电流效率的降低。

由上可见,就单纯铝硅合金电解提铝而言,电耗率只有 5800kW·h/t,电流效率也较高。但是若将熔炼铝硅合金所消耗的电能一并计算,就不会比传统方法节能。但此法的优点是设备简单,投资较少,见效快。

(2) 低价氯化铝歧解法

歧解法的原理是:由于铝较容易和卤素生成低价卤化物,而低价卤化铝只在高温下稳定,在低温下便分解。据此可在高温下使铝硅合金中的铝转化为 AlCl$_{(气)}$,然后在低温下歧解为铝和三氯化铝,以达到从铝硅合金中提取纯铝的目的。

低价氯化铝歧解反应是:

$$2Al_{(液)}+AlCl_{3(气)} \underset{低温}{\overset{高温}{\rightleftharpoons}} 3AlCl_{(气)} \quad (7-35)$$

$$\Delta G_{T\,AlCl}=101610+15.2T\lg T-114.90T \quad (7-36)$$

$$K_p=p_1^3/p_2 a^2 \quad (7-37)$$

式中 K_p——平衡常数;

p_1、p_2——AlCl、AlCl$_3$ 的分压;

a——合金中 Al 的活度。

若考虑氯化铝的分解率（η），未分解的 $AlCl_3$ 为（$1-\eta$），于是 $p_1/p_2 = 3\eta/(1-\eta)$，$p_1 = \dfrac{3\eta}{1-\eta} p_2$，则 K_p 有如下形式：

$$K_p = \frac{27\eta^3 p^2}{(1-\eta)(1+2\eta)^2 a^2} \tag{7-38}$$

式中　$p = p_1 + p_2$。

P. Weiss 在管状炉内测定了 $AlCl_3$ 的反应率，求得平衡常数，进而推算了不同温度、压力下的分解率，如图 7-14 所示。在歧解过程中，铝硅合金中的 Si、Fe 等杂质很少参加反应，但是 Mg、Zn 却随之进入铝液。

加拿大铝业公司对较大规模（6000～8000t/a）歧解法提铝进行过长时间的研究，所采用的方法包括 5 个环节：①电热法制取粗合金；②铝硅合金和 $AlCl_3$ 气体在反应炉内发生反应，温度为 1300℃；③卤化物同低价卤化物在分馏室内蒸发分离；④$AlCl_3$ 的补充是

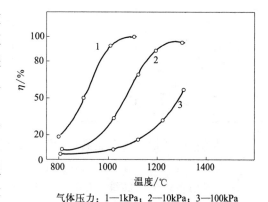

气体压力：1—1kPa；2—10kPa；3—100kPa

图 7-14　氯化铝歧解反应的分解率与温度的关系

通过氯气和高铝合金（液态）反应；⑤在冷凝器内，AlCl 歧解得纯铝和 $AlCl_3$ 气体，后者返回使用。

综上所述，低价氯化铝歧解法是工业上从铝硅合金中提取纯铝的一种有效的方法。据有关研究指出，该法宜采用真空，因为常压下 $AlCl_3$ 的分解率很低，而在相同的温度下，提高真空度，分解率接近 100%，见图 7-14。

低价氯化铝歧解法还可以在熔盐中进行，这时是使铝硅合金在 $AlCl_3$ 与 KCl 组成的熔盐中反应，由于 $AlCl_3$ 可溶解于高温熔体中而不挥发，当熔体冷却时 $AlCl_3$ 就分解出铝。此法使得设备的容积大为减小。

应用熔融 MgF_2 与铝硅合金在 1500～1650℃下反应也可以制取纯铝：

$$MgF_2 + 2Al_{(合金)} \xrightleftharpoons[低温]{高温} Mg_{(气)} + 2AlF_{(气)} \tag{7-39}$$

将反应产物 $Mg_{(气)}$ 和 $AlF_{(气)}$ 收集于冷凝器中降温冷却，就可以得纯铝和 MgF_2 两层熔体，其中纯铝在 MgF_2 之下。MgF_2 可以取出循环使用，整个反应过程必须在隔绝空气的条件下进行，以防止镁蒸气的氧化。

7.2　原铝的精炼

7.2.1　原铝的质量

Na_3AlF_6-Al_2O_3 熔盐电解所得原铝的质量见表 7-4。从表中看到，原铝中杂质主要是

Fe、Si、Cu。它们主要是原材料（氧化铝、氟化盐、阳极）带入的，生产中铁工具和零件的熔化以及内衬的破损、炉帮的熔化等也可成为其来源。因此，提高原铝的质量，首先是要选用高质量的原材料；其次是精心操作，防止杂质进入铝电解槽。

表 7-4 原铝的质量标准

品级	代号	化学成分(质量分数,%)					
		不小于	杂质含量不大于				
		Al	Fe	Si	Fe+Si	Cu	杂质总和
特一号铝	A_{00}	99.7	0.16	0.18	0.26	0.010	0.30
特二号铝	A_0	99.6	0.25	0.18	0.36	0.010	0.40
一号铝	A_1	99.5	0.30	0.22	0.45	0.015	0.50
二号铝	A_2	99.0	0.50	0.45	0.90	0.020	1.00
三号铝	A_3	98.0	1.10	1.00	1.80	0.050	2.00

电解原铝的质量基本上能满足国防、运输、建筑、日用品的要求。但是，有些部门对铝的质量要求超过上述，如某些无线电器件，制造照明用的反射镜及天文望远镜的反射镜，石油、化工机械及设备（如维纶生产用反应器，储装浓硝酸、双氧水的容器等）以及食品包装材料和容器等需要精铝（铝质量分数大于 99.930%～99.996%），或高纯铝（含铝 99.999%以上），甚至超高纯铝（6N 级）以上。因为精铝比原铝具有更好的导电导热性、可塑性、反光性和耐腐蚀性。

铝是导磁性非常小的物质，在交变磁场中具有良好的电磁性能，纯度越高，其导磁性越小，低温导电性能也越好。精铝一般需通过精炼获得。原铝精炼方法很多，主要有三层液精炼法、凝固提纯法以及有机溶液电解精炼法等。

7.2.2 三层液电解精炼

三层液电解精炼是原铝精炼的主要方法。该法于 1901 年由胡帕发明，因精炼体系由三层熔体组成而得名。阳极熔体由待精炼的原铝和加重剂（一般是铜）组成，它的密度大（3.2～3.5g/cm³）而居最下层；中间一层为电解质，密度为 2.5～2.7g/cm³；最上一层为精炼所得的精铝，密度为 2.3g/cm³，它与石墨阳极或固体铝阴极相接触，成为实际的阴极（或称阴极熔体）。精炼铝电解槽如图 7-15 所示。

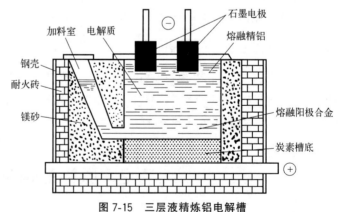

图 7-15 三层液精炼铝电解槽

（1）三层液电解精炼的原理

三层液精炼是应用可溶性阳极熔体的电冶金过程。其原理是：阳极合金中铝失去电子，进行电化学溶解，生成 Al^{3+} 进入电解质，在外加电压的推动下，Al^{3+} 又在阴极上得到电子进行电化学还原，即：

$$\text{在阳极} \quad Al_{(液)} - 3e = Al^{3+} \tag{7-40}$$

$$\text{在阴极} \quad Al^{3+} + 3e = Al_{(液)} \tag{7-41}$$

在上述过程中，原铝中或者是阳极合金中比铝更正电性的杂质，如 Fe、Cu、Si 等不发生电化学溶解，而留在阳极合金中；在电解质中比铝更负电性的杂质，如 Na^+、Ca^{2+}、Mg^{2+} 等不能在阴极放电析出，而残留于电解质中，从而达到精炼的目的。精炼过程中，铝在阳极溶解，阴极析出，电化学过程本身不消耗电能。但由于存在明显的浓差极化，其值达到 0.35～0.40V，而且极距较大，有较大的电解质电压降。此外电解中没有气体析出，也不发生阳极效应。根据精炼的特征对阳极合金和电解质都有一定的要求。

（2）阳极合金

三层液精炼用的阳极合金应具有如下的特点：①熔融合金的密度要大于电解质的密度；②合金的熔点要低于电解质；③铝在合金中溶解度要大，合金元素应是比铝更正电性的元素。工业上通常采用铜作合金，当合金中铜质量分数为 33%～45% 时，其熔点为 550～590℃，密度为 3.2～3.5g/cm³。铜的电化学电位比铝要正得多，完全满足上述要求。在精炼过程中，合金中铝的质量分数降到 35%～40% 时，合金的熔度会急剧上升，当高于料室温度时，合金就会凝固，因此必须定期地向料室补充原铝。

（3）电解质

精炼所用的电解质需满足如下的要求：①熔融电解质的密度要介于精铝和阳极合金的密度之间；②电解质中不含有比铝更正电性的元素；③导电性能要好，熔度不宜过分高于铝的熔点，挥发性要小，且不吸水、不易水解。目前，工业上采用的电解质有两大类：

氟化物或氯化物		纯氟化物	
AlF_3	25%～27%	AlF_3	35%～48%
NaF	13%～15%	NaF	18%～27%
$BaCl_2$	50%～60%	CaF_2	16%
NaCl	5%～8%	BaF_2	18%～35%

对于原铝精炼，这两类电解质的物理化学性质都能满足上述要求。表 7-5 中列举了 18kA 精炼槽的主要参数和经济指标。

表 7-5 三层液精炼主要技术参数和经济指标举例

技术参数		经济指标	
电流强度/kA	18000	阳极电流效率/%	99
槽电压/V	5.5	电耗率/(kW·h/t)	16000
电解温度/℃	720	物料消耗/(kg/t)	
电解质组成(质量分数)/%		石墨	7
冰晶石(MR=1.5)	40	纯铜	8
$BaCl_2$	60	原铝	1030
阴极精铝厚度/cm	10	电解质	65
电解质厚度/cm	6～7		
电解质密度/(g/cm³)	2.72		
阳极合金组成(质量分数)/%			
Cu	33		

（4）三层液精炼的正常操作

精炼铝电解槽生产的正常操作包括：出铝、补充原铝、补充电解质、清理或更换阴极、捞渣等。

① 出铝　其方法视槽的大小而异。对于 17~40kA 的精炼槽，一般用真空抬包出铝。出铝时，先去掉精铝面上的电解质薄膜，然后将套有石墨套筒的吸管插入精铝层，将精铝吸出。

② 补充原铝　精炼电解电流效率为 99%，阳极所消耗的铝和吸出的精铝量近于相等。因此，出铝后应往料室中补充数量相等的原铝，或注入液态原铝。补充原铝时要搅拌阳极合金熔体，使原铝均匀分布，否则原铝会直接上浮到阴极而污染精铝。

③ 补充电解质　在精炼的过程中，电解质因挥发和生成槽渣（$AlCl_3$、BaF_2、Al_2O_3）而损失，故需要补充。一般在出铝后，用专门的石墨管往电解质层中补充电解质熔体（由母槽提供），以保持它应有的厚度。

④ 清理或更换阴极　在精炼中，石墨阴极的底面常沾有精炼中生成的 Al_2O_3 渣或结壳，使电流流过受阻，故需定期（15 天左右）清理。清理工作一般不停槽停电，故清理工作越快越好。若采用带铝套的石墨阴极，因铝套变形或开裂，需要更换阴极。

⑤ 捞渣　长时间精炼后，阳极合金中会逐渐积累 Si、Fe 等杂质，当其达到一定的饱和度时，将以大晶粒形态偏析出来而形成合金渣，所以需要定期清除合金渣，以保持阳极合金的纯度。这种合金渣往往富集有金属镓，应该予以回收。此外，氟化铝水解会生成 Al_2O_3 沉淀，它对生产不利，也应清除。

三层液精炼法具有产量大、产品质量高等优点，得到广泛采用。但是它的电耗量大，设备投资也较高。

7.2.3　凝固提纯法制取高纯铝

固溶体的相平衡理论指出，完全互溶的固溶体在冷凝（或熔化）时，固相和液相的组成是不相同的，即各种组分在固相和液相中的浓度是不相同的。因此，只要将这种固溶体逐步冷却凝固，便可以将某种组分富集在固相或液相之中，达到分离或提纯的目的。原铝的凝固提纯原理就在于此，它是原铝精炼的又一方法。根据操作特点，凝固提纯又可分为定向提纯、分步提纯和区域熔炼三种方法。

凝固提纯效果与杂质元素的分配系数有关。所谓分配系数是杂质元素在固相和液相中的浓度比，记为 K。当 $K<1$ 时，杂质元素在液相中富集；当 $K>1$ 时，杂质元素在固相中富集；$K=1$ 时，杂质在液相、固相中浓度相近，对于这种杂质，凝固提纯方法不适用。表 7-6 所示是铝中杂质元素的分配系数。

表 7-6　原铝中杂质元素的分配系数 K

杂质元素	K	杂质元素	K	杂质元素	K
Ni	0.009	Ge	0.13	Sc	1
Co	0.02	Cu	0.15	Cr	2
Fe	0.03	Ag	0.20	Mo	2
Ca	0.08	Zn	0.40	Zr	2.5
Sb	0.09	Mg	0.5	V	3.7
Si	0.093	Mn	0.9	Ti	8

（1）定向提纯法

定向提纯法是通过熔融铝液的冷却凝固除去原铝中分配系数小于1的杂质，即在原铝凝固时，上述杂质将大部分留在液相中而被除去，原铝得到提纯。

定向提纯的操作程序是在逐渐凝固的界面上（2～3cm）将铝液进行搅拌，使杂质不断地扩散转移到液相，凝固结晶的铝即为高纯铝，然后放出液铝（$K<1$的杂质大部分富集于此）。凝固下来的铝如果需进一步提纯精炼，可重复上述操作。显然重复的次数越多，铝的纯度就越高。定向提纯的装置如图7-16所示。

凝固提纯可以连续作业，图7-17是连续凝固提纯的设备示意。连续作业的产量明显高于间断作业。

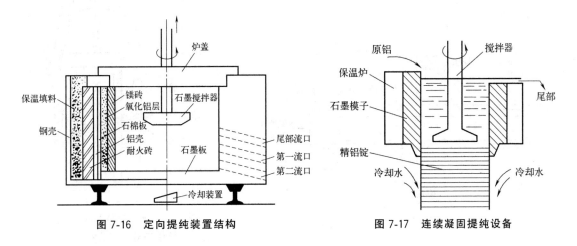

图7-16　定向提纯装置结构　　　　图7-17　连续凝固提纯设备

（2）分步提纯法

由上所述，定向提纯法只能除去原铝中$K<1$的杂质元素，为了进一步除去$K>1$的杂质，可采用分步提纯法。分步提纯法的主要特点是采用化学方法除去$K>1$的杂质。其原理是使杂质元素和硼形成不溶于铝液的硼化物。其操作过程是将原铝熔化，在熔融铝液中加入铝硼合金，杂质立即与硼生成硼化物沉渣。提出铝液，经澄清过程后进行定向提纯，所得的结晶铝既除去了$K>1$的杂质，又除去了$K<1$的杂质，其纯度更高，明显优于定向提纯法。

（3）区域熔炼法

区域熔炼法实质上是定向提纯法的另一种形式，所不同的是该法只是部分熔化，而且熔化区域不断地移动。

区域熔炼的操作过程是：加热器（高频感应线圈）沿着被处理的固体长条铝锭缓慢移动。在加热器所在位置形成一个熔化区域，金属中$K<1$的杂质大部分富集在熔融金属液中。随着熔化区域的移动，杂质也移动，当达到端头时，$K<1$的杂质就凝固下来，切去端头后所得金属就是提纯了的金属铝。当杂质的$K>1$时，情况与上述相反，即杂质集中于始端。如果这两种杂质都存在则将两端切去，中间部分的金属即为高纯铝。熔炼次数越多，所得金属纯度越高。区域熔炼装置如图7-18所示。还应指出，整个操作过程是在有保护性气体的情况下进行的。

7.2.4 有机溶液电解精炼

齐格勒（Ziegler）等人利用有机溶液电解法制得了高纯铝（质量分数99.999%）。他们所用的电解质是氟化钠与三乙基铝的配合物[$NaF \cdot 2Al(C_2H_5)_3$]。

H·Hannibal等人研究了三乙基铝的有机溶液提纯原铝的电解法。其实验装置如图7-19所示。

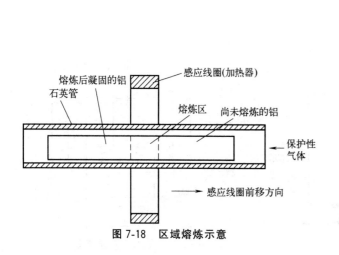

图7-18 区域熔炼示意

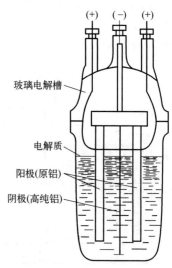

图7-19 原铝的有机溶液电解精炼槽（实验室）

实验所用电解质是$NaF \cdot 2Al(C_2H_5)_3$和甲苯，其中$NaF \cdot 2Al(C_2H_5)_3$的质量分数为50%，其电导率为4.2S/m（100℃）。实验条件是：电解温度100℃，槽电压1~1.5V，电流密度0.3~0.5A/dm^2，极距2~3cm。电解过程中铝从阳极上溶解，而在阴极上析出，从而达到精炼的目的。他们指出，在上述条件下，电流效率接近100%，目前该法已达到半工业性试验阶段，铝电解槽的容积达数百升，阴极面积为数平方米。电解过程产生的阳极泥用纸质隔膜承接，铝电解槽采用恒温油热器间接加热，并采用氮气保护电解质。

由上可见，有机溶液电解精炼法具有电解温度低、电能消耗小等优点，而且能除去凝固提纯法不能分离的杂质（$K \approx 1$）。但该法在工业上实施还有待于进一步研究。

思 考 题

1. 铝电解的新技术有哪些？
2. 氯化铝电解的机理有哪些？
3. 电热法熔炼铝硅合金的原理是什么？
4. 三层液电解精炼的原理是什么？
5. 凝固提纯法的原理是什么？凝固提纯法可以分为哪些种类？

第8章

铝电解生产中的烟气治理与固体废料的回收利用

8.1 铝电解槽烟气的干法净化

8.1.1 铝电解槽烟气的组成

铝电解槽烟气中的组分按气体组分和固体颗粒组分划分。

气体组分：HF、CF_4、C_2F_6、SiF_4、SO_2、H_2S、CS_2、COS、CO_2、CO、H_2O 等，其中 HF、CO_2、CO 是主要组分，其他都是微量的组分。在阳极效应时，CF_4 和 C_2F_6 组分含量较大。

固体颗粒组分：C、Al_2O_3、Na_3AlF_6、$Na_5Al_3F_{14}$、$NaAlF_4$、AlF_3、CaF_2 等。

固体颗粒组分中，细颗粒组分主要有 $NaAlF_4$、$Na_5Al_3F_{14}$ 以及 AlF_3 等，它们是电解质蒸发后的冷凝物，以及水解和分解产物。其中的氟含量约占整个烟气氟含量的 20%～40%。其粒度平均尺寸在 $0.3\mu m$ 左右。固体颗粒中的粗颗粒组分平均直径在 $20\mu m$ 左右，由成团的氟化物和 C、Al_2O_3 及吸附或黏附在它们上面的氟化物组成。粗颗粒中的氟含量约占整个烟气中氟含量的 10%～20%。烟气中固体颗粒的粒度分布如图 8-1 所示。

8.1.2 干法净化的理论基础

铝电解槽烟气的干法净化过程示于图 8-2。

由图 8-2 的工艺流程可以看出，铝电解槽烟气的干法净化用新鲜 Al_2O_3 作吸氟剂。新鲜 Al_2O_3 化学吸附烟气中的 HF，从而达到回收电解生产过程中释放的有害气体 HF 的目的。烟气中的固体粉尘和氟化物固体颗粒，连同载氟的 Al_2O_3 被布袋除尘器截留收集，返回到铝电解槽中。

Al_2O_3 吸附 HF 的反应可以用方程式（8-1）表示：

$$n\text{HF}_{(气)} + Al_2O_{3(固)} = Al_2O_3 \cdot n\text{HF}_{(吸附)} \quad (8-1)$$

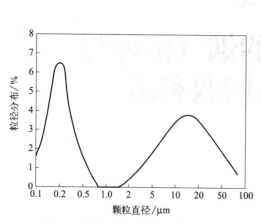

图 8-1 烟气中固体颗粒的粒度分布

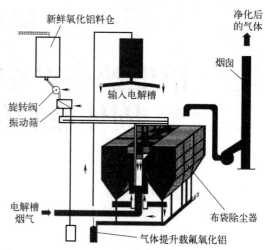

图 8-2 铝电解槽干法净化工艺流程

关于 Al_2O_3 吸附 HF 的机理和能力尚有不同的看法。原料中水蒸气似乎对吸附反应有很大的影响。这一过程中，所有水分子联结在氧化铝醇基基团上，并结合 2 个 HF 分子。这种结构每吸附 16 个 HF 分子，需要 4 个 H_2O 分子，表明水能增强吸附能力。因此在干法净化中，使用水分含量较高的砂状氧化铝对提高 HF 的净化效率是有益的。

氧化铝的吸附能力与氧化铝的比表面积成正比，因此比表面积是 Al_2O_3 作为 HF 吸附剂的一个重要参数。Al_2O_3 对 HF 的吸附大都为单层吸附，但也存在着少量的多层吸附。

在干法净化中，Al_2O_3 对 HF 的吸附效率 η 与干法净化设备的设计参数 K、烟气中 HF 的浓度 C 以及 Al_2O_3 吸附剂的性质与量的大小 A 三个因素有关，用公式表示为：

$$\eta(\mathrm{HF}) = f(K, C, A) \tag{8-2}$$

而干法净化反应器的设计参数 K 由 Al_2O_3 与烟气的混合强度 M、Al_2O_3 吸附剂与烟气的接触时间 t、载氟氧化铝的返回比率 R 加以确定。

$$K = f(M, t, R) \tag{8-3}$$

方程式 (8-2) 中的 A 包含如下几个方面的影响因子：参与吸附的 Al_2O_3 量的大小（流速）q、Al_2O_3 比表面积 B、钠的质量分数 w_{Na}、水分的质量分数 w_{H_2O}。公式表示为：

$$A = f(q, B, w_{Na}, w_{H_2O}) \tag{8-4}$$

在实际的干法净化过程中，Al_2O_3 对 HF 的吸附通常无法达到饱和状态。因此，在干法净化设计中，在氧化铝单位比表面积上，可以选择吸附（氟）烟气浓度的范围为 0.02%～0.03%。具体的选择大小取决于气固接触的性质、出口浓度和水分含量等因素。

SO_2 也能在干法净化系统中被 Al_2O_3 部分吸收。当载有 SO_2 的 Al_2O_3 被加到铝电解槽中时，SO_2 会重新释放。氧化铝含水量不影响 SO_2 的吸收。HF 的吸附量与 SO_2 吸附量之间存在着某种关系，如图 8-3 所示。可以看出，烟气中 HF 的存在将会降低 SO_2 的吸附量，也正是这种原因使 SO_2 不能在干法净化系统中被完全去除。

8.1.3 干法净化的工艺过程及设备原理

（1）传统干法净化的工艺过程及设备原理

传统干法净化反应器如图 8-4 所示。

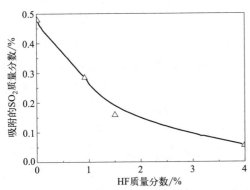

图 8-3 干法净化系统中 SO_2 吸附量与 HF 吸附量之间的关系（Al_2O_3 比表面积 $41m^2/g$）

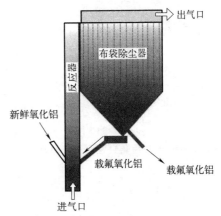

图 8-4 传统干法净化反应器

由图 8-4 可以看出，传统干法净化系统反应器的设计和工艺过程是建立在 Al_2O_3 和烟气呈平行运动的基础之上的。这种 Al_2O_3 和烟气的平行流动使 Al_2O_3 和烟气进入布袋除尘器，并在那里使 Al_2O_3 和烟气达到进一步混合。Al_2O_3 对 HF 的吸附是通过 Al_2O_3 与 HF 的充分接触进行的。Al_2O_3 在烟气中的湍流运动和较长的停留时间，可以提高 Al_2O_3 对 HF 的吸附效率。这种载氟氧化铝和烟气中的固体颗粒与空气流的分离是用布袋除尘器完成的。布袋除尘器不一定由布纤维制成，也可以用人工合成纤维制成。部分载氟氧化铝再返回到烟气气流的入口处，可提高 Al_2O_3 的吸氟率。

气固分离过滤器不仅仅使需净化的烟气、载氟氧化铝和烟气中的固体颗粒分离，也起到了进一步使 Al_2O_3 吸附 HF 的作用，因此布袋过滤器也是一个吸滤器。

在传统的干法净化工艺过程及设备中，除了图 8-4 所示的垂直反应器结构外还有流态化床式反应器和水平式反应器，它们的结构如图 8-5 和图 8-6 所示。

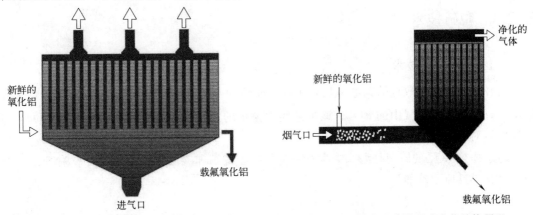

图 8-5 流态化床式反应器干法净化结构原理

图 8-6 水平式反应器干法净化结构原理

(2) Abart 干法净化技术

Abart（ALSTOM best available recovery technology）是最新的一种铝电解槽烟气干法净化技术，其反应器的基本结构如图 8-7 所示，这种干法净化技术具有两段 Al_2O_3 与 HF 的汇流过程。

第 1 步，铝电解槽的烟气首先进入以从反应器中回流的部分载氟氧化铝为吸附剂的反应器中，Al_2O_3 吸附剂虽然已部分载氟，但仍有很大的载氟能力。它与进入反应器且 HF 浓度很高的烟气接触，具有很高的吸附效率，因此使烟气中的氟在很大程度上被吸附，烟气中氟的浓度被大大降低。

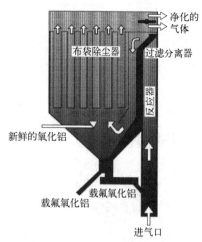

图 8-7 Abart 干法净化过程及设备原理

第 2 步，HF 浓度大大降低了的烟气通过一个过滤分离器，使其与烟气中的固体颗粒和载氟氧化铝分离后进入布袋除尘器内，在这里与喷射进的新鲜氧化铝混合。虽然气流中的 HF 浓度已经很低了，但它所遇到的是新鲜氧化铝，所以 HF 被彻底吸附，从而使 Al_2O_3 对 HF 的吸附效率大大提高。

8.2 铝电解槽烟气中 SO_2 的净化技术

铝电解槽烟气中的 SO_2 源自于制造阳极炭块所用的原料石油焦，其含硫量为 2%～3% 或更高。在煅烧过程中只有 20% 左右的硫被除去，80% 的硫仍然会留在煅烧后的石油焦中。石油焦中的硫进入阳极炭块后，在电解过程中被电化学氧化成 SO_2 而进入烟气中。烟气中的 SO_2 并不能完全被 Al_2O_3 吸附，即使部分地被 Al_2O_3 吸附，在载有 SO_2 的氧化铝返回到铝电解槽中时，SO_2 仍会重新释放。以阳极炭块中硫的含量 2%，铝电解生产中每吨铝的阳极炭块净耗 420kg 计算，一个年产 50 万吨的铝电解厂，每年排放 SO_2 量可达 8400t，其对环境的危害极大。

8.2.1 脱硫技术

(1) 海水脱硫技术

建在海湾或离海较近的铝电解厂，可用 pH 值为 8 的海水作为 SO_2 吸附剂，脱除铝电解生产过程所排放烟气中的 SO_2。该工艺使用廉价的海水作为 SO_2 吸附剂，工艺简单，成本较低，对 SO_2 的净化效率可超过 90%。

海水净化 SO_2 的原理是海水中含有一定量的碳酸钙和碳酸钠，因此具有吸附 SO_2 的能力，其化学反应原理如下：

$$SO_{2(气)} + \frac{1}{2}O_{2(气)} + H_2O_{(液)} \rightleftharpoons SO_4^{2-}{}_{(溶解的)} + 2H^+_{(溶解的)} \qquad (8-5)$$

$$CO_3^{2-}{}_{(溶解的)} + 2H^+{}_{(溶解的)} \Longleftrightarrow H_2O_{(液)} + CO_{2(气)} \tag{8-6}$$

总反应

$$SO_{2(气)} + \frac{1}{2}O_{2(气)} + CO_3^{2-}{}_{(溶解的)} \Longleftrightarrow SO_4^{2-}{}_{(溶解的)} + CO_{2(气)} \tag{8-7}$$

（2）碱液吸附法脱硫技术

碱液吸附法脱硫（SO_2）技术的基本原理是用可溶性的碱液吸附烟气中的 SO_2 以达到烟气净化，也称为湿法脱硫技术，通常以 NaOH 溶液作为碱液吸附剂。然后将吸附了 SO_2 的碱液排出，用石灰乳对吸附液再生。其化学反应原理为：

$$SO_{2(气)} + \frac{1}{2}O_{2(气)} + H_2O_{(液)} \Longleftrightarrow SO_4^{2-}{}_{(溶解的)} + 2H^+{}_{(溶解的)} \tag{8-5}$$

$$NaOH \Longleftrightarrow Na^+{}_{(溶解的)} + OH^-{}_{(溶解的)} \tag{8-8}$$

$$SO_4^{2-}{}_{(溶解的)} + 2H^+{}_{(溶解的)} + 2Na^+{}_{(溶解的)} + 2OH^-{}_{(溶解的)} \Longleftrightarrow Na_2SO_{4(溶解的)} + 2H_2O_{(液)} \tag{8-9}$$

总反应：

$$SO_2 + \frac{1}{2}O_2 + 2NaOH \Longleftrightarrow Na_2SO_4 + H_2O \tag{8-10}$$

湿法脱硫技术为气液反应，反应速率快，脱硫效率高，一般都高于90%，生产运行安全可靠，技术成熟，在众多脱硫技术中始终占据主导地位。脱硫后的副产物 Na_2SO_4 与石灰乳反应，再生后的 NaOH 可循环再用。其缺点是：设备腐蚀严重，占地面积大，投资费用高，会产生碱性较高的淤泥，需要深度处理。淤泥中的泥源自烟气中的尘埃，因此对湿法脱硫技术而言，在烟气进入碱液吸附塔之前需进行有效的除尘。

除了以 NaOH 碱液吸附 SO_2 的技术外，还有利用石灰石或石灰浆液吸附烟气中 SO_2 的脱硫技术。该法使石灰浆液与烟气中的 SO_2 反应生成亚硫酸钙（$CaSO_3$），可以氧化成硫酸钙（$CaSO_4$），以石膏形式加以回收。这是目前世界上技术最成熟、运行状况最稳定的脱硫工艺，脱硫效率超过90%，但吸附反应过程中生成的亚硫酸钙和硫酸钙，由于溶解度较小，极易在脱硫容器及管道内结垢，导致堵塞。

（3）干法脱硫技术

烟气干法脱硫的典型技术是将石灰石和消石灰直接喷入烟气内。以石灰石为例，在高温下煅烧时会形成多孔的氧化钙颗粒，它与烟气中的 SO_2 反应生成亚硫酸钙，从而达到脱硫目的。

相对于湿法技术而言，烟气的干法脱硫工艺具有设备简单、占地面积小、投资和运行费用低、操作方便、能耗低、无水处理系统等优点。但是烟气的干法脱硫为气固反应，其反应速度慢，脱硫效率低，CaO 吸附剂的利用率也比湿法低。

（4）半干半湿法脱硫技术

半干半湿法脱硫技术是介于湿法和干法之间的一种脱硫技术。前文已表述，在脱硫剂方面，湿法脱硫技术用的是碱液、石灰乳和石灰石浆液，干法脱硫技术使用的是 CaO 干粉料。而半干半湿法脱硫则使用 CaO 加水消化后而生成的 $Ca(OH)_2$，介于"干"与"湿"之间。

半干半湿法脱硫技术与湿法脱硫技术相比，省去了制浆系统。与干法脱硫技术相比，克服了干法喷 CaO 过程中 CaO 和 SO_2 反应效率低、反应时间长的缺点。

8.2.2 脱硫效率和脱硫副产物

脱硫效率是表征脱硫技术的关键指标。通常铝电解槽烟气的脱硫效率，以测定的铝电解槽烟气中（气体形式的 SO_2 和 SO_3）的硫含量在脱硫前后之差进行表征。脱硫效率也可以用脱硫后含 $CaSO_4$ 副产物（固体废料）中的 $CaSO_4$ 总量来核算。

以一个 50 万吨/年铝电解厂为例：假定铝电解生产过程中阳极炭块净耗 420kg/t，阳极炭块中的硫质量分数为 2.5%。那么该铝厂无论采用湿法脱硫、干法脱硫，还是半干半湿法脱硫，如果要将生产过程中从铝电解槽排放出的含硫气体全部转变为 $CaSO_4$，则 $CaSO_4$ 总量在 2.23 万吨/年。若产生 1.78 万吨/年 $CaSO_4$，则脱硫效率为 80%。当然，在铝电解生产中，由于更换阳极、出铝以及阳极效应处理等过程，需要打开槽罩盖板，铝电解槽烟气跑漏不可避免。如果由于这些操作导致 10% 的烟气进入车间（即集气效率 90%），那么铝电解槽烟气净化系统脱硫效率为 89%。脱硫效率 EDS 值计算式如下：

$$\mathrm{EDS} = \frac{G}{4.25 \times W_a A \eta} \tag{8-11}$$

式中 W_a——铝电解系列阳极炭块年净耗量，t/a；
A——阳极炭块中硫的平均含量，%；
η——烟气的集气效率，%；
G——烟气净化副产品（固体废料）中 $CaSO_4$ 量，t/a。

在现行的以 NaOH 或 Na_2CO_3 为吸附剂的湿法脱硫技术中，其脱硫产物为 Na_2SO_4，回收的碱液可以用石灰再生循环使用，最终副产物为 $CaSO_4$。

实际上，烟气中除了 CO_2、CO 和 SO_2 外，还含有氟化物。经铝电解槽干法净化排出来的烟气中的氟含量为 0.14kg/t。这些氟化物几乎全部进入烟气脱硫副产物中，产生含氟固废。若这些固废的氟含量达到一定程度，就被列为危险固废。

8.3 铝电解槽阳极炭渣的回收处理和利用

8.3.1 阳极炭渣的组成

对铝电解生产而言，通常所说的阳极炭渣是指从铝电解槽的电解质熔体表面打捞出来的含有电解质组分的炭质材料。

在研究炭渣的真空蒸馏分离时，曾对取自某铝厂的阳极炭渣进行 X 射线衍射分析和化学成分分析，其分析结果如表 8-1 所示。

表 8-1　铝电解槽炭渣的化学成分分析

元素	Na	Ca	Al	C	F	其他
含量(质量分数)/%	23.92	1.19	12.20	13.60	46.67	2.42

由表 8-1 的分析结果可以看出，铝电解槽阳极炭渣主要由炭和电解质组成，而炭渣中电解质的组成成分则取决于其所在铝电解槽的电解质的组成成分，阳极炭渣中电解质的占比最高可以达到 85% 以上。炭渣中电解质与炭的比例并非固定不变，有的阳极炭渣可能含有较多的电解质，有的可能含有较多的炭，这与铝电解槽的技术状况有关。实际上，阳极炭渣中电解质的组分也并非固定不变，由于铝电解厂使用不同产地的氧化铝，比如使用某些国产的含有较多 Li_2O 和 K_2O 杂质的氧化铝，其铝电解槽电解质和阳极炭渣中含有较多的 LiF 和 KF，也会有 Al_2O_3。

8.3.2　阳极炭渣中炭的产生与生成机理

工业铝电解槽中生成的炭渣既有颗粒状的炭渣，也有细粉状的炭渣，炭渣中炭粒的形貌特征、粒度大小和分布与铝电解槽的工作状况和阳极炭块的质量有关。其产生的机理不外乎如下几个方面。

① 阳极炭块工作表面由选择性电化学氧化所引起的阳极炭块骨料颗粒脱落产生的炭渣。

② 阳极炭块侧面由阳极气体 CO_2 选择性化学氧化引起粉化和脱落而产生的炭渣，当然也有空气选择性氧化所引起的阳极炭块表面和侧面的粉化和脱落而产生的炭渣。

上述两种阳极炭渣产生的机理已在本书阳极消耗的机理中有所阐述。按照这两种阳极炭渣产生的机理，无论是在制造阳极炭块时向配料中还是向熔化的沥青中添加 NaF、Na_2CO_3 和 Li_2CO_3 添加剂，均会增加阳极炭块的消耗和炭渣的生成量。

③ 在电解过程中阳极炭块中硫的存在使氧化铝的分解电压降低：

$$2Al_2O_3 + 3S == 4Al + 3SO_2 \tag{8-12}$$

该电解反应的分解电压在 1000℃ 的温度条件下为 0.9V，显著低于阳极炭块的氧化铝分解电压，因此，阳极炭块中硫的存在增加了阳极炭块的选择性化学氧化，这会导致阳极炭渣脱落程度的增加。

④ 高硫高金属杂质阳极炭块会使阳极炭渣增加。在铝工业中，石油焦是制作铝电解槽阳极炭块的原料，石油焦对空气和 CO_2 的反应性能是评价石油焦的一个非常重要的质量指标，这一指标的重要意义在于，它是评价阳极炭块抗空气和 CO_2 气体氧化能力大小的一个重要指标。对铝电解生产来说，应该要求阳极炭块与空气和 CO_2 反应性能低，以使铝电解槽的阳极炭块具有最小的氧化损耗。但实际上石油焦脱硫后，还有 Na、Ca 等碱金属和碱土金属，以及 Fe、Ni 和 V 等金属杂质，这些杂质元素都被认为是增强石油焦被 CO_2 和空气燃烧氧化和电化学氧化的活性物质或催化剂。因此，很难单独测出石油焦中硫含量对其反应性能的影响。

石油焦中杂质含量对 CO_2 和空气氧化性能的影响，也可以以石油焦制成的阳极炭块对 CO_2 和空气的氧化性能的影响来表征。在此方面，有研究者做了深度的研究，他们对大量数据进行了线性分析，其结果如下：

$$R_{CO_2}\left[\frac{mg}{cm^2 \cdot h}\right] = 12.3 + 297 w_{Na} \qquad \text{相关系数} 0.86 \qquad (8\text{-}13)$$

$$R_{CO_2}\left[\frac{mg}{cm^2 \cdot h}\right] = 7 + 1062 w_{Ca} \qquad \text{相关系数} 0.78 \qquad (8\text{-}14)$$

$$R_{CO_2}\left[\frac{mg}{cm^2 \cdot h}\right] = 8.6 + 387 w_{Fe} \qquad \text{相关系数} 0.64 \qquad (8\text{-}15)$$

$$R_{空气}\left[\frac{mg}{cm^2 \cdot h}\right] = 11.1 + 612 w_V \qquad \text{相关系数} 0.86 \qquad (8\text{-}16)$$

$$R_{空气}\left[\frac{mg}{cm^2 \cdot h}\right] = 10.3 + 389(w_V + w_{Ni}) \qquad \text{相关系数} 0.81 \qquad (8\text{-}17)$$

$$R_{空气}\left[\frac{mg}{cm^2 \cdot h}\right] = 9.8 + 6.25 w_S \qquad \text{相关系数} 0.7 \qquad (8\text{-}18)$$

由上述测定结果可以看出，石油焦中的 Ca、Fe、V、Ni 和 S 等杂质元素都是提高空气氧化性能的催化剂，但这些数据给出的线性关系的相关系数最大的只有 0.86，其相关性的误差可能是材料及其制成的阳极炭块的炭结构或孔隙结构上的差别造成的。此外，就同一地区的石油焦来说，石油焦中硫含量的大小与石油焦中 V 的含量大小存在着相关关系，这种相关关系用计算式表示为：

$$w_V = 0.012 w_S - 0.005 \qquad \text{相关系数} 0.88 \qquad (8\text{-}19)$$

硫在石油焦中的存在，其直接的影响不仅表现在使铝电解阳极炭块的消耗增加，更重要的是石油焦中的硫无论是在煅烧过程中还是在阳极炭块被应用在铝电解槽上进行电解生产的过程中，都会发生化学和电化学反应，最终以 SO_2 的形式进入大气中，与大气中的水蒸气反应形成酸雨，这对环境的影响是很大的。

也有研究指出，石油焦中硫含量的增加有利于阳极炭块消耗的降低，这是由于硫的存在提高了石油焦的结焦率，减小了阳极炭块的孔隙率。另外，硫还会与杂质金属结合生成硫化物，减弱了金属杂质对炭氧化的催化作用。应该说，这一结论有待探讨，因为石油焦中的硫主要以有机硫化合物的形式存在，而以金属硫化物形式存在的硫不到石油焦中硫的 20%。

⑤ 由铝电解槽中的副反应而生成的炭渣。在工业铝电解槽中，由阳极气体 CO_2 和 CO 与电解质熔体中溶解的金属铝或金属钠发生反应，在使电流效率降低的同时，也生成了炭渣：

$$2Al + 3CO_2 = 3CO + Al_2O_3 \qquad (8\text{-}20)$$

$$2Al + 3CO = 3C + Al_2O_3 \qquad (8\text{-}21)$$

$$4Al + 3CO_2 = 3C + 2Al_2O_3 \qquad (8\text{-}22)$$

$$2Na + CO_2 = CO + Na_2O \qquad (8\text{-}23)$$

$$2Na + CO = C + Na_2O \qquad (8\text{-}24)$$

$$4Na + CO_2 = C + 2Na_2O \qquad (8\text{-}25)$$

这些副反应的反应速率会随着温度的升高而增大，这些副反应的增加不仅会使炭渣的产生量增加，而且会增加铝的损失，使电流效率降低，另外，副反应产生的炭是微细的粉状炭。

在正常的工业铝电解生产过程中，上述 6 个使电流效率降低的铝的二次氧化反应中，反应（8-20）和反应（8-23）为主要反应，而铝和钠被阳极气体 CO_2 二次氧化生成炭的反应是很少的。当铝电解槽中的电解质温度较高或电解质的摩尔比较高，以及金属铝和钠在电解质中的溶解度较高时，铝和钠的二次氧化生成炭的反应会增加。铝和钠被阳极气体二次氧化生成的炭也极易溶解在电解质熔体中，并使电解质的电阻增加。

实际上，铝电解槽中炭渣的生成机理可能要比上述原因和机理还要复杂一些，电解质成分、电解质温度等工艺技术条件以及阳极炭块的质量都可能对阳极炭渣的脱落产生影响。

8.3.3 阳极炭渣的处理与回收技术

一般来说，从工业铝电解槽中捞出的炭渣含有不同的电解质组成，因此炭渣具有不同的形态，主要有两种形态。

一种是呈渣块状，这种炭渣之所以呈渣块状是由于其中含有较多电解质，质量分数一般在 60% 以上，高的可以达到 80%～90%。可用肉眼观察到其断面中的白色电解质，而且这些炭渣中所含的炭多为从阳极炭块上脱落的炭粒。对于这样的炭渣，可用简单的机械破碎和筛分获得更高电解质组成的炭渣，并将其直接返回到铝电解槽加以回收利用。

另一种形态的炭渣呈小粒状或粉状，这种炭渣含有较少的电解质，其炭渣中的电解质质量分数小于 50%。这种炭渣常常被铝电解厂丢弃，目前尚没有找到合适的处理和回收利用方法，但国内外铝电解工业一直没有放弃对这种阳极炭渣进行分离和回收利用的研究。

现有的国内外分离和回收利用阳极炭渣的方法主要有燃烧法、浮选法和真空蒸馏法。

（1）燃烧法

燃烧法就是利用火焰燃烧掉炭渣中的炭而留下炭渣中的电解质的方法，这种方法简单，回收的电解质纯度可以达到 99% 以上。燃烧法需要提供燃烧温度，一般 600℃ 即可，在燃烧时需要控制空气的流量。燃烧法靠炭渣中炭的氧化燃烧提供热量，这种热量可实现炭渣的配入量和空气流速的物料平衡和热平衡。过高的燃烧温度会使电解质挥发。在使用燃烧法烧掉粉状炭渣中的炭时，炭渣制团和燃烧气体的透气性可能是必要的，当采用沸腾炉燃烧时，可不必制团。

（2）浮选法

浮选法也是铝工业正在研究和试验的一种分离和回收阳极炭渣的方法，实际上早在 20 世纪 40 年代，浮选法就已经在铝电解厂得到了使用。因为当时的铝电解槽采用等效加料的操作制度，阳极炭渣量大，靠浮选回收电解质。

铝电解槽阳极炭渣的浮选主要包括 3 个工艺过程：磨料、浮选、过滤脱水与烘干。一个具有代表性的工艺流程如图 8-8 所示。可以看出，浮选法能从阳极炭渣中回收炭和电解质，其所回收的炭和电解质的纯度（质量分数）均可达到 85% 或更高。浮选回收的电解质烘干后可返回到铝电解槽中使用。浮选法回收阳极炭渣的缺点是工艺流程长，且回收的炭由于仍含有较高含量的电解质而不能作为制造阳极炭块的原料，有的铝厂将其做成阳极炭块使用，但其用量很小。

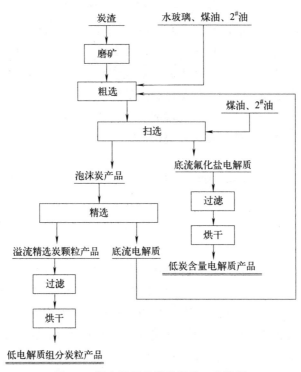

图 8-8　铝电解阳极炭渣浮选工艺流程

（3）真空蒸馏法

真空蒸馏法是一种有效地分离和回收阳极炭渣中炭和电解质的方法。其基本原理是：以沥青或纸浆作为黏结剂，将阳极炭渣压成块烘干和烧结后，放入带有结晶器的真空炉中。在 950~1100℃ 的温度条件下进行真空蒸馏，从阳极炭渣中分离出电解质。由于阳极炭渣中的电解质组分在此温度条件下熔化后具有较高蒸气压，因此阳极炭渣中的电解质会从炭渣中蒸发出来凝结在真空炉内的结晶器上，从而使阳极炭渣中的炭和电解质组分彻底地分开。利用真空蒸馏分离可以使阳极炭渣中的电解质组分和炭得到较为彻底的分离，分离率可以达到 95% 以上，分离后的残炭中留有 CaF_2，这是由于电解质中的 CaF_2 熔点较高，仍有部分留在炭渣中。残炭中 CaF_2 含量的多少，与电解质中 CaF_2 的含量和阳极炭渣中电解质组分有关。以含 60% 电解质、40% 炭，电解质中 CaF_2 质量分数为 5% 的阳极炭渣为例，此阳极炭渣经真空蒸馏后的残炭中的 CaF_2 质量分数应在 7.5% 左右。如果将这种只有较低含量 CaF_2 的阳极炭渣用作阳极原料，假如添加 5%，会使生产的阳极炭块中 CaF_2 的质量分数达到 0.375%，可能不会对阳极的性能和铝的质量产生影响。但如果炭渣中含 90% 电解质、10% 炭，电解质中仍含有 5% 的 CaF_2，则真空蒸馏后的残炭中的 CaF_2 质量分数会高达 35% 以上。真空蒸馏分离后生成的高 CaF_2 含量的炭渣，可以作为硫酸法制取 HF 的原料。

如果将真空蒸馏法回收的含有 CaF_2 的炭粉添加到阳极炭块中，对于 CaF_2 质量分数对阳极炭块在铝电解槽阳极上的行为和影响也需要进行进一步的研究。当然，真空蒸馏也可以将阳极炭渣中的 CaF_2 蒸馏出去，从而使获得的残炭全部为炭，但这需要更高的真空蒸馏温度（高于 CaF_2 的熔点温度）和特定的装置，需要消耗更多的电能。

真空蒸馏法工艺流程简单，除了电能消耗外没有任何其他辅助消耗。

8.4 铝电解槽废旧阴极内衬的处理和利用

铝电解槽在使用一段时间后需进行停槽大修。铝电解槽停槽后于钢槽壳中取出的使用过的阴极炭块及衬里材料被称为废旧阴极内衬（spent pot lining，SPL），加上刨炉产生的废旧耐火材料，统称为铝电解槽大修渣（但一般情况下也将大修渣等同于废旧阴极内衬）。这是电解过程中产生的数量最大的固体废料，是含氟量极高的危险废弃物；又由于铝电解槽废旧阴极内衬中，特别是在阴极侧部靠阴极棒和槽壳附近常常富集有极少量氰化物，当废旧阴极内衬材料中的氰化物慢慢地被氧化和分解后，它和溶解的氟化盐被雨水所浸渍，构成危害。因此铝电解槽废旧阴极内衬是铝厂造成环境污染的主要因素之一。

8.4.1 废旧阴极内衬的组成及毒性分析

据估算，全世界每年能产生数十万吨的废旧阴极内衬。铝电解槽废旧阴极内衬中含有大量氟，主要包括以下几个方面：

① 铝电解槽阴极内衬在多年的使用过程中，在960℃左右的高温环境下，阴极内衬与电解质直接接触，氟与炭发生反应生成碳氟化物，后者的形成量越大，阴极内衬吸氟量越多。

② 阴极内衬在长期使用中不可避免地存在破损和产生裂隙，导致电解质由内向外渗透及渗漏，使阴极内衬中常夹带有电解质条块状物，而电解质中的含氟量一般在50%左右。

③ 铝电解槽大修前虽然要抽干金属铝液和电解质液，但因槽膛的不规则性及槽膛槽帮与阴极内衬的紧密结合，极难将电解质液全部抽出，也极难将阴极内衬附着的电解质槽帮剥离干净，往往将阴极内衬与部分电解质一起被清理出来。

表 8-2 是铝电解槽废旧阴极内衬组成及排放量情况。

表 8-2 铝电解槽废旧阴极内衬组成及排放量

名称	排放量/t 60kA 自焙阳极铝电解槽	排放量/t 160kA 自焙阳极铝电解槽	名称	排放量/t 60kA 自焙阳极铝电解槽	排放量/t 160kA 自焙阳极铝电解槽
阴极炭块	8.89	19.42	耐火粉	2.11	4.60
耐火砖	5.85	12.78	耐火粉浆	0.47	1.02
捣固糊	3.74	8.18	绝热板	0.23	0.51
保温砖	2.11	4.60	合计	23.40	51.11

以160kA预焙阳极铝电解槽为例，阴极内衬使用3.5年后，如拆后称重可发现每台槽增重了10~12t，相当于阴极内衬吸氟11~13kg/t。年产铝10万吨的铝厂，每年废旧阴极内衬中含氟260~310kg。

预焙阳极铝电解槽的阴极内衬吸氟量也可用式（8-26）进行计算：

$$Q = A_a F_y F_H F_c \tag{8-26}$$

式中　Q——单槽大修时阴极内衬的吸氟量，kg；

A_a——单槽在寿命期中的产铝量,t;
F_y——氟化盐消耗量,kg/t 铝;
F_H——氟化盐中平均含氟量,%;
F_c——阴极内衬吸氟率,%。

一般来说,废旧阴极内衬中含有的水溶性氟化物越多,其毒性越大。表 8-3 是两电解厂铝电解槽废旧阴极内衬毒性分析结果。

表 8-3 铝电解槽废旧阴极内衬毒性分析结果

项目	全量分析		浸出液分析			
	铝电解厂1	铝电解厂2	铝电解厂1		铝电解厂2	
	F/%	F/%	pH 值	F/(mg/L)	pH 值	F/(mg/L)
阴极炭块	13.08	5.73	11.44	3500	12.40	3500
耐火砖	11.19	4.71	7.89	290	10.70	235.5
捣固糊	16.18	14.11	11.68	13000	12.998	13000
保温砖	10.14	1.08	6.48	26	8.77	46.3
耐火粉	3.11	7.91	6.58	220	8.42	53.6
耐火粉浆	31.81	—	11.00	400	—	—
绝热板	18.11	2.53	7.04	2220	—	70.1
混合样	11.48	6.54	10.50	2220	11.96	1818

另有资料指出,废旧阴极内衬材料主要有害物为氰化物和氟化物,其含量随槽寿命和阴极内衬材料的种类而变化。郑州轻金属研究院对本院试验厂和西北某厂废旧阴极内衬材料的分析见表 8-4。

表 8-4 废旧阴极内衬中氰化物和氟化物含量

项目	槽寿命 3100d 的有害物含量	槽寿命 1400d 的有害物含量
F,可溶解量/(mg/L)	3502	608
CN,可溶解量/(mg/L)	28	9

我国《危险废物鉴别标准 浸出毒性鉴别》(GB 5085.3—2007)规定浸出液含氟浓度在 100mg/L 以上即为危险废物。按照此标准进行评价,铝电解槽废旧阴极内衬属于危险废弃物。当铝电解槽废渣中的氟化物受水浸溶时,有 40% 左右溶于水中,如果渗入地下,可能污染土壤和地下水,并且其污染影响是长期的。国内外铝电解厂对废旧阴极内衬的处理都很重视,生态环境部门对其关注程度也日益增加,并制定了判定标准及处理规定。美国环保局 1998 年将铝电解废旧阴极内衬列为有害废物,规定不得随意废弃。如何对这部分固体废弃物进行无害化处置,防止其对水体、大气、土地的污染已经成为世界铝工业一个很重要的课题。

8.4.2 废旧阴极内衬的综合利用

(1) 废旧阴极内衬的处理与利用方法

由于方法较多,仅介绍几个大公司的流程。

① ALCAN-LCCL 法（低苛性裂化石灰法） 该方法包括两个具有高压裂化氰化物的湿法冶金处理过程。它的副产品是氟化钠或氟化钙，苛性溶液和固体残渣可用于生产水泥。该法经过半工业生产后在魁北克建设了一个可大规模处理铝电解槽废旧阴极内衬的工厂。

② ALCOA Australia AUSMELT 法 美铝-澳大利亚公司在波特兰铝厂开发了一种火法冶金处理铝电解槽废旧阴极内衬的方法，名曰 AUSMELT 法。它是将废旧阴极内衬在天然气火法炉中制成一种玻璃状的熔渣，同时，释放出 HF 气体，经冷却和过滤后进入一个生产氟化铝的反应器。剩下的炉渣用于筑路（波特兰地区原为荒区）和深埋。该方法经过实验室试验和半工业生产，用于 1995 年年底开始建设的一座 24000t 的废旧阴极内衬处理厂，1998 年工厂投产，实际处理量为 12000t SPL。

③ Pechiney 裂化法（也称 SPL 非溶解技术） 该公司于 1991—1992 年在法国圣让·莫里因铝冶炼研究中心建立了一个半工业化处理废旧阴极内衬的工厂。方法是先将 SPL 破碎后与硫酸钙混合，再通过热空气高速旋涡气流送入 VICAR 装置中，使氰化物裂解。随后，固体物质与气体经过干燥、冷却和过滤后，含氟气体进行净化，固体残渣则被制成球状掩埋。该公司也设想将残渣用于制造水泥或做炼钢熔剂。

④ 澳大利亚 Comalco 法 Comalco 公司在澳大利亚博因岛铝厂采用两段流程处理 SPL。氰化物在 TORBED 反应器中热裂解，氟和钙在第二段湿法流程中回收。早在 1990 年，该公司就采用半工业煅烧装置处理过 5000t SPL，1992 年该装置处理能力达 10000t，流程主要包括破碎与煅烧，到了 1994 年第二段碱浸出工业装置才开始正常运行。

⑤ ELKEM 的火湿法联合流程 在一个流态化反应器中高温处理磨碎后的 SPL，生成铝酸钠、氟化钠和氟化氢气体，氟化氢用于合成氟化铝。该装置在挪威 Mosjoen 铝厂运行了 5 年，年处理能力为 10000t，由于经济问题而停产。凯撒铝业公司、德国铝联合公司以及鲁奇公司也曾采用类似方法。

⑥ ELKEM 的电冶金法 该公司曾建立一个 100kW、604kA 的半工业化电炉。破碎的 SPL 与铁矿添加剂混合后加入电炉进行冶炼，生产出惰性的炉渣可以掩埋在地表，含氟气体用于生产氟化铝。此方法类似于 AUSMELT 法，由于此法消耗较多电能，最终没有实现工业化。

（2）其他综合利用

① 回收电解质 废旧阴极内衬一般含有 70% 的炭与 30% 的电解质，如果加以综合处理，炭可返回重新生产阴极炭块，电解质也可返回工业铝电解槽应用。据报道，美国凯撒铝业公司的查尔梅特铝厂每年从废旧阴极内衬和洗涤液中回收 12000t 冰晶石，价值几百万美元。我国东北大学开发的浮选法，可使电解质跟炭分离开来，并能回收铝和受过侵蚀的钢质阴极棒。我国郑州铝厂利用浮选法从阳极炭渣和废旧阴极炭块中回收电解质，曾实现批量生产。

② 加入氧化铝熟料烧成窑中代替部分无烟煤 山东某铝厂于 1982 年开始将废旧阴极炭块加入氧化铝熟料烧成窑代替无烟煤使用，取得了较好效果。拆除后的废旧阴极炭块经破碎至小于 25mm 后，作为氧化铝生产的配料随同无烟煤进入氧化铝生产流程中。在生料磨制过程中，废旧阴极炭块中的 NaF 与 $Ca(OH)_2$ 反应生成 CaF_2 和 NaOH。在烧结熟料时 CaF_2 与生料反应生成难溶性的氟硅酸钙，因此 CaF_2 作为矿化剂有利于氧化铝生产。在生料配比指标不变时，在无烟煤中掺配 19% 的废旧阴极炭块，熟料中二价硫提高 18%，可改善溶出条件。

③ 加入水泥熟料代替部分燃料　废旧阴极炭块破碎后加入水泥熟料窑中不仅可以代替部分燃料，节省能源，而且废旧阴极炭块中所含的氟可以作为矿化剂改善窑内烧成条件，氟发生反应生成固态 CaF_2 进入水泥中，既实现无害化处理，又达到综合利用的目的。

④ 用于冶金工业　将废旧阴极内衬用于黑色冶金工业，可代替炼钢时使用的氟化钙。经过破碎的残极和废旧阴极内衬还可作为燃料添加剂用于冶金工业生产。

⑤ 用于电极糊生产　作为制备铁合金电极糊的原料，废旧阴极内衬具有良好的导电性能，破碎到一定的粒度后可代替一部分冶金焦制备电极糊。俄罗斯在这方面的研究较多，并早已在生产中采用。

（3）废旧阴极内衬的卫生填埋

废旧阴极内衬中除能回收和循环利用的部分外，其余的必须运往专用渣场集中堆存，渣场选址必须合理并且渣场需要进行防渗处理，尽量选用性能好的材料作为防护层。为防止细碎废渣的飞扬，需对渣场进行绿化。为防止外部雨水进入并避免溶淋水流失，渣场四周还需建设必要的挡水坝。

8.5　铝灰渣资源的回收和利用

8.5.1　铝灰渣的产生和组成

在原铝工业中，原铝从铝电解槽中被抽入抬包，再从抬包倒入混合炉和熔炼炉进行原铝与合金的熔炼和铸造，每个阶段都有铝灰渣的产生，多次出铝后的抬包内衬的破损和修复也会产生铝灰渣，抬包中的铝在进入混合炉之前需要打渣。在这些过程中，以原铝和合金铸造过程中产生的铝灰渣最多。

从外观上，可以辨别出铝灰渣是由渣和灰组成，故称其为铝灰渣。其中块状渣的主要成分为金属铝，而灰的主要成分为氧化铝和氮化铝，其中还含有质量分数15%～20%左右的金属铝。如果将铝灰渣稍加球磨，可使渣中黏附的大部分灰脱落，将球磨后的灰渣筛分后可使大块渣料和粉状料分离，粉状料的粒度大小取决于筛网的孔径，实际的粉状料是由不同粒径的粉状料组成的，可进一步加以筛分。其中粒径比较大的筛分物含有较多金属铝。我国某铝厂对球磨筛分的铝灰渣所做的铝含量分析给出，2～6目粒状料中铝质量分数为86%，6～14目的粒状料中铝质量分数为78%，而30目以下的灰料中铝质量分数为20%。

除此之外，铝灰渣中含有15%或更高含量的氮化铝，这是一种高温下也很稳定的化合物，它进入铝电解槽的电解质中，氮以 N^{3-} 的离子形式存在，会参与阳极反应生成 N_2，以及有毒的氮氧化合物或氮碳化合物，这些化合物对环境是有害的。铝灰渣中除了金属铝和氮化铝之外，其他的主要成分为 α-氧化铝和 β-氧化铝（$Na_2O \cdot 11 Al_2O_3$）。

铝灰渣中氮化铝含量可通过分析 N 元素含量进行推算。铝灰渣中金属铝可用其与 NaOH 或 HCl 溶液生成的 H_2 量进行推算。

$$Al + NaOH + H_2O \Longrightarrow NaAlO_2 + 3/2\ H_2 \tag{8-27}$$

$$Al + 3HCl = AlCl_3 + 3/2H_2 \tag{8-28}$$

铝灰渣不仅仅来自于原铝铸锭过程，而更多来自于合金熔炼和铸造过程。由于合金的成分不同，以及熔炼合金时所使用的除渣剂和覆盖剂不同，铝灰渣的化学成分也不完全相同。如硅系的铸造铝硅合金，其铝灰渣含 SiO_2 可达 6%~10%，这主要由硅的氧化造成。铸造铝硅合金产生的铝灰渣中的硅含量与原铝硅合金中硅含量相关。

除了原铝及合金在熔炼和铸造过程中产生的铝灰渣以外，在废铝熔炼过程中，也会产生大量铝灰渣。从某个角度看，它也是一种宝贵的资源，处理的好坏直接影响再生铝行业的经济效益和社会效益，再生铝过程中原生的铝灰渣含铝质量分数为 65%~85%，其量约占废铝熔融量的 15%。

8.5.2 铝灰渣的回收和利用

铝厂可将铝灰渣进行球磨和筛分后分成铝含量不同的渣料和灰料，之后将含铝量大的（如含铝量在 90% 以上）渣直接返回到铝合金熔炉或铝电解槽中，而将平均含铝量 30%~90% 的具有中等粒度的渣料用熔炉熔炼回收其中的铝，熔炉可以是感应炉也可以是火焰炉或其他类型的熔炉或坩埚炉。当使用感应炉熔炼提取其中的金属铝时，可先在炉的下部加入一些回收的纯铝，靠铝液的电磁力带动对铝灰渣的搅动，使铝灰渣中的铝熔到炉下部的铝液中。我国某铝厂利用这种方法对 2 目、6 目和 14 目三种不同粒度的渣料进行熔炼，其所获得的铝的回收率可达到 76%~88%，如表 8-5 所示。由表 8-5 的数据可以看出，从铝灰渣中回收铝，其回收率随渣料中铝含量的增加而增加。当使用其他加热形式的熔炉或坩埚炉进行熔化时，可不必事先在炉内加入纯铝。但对低铝含量的铝灰渣而言，要想回收其中的铝最好是采用炒灰机进行回收，使铝灰渣中的铝在其熔化时聚集到炒灰坩埚的底部，再从炒灰坩埚的底部流出，从而达到从铝灰渣中分离金属铝的目的，用这种方法可使铝灰渣中铝的回收率达到 90% 左右。

表 8-5 某铝厂用中频炉熔炼铝灰渣时铝的回收率

铝灰渣粒度	投入		产出		金属回收率/%
	球磨料/kg	铝锭/kg	铝灰/kg	铝块/kg	
2 目	347	122	88	404	87.29
6 目	420	90	115	401	86.81
14 目	370	102	165	325	75.81

一般而言，从混合炉和熔炉扒出的一次铝灰渣含有很多铝和铝合金，且温度很高。铝及铝合金的熔点很低，可在短时间内对其压聚。将铝灰渣中分散的铝压聚后将其与渣分离，之后对渣进行破碎分级处理，提出大部分金属铝后，剩下的灰料称为铝灰，也有人将其称为二次铝灰，但这种铝灰仍含有质量分数为 5%~10% 的铝。

以前，在国家对环保没有严格要求时，铝灰渣经球磨筛分后，一般将其作为没有经济价值的废料处理掉，其量也不算小，大部分被填埋处理，小部分被某些铝电解厂用于制作铝电解槽炭阳极上的钢爪保护环。毫无疑问，就目前来说，将这部分铝灰制成阳极钢爪保护环是对废物的一种回收和利用，但深度地分析，这也未必合理，这是因为铝灰中 10%~20% 的金属铝未得到有效的利用,而是在进入铝电解槽前被完全氧化掉了。此外,由于铝灰渣中的金属和非金属的杂质绝大部分集中于铝灰中,如果铝电解槽使用这种铝灰作阳极钢爪的保护环,则铝灰中的杂质会全部进入铝电解槽中,其最终结果必然是对铝电解槽中铝的纯度产生或多或少的影响。

铝灰也可被用于制作聚合氯化铝或聚合硫酸铝,或称碱式氯化铝或碱式硫酸铝的原料。碱式氯化铝的主要用途是絮凝剂,用于净化饮用水和特殊给水的水质处理,如除铁、除镉、除氟、除浮油等,还用于生活污水、工业废水、污泥处理中。除此之外,碱式氯化铝还用作造纸的胶剂、耐火材料黏结剂、水泥速凝剂等,另外在医药制药、化妆品等方面也有应用。碱式硫酸铝具有与碱式氯化铝相似的一些性质,主要用作净水剂、防水剂等。

碱式氯化铝的通式为$[Al_2(OH)_nCl_{6-n}]_m$,其中$m \leqslant 10$,n为1~5。碱式氯化铝的生产方法很多,酸法是广泛采用的一种方法,其所采用的原料为两类:一类是含铝矿物,如铝土矿、黏土和高岭石等;另外一类是含铝原料,如氢氧化铝、煤矸石、铝灰、粉煤灰等。如果用工业废料,以铝灰和粉煤灰为原料,除了经济上的效益外,其社会效益也很大。从成分上来说,铝灰较其他原料更具有优势,因为在铝灰中有更高的氧化铝含量。铝灰中,除了氧化铝以外,其他主要成分为金属铝和氮化铝,氮化铝是一种很容易被分解的化合物,能够分解为氧化铝和氨气,因此铝灰中90%以上的成分均可以被利用。

以铝灰为原料的酸法制取碱式氯化铝的反应过程大致分为3步。

① 酸溶:铝灰与盐酸按下式进行溶出反应

$$2Al + (6-n)HCl + nH_2O == Al_2(OH)_nCl_{6-n} + 3H_2 \qquad (8-29)$$

$$nAl + (6-n)AlCl_3 + 3nH_2O == 3Al_2(OH)_nCl_{6-n} + 1.5nH_2 \qquad (8-30)$$

② 随着铝的溶出,pH值逐步升高,使配位水发生水解。

③ pH值继续升高到4.0以后,相邻两个OH键发生架桥聚合。

以铝灰为原料酸法制取聚合氯化铝或聚合硫酸铝是目前铝灰回收利用研究最多的一种方法,也是一种可行的技术,但由于采用酸溶解,应用过程中会产生大量的废液,容易导致二次污染。

用铝灰制备氢氧化铝或氧化铝方法详见公开发表的诸多专利。有的类似于用铝土矿生产氧化铝的方法,是将铝灰水洗除去可溶物(主要是氧化物)后,与碳酸钠,或氢氧化钠,或石灰(CaO)混合,在给定温度下进行烧结,将铝灰中的氧化铝转变为可溶于水的铝酸盐后,用水将生成的铝酸钠浸出,然后再用铝酸钠的碳分和种分过程制取氢氧化铝,氢氧化铝煅烧后制取氧化铝。有的则是将用上述方法制取的铝酸钠与硫酸反应,生成氢氧化铝沉淀和硫酸钠溶液,然后将其进行固液分离制取氢氧化铝。还有的则将铝灰与硫酸反应制取硫酸铝,与用铝灰和碱反应制得的铝酸钠进行中和反应制得氢氧化铝。上述用铝灰制备氢氧化铝和氧化铝的方法在技术上应该都是可行的,但也存在一些缺点,将利用上述方法得到的铝酸钠溶液用于制取铝电解用的冶金级氧化铝时,最常用的是种分法,其种分过程长达30h以上,而制取化学品氧化铝时,最常用的是碳分法,为此需要较大量的CO_2气体,这可能要配套生产CO_2的装置。比如利用石灰石煅烧来制取CO_2。此外当铝灰中的SiO_2含量较高时,由于铝灰中的SiO_2大都活性较强,因此在常温条件下,用碱溶时也会将铝灰中的SiO_2转变为硅酸钠而进入铝酸钠溶液中。如要制取较纯的氧化铝,需要对铝酸钠溶液中的硅酸钠进行脱硅处理。

思 考 题

1. 铝电解槽烟气中 SO_2 的脱除技术有哪些?脱硫副产物有哪些?
2. 工业铝电解槽阳极炭渣中炭的生成机理是什么?
3. 现有的国内外分离和回收利用阳极炭渣的方法有哪些?
4. 废旧阴极内衬的处理与利用方法有哪些?
5. 以铝灰为原料的酸法制取碱式氯化铝的反应过程是怎样的?

第 9 章

铝电解过程控制

9.1 铝电解控制系统的发展概况

按控制系统的结构形式与控制方式来分类，铝电解控制系统的发展大致经历了单机群控、集中式控制、集散式（或分布式）控制、先进集散式（或网络型）控制几个阶段。随着结构与控制方式的发展，控制方法与功能不断发展。

9.1.1 单机群控系统

当小型机应用到工业领域在技术上和经济上变得可行时，铝工业便从 1964 年开始采用小型机对铝电解生产系列进行监控。受当时技术的限制，加之计算机昂贵，一个电解系列只能采用一台小型机（经济许可时再备用一台），安装于计算机站对全系列的铝电解槽进行监控。专门的信号采样装置实现对全系列各槽槽电压的循环扫描采集和对来自整流所的系列电流信号的采集。来自铝电解槽旁的槽控箱只是一个简单的电动执行单元，它接受计算机的输出信号，完成阳极移动等功能。

单机群控系统的主要功能是：依据其在线采集的系列电流、各槽的槽电压，进行简单的分析运算和生产数据的整理报告，并通过控制各槽的阳极升降装置，实现对槽电压（即极距）的自动调节，以及依据槽电压的跃升，进行阳极效应报警等。

9.1.2 集中式控制系统

进入 20 世纪 70 年代，人们对控制系统自动下料控制功能的追求导致了各类自动下料装置的出现。与此同时，微型计算机（微机）的发展使构造能实现更多控制功能的先进控制系统成为可能。例如，Z80 等单板机曾被应用于槽控箱（从此槽控箱也被称为槽控机），使槽控机除了简单的"执行"功能外，还具有定时下料和简单的故障诊断功能。功能强一点的槽控机还具有独立完成槽电压采样的功能。但此阶段，槽控机一般无独立控制功能，整个计算机控制系统是一种集中式控制系统，即采用一台小型机作为上位机（主机），与每台铝电解槽（或数台铝电解槽）配备的一台槽控机构成两级集中式控制系统，由上位机集中控制、集中监视。以我国贵州铝厂20世纪80年代初期从日本引进的计算机控制系统为例，应用程序在主机（PDP-11小型机）内运行，槽控机（以Z80单板机为核心）的存储器只存有若干条按固定逻辑驱动执行机构的固定程序。二级的分工是：主机进行系列全部铝电解槽的信号采集和解析（槽电阻计算、槽电阻稳定性分析、槽电阻调节、AE预报、定时下料安排等）；根据解析结果向槽控机发布控制命令和监视其对命令的执行情况；以及累计数据、编制报表。槽控机则接受经由输出接口设备传来的主机命令，按其内部固定逻辑驱动执行机构（马达、风机、各电磁阀）进行有序动作，从而完成阳极升/降，定时加料和处理阳极效应；通过接口设备向主机反馈并在操作面板上以信号灯形式显示各种状态信号（如手动或自动；料箱高、低料位；阳极升降时由脉冲计数器产生的代表阳极移动量的脉冲数等）。此外，在槽控机上可以实现自动/手动切换和手动操作，并在脱离主机时自动完成定时下料作业。

集中式控制系统的缺点之一是，作为下级机的槽控机无独立控制能力，主机负荷重，因此当铝电解槽数目多或引入较多的控制信号，采用连续按需下料等较复杂且实时性要求较高的控制模型时，主机的采样和解析速度难以满足要求。缺点之二是，主机一旦发生故障便会造成全系列铝电解槽的失控。虽然可采取一些措施来弥补这些不足，例如选用速度更高的采样设备，选用内存更大、运算速度更高的小型或微型机作主机和改进应用软件的编制等来提高主机的解析与控制速度，采用双台主机互为备用的方式来提高系统的可靠性，以及在铝电解槽数较多时于两级间增加一级区域通信微机或区域控制机来分担主机的部分任务（具有区域分散式控制系统的特征）。但进入80年代后，随着造价低、性能好的微机的出现，以及集散系统这种新一代工业过程控制机的应用普及，集中式系统正逐步被集散式系统所取代。

9.1.3 集散式（或分布式）控制系统

集散式（或分布式）控制系统采用"集中操作，分散控制"方式。各铝电解槽配备一台槽控机作为直接控制级，内含一个独立的以微控制器为核心的控制系统，能独立地完成对所辖铝电解槽的信号（电流、电压）采样、分析运算和控制功能；所有槽控机通过通信线连接到计算机站的上位机（过程监控级），由上位机对槽控机进行集中监控。20世纪90年代以前，上位机仍采用小型机，90年代以后则普遍采用工控微机作为上位机。在工业控制网络技术成熟之前，国外一些铝电解槽数目较多的厂家采用了三级以上的集散式控制系统，如美国铝业公司ALCOA曾采用"厂部主机-厂房通信机-槽系列中心服务机-槽控机"四级集散式控制系统。传统的集散式控制系统采用"主-从"式通信方式，槽控机仅在主机要求时才会与主机联系，接受主机的命令，并定期将记录的数据转移至主机。受通信方式与通信技术的制约，传统集散式控制系统中的上位机与槽控机的数据交换速度不能满足铝电解工业对过程实时监控愈来愈高的要求。

集散式控制系统保留了集中式控制系统的集中操作特点，但拥有集中式控制系统无法比拟的优越性，主要体现在显著增强了系统的安全可靠性和硬件配置灵活性，同时强大的数据运算及快速处理与存储能力更好地满足了应用软件日益扩充的需要。

在集散式控制系统硬件功能与操作系统（软件平台）的强大支持下，铝电解控制模型与应用软件也快速发展，主要体现在下列几个方面：

① 氧化铝浓度控制　这是最引人注目的进步。人们通过应用一些先进的控制理论与技术来建立氧化铝浓度的"辨识"（估计）与控制算法，从而使铝电解槽的下料控制方式从过去的定时下料过渡到按需下料。最有代表性的是法国铝业公司率先成功应用的基于槽电阻跟踪的氧化铝浓度控制方法。该方法历经多年的发展，形成了各式各样的氧化铝浓度控制方法，例如基于现代控制理论的自适应控制技术、基于智能控制方法的智能模糊控制技术与模糊专家控制技术以及神经网络控制技术等。

② 槽电阻（极距）、热平衡以及电解质成分控制　由于槽温、极距和电解质成分的连续在线检测问题始终无法解决，人们便应用一些先进的控制理论与技术来改进极距、热平衡以及铝电解槽成分控制算法。在氧化铝浓度控制中使用的一些自适应与智能控制技术同样也用到极距与热平衡控制中，例如电解质动态平衡温度的自适应预报估计模型与控制模型，基于模糊控制与神经网络的极距与热平衡方法等。研究者们愈来愈重视电解质成分（摩尔比）自动控制对热平衡稳定控制的影响，这导致氟化铝自动添加装置（即用于氟化铝添加的下料器）在铝电解槽上的广泛使用以及各类与热平衡（槽温）控制密切相关的摩尔比判断与决策（控制）方法的开发应用，例如基于槽温、摩尔比实测值的查表控制法，基于摩尔比、槽温等参数间的回归方程的控制法，基于初晶温度（过热度）实测值的控制法（九区控制法），基于模糊逻辑模型的摩尔比控制方法以及基于槽况综合分析的控制法。

③ 槽况综合分析（槽况诊断）　对改进控制功能与效果的不懈追求，使铝工业不再满足于简单的槽况分析，如电阻波动解析、效应预报等。开发槽况分析（尤其是槽况综合分析）功能成为 20 世纪 90 年代以来铝电解控制技术开发的一个热点。并且，在槽况分析时也采用直接控制级＋过程监控级的两级集散式控制方式。一级设置在直接控制级（槽控机）中，利用该级获得的实时动态信息实现对槽况的快速实时分析，例如，槽电压（或槽电阻）波动特性的快速实时解析、电阻控制与下料控制过程的各类异常现象的快速实时分析等，从而直接服务于实时控制级的下料控制与电阻控制；另一级设置在过程监控级，利用该级存储的历史数据（信息）实现对槽况中长期变化趋势的综合分析（包括对病槽的诊断），从而可定期（或不定期地）对槽控机中的相关设定参数进行优化，或者为人工调整槽况提供决策支持。事实上，上面提到的各类热平衡与摩尔比控制方法同时也属于槽况分析的方法，并且大多设置在直接控制级，用于确定相关控制（或设定）参数，例如设定电压、氟化铝基准添加速率以及出铝量等。此外，对槽况综合分析的要求已经从过去的单槽分析发展到多槽分析，即把一个区域（大组、段、车间乃至全系列）的铝电解槽作为一个整体来进行综合分析。

为了实现槽况的综合分析，首先必须获得用于槽况分析的足够信息。为此人们从两个方面进行努力：一方面是增加参数的自动检测项，即开发新的传感器，增加在线信号以及人工检测的数据；另一方面是对可测数据（参数）进行"深加工"。"深加工"技术又被称为"软测量"技术。由于铝电解在经济实用的传感器方面尚无突破，因此软测量技术是增加槽况综合分析信息量的重要方法。事实上，下料控制中的氧化铝浓度估计算法、热平衡控制中的热平衡状态分析算法以及摩尔比控制中的摩尔比状态分析算法也都可以视为"软测量"。至今人们研究过的用于铝电解槽槽况分析的软测量技术可以归为如下几类：系统辨识与参数估计技术、数理统计与数据挖掘技术、铝电解槽物理场的计算机动态仿真技术、人工神经网络及模糊专家系统等智能技术。

9.1.4 先进的集散式控制系统——网络型控制系统

进入 20 世纪 90 年代后，随着可构造网络型控制系统的各类现场总线技术的发展，先进的集散式（分布式）控制系统开始采用"现场控制级（槽控机）+过程监控级"两级网络结构形式。例如，在 20 世纪 90 年代中期推出的网络型智能控制系统中，现场控制网络采用一种先进的现场总线——CAN 总线来实现现场实时控制设备（槽控机）与其他现场监控设备的互联；过程监控级则使用以太网实现本级中各设备（工控微机及服务器等）的互联，并实现与全企业局域网的无缝连接。

控制系统结构的网络化以及与企业计算机局域网的"无缝"连接，使"人机交互"和"管控一体"变得更为方便，不仅推动了各类需要人机交互的槽况分析系统的发展与实用化，而且使大型铝电解企业实现综合自动化与信息化的目标变得更加容易。

9.2 铝电解控制系统的基本结构与功能

9.2.1 核心控制装置——槽控机简介

槽控机是铝电解控制系统中的关键控制装备。目前我国的槽控机主要有单 CPU 型和多 CPU 网络型两种类型。过去在自焙铝电解槽上还使用过可编程序控制器（PLC）型。

（1）可编程序控制器（PLC）型

PLC 是一种可广泛应用于多种工业过程控制的通用设备。与专用型的单板机相比，它的显著优点是：硬件可靠；输入/输出能力强；具有模块化积木式结构，因此组态灵活，通用性与可扩性强；不需另设接口电路，且编程容易掌握，故开发周期短。但其缺点是，价格可接受的中、低档 PLC 运算能力差，不能对复杂被控对象进行分析，因此一般只适合于作开关量的控制。

（2）单 CPU 型

早期的槽控机多由一片 Z80CPU 和复杂外围电路构成。由于电子技术的迅猛发展，尤其是 CPU 的升级换代速度加快，现在一些槽控机厂家将 386CPU 配置在槽控机上替代原有的 Z80CPU，满足应用软件升级的要求，但其硬件结构并没有实质性的改变。硬件结构采用插板式，将信号输入/输出部分、槽电压与系列电流转换部分等做成插板，内部信号传输采用标准总线（STD 总线），外部信号采用计算机常用的扁带进行转接，与上位机的通信过去多采用 RS-485/BitBus（位总线）方式，后来也逐步改用 CAN 总线等现场总线。

这种槽控机的优点是运算速度快，有 DOS 系统支持，编程方式相对简单。但其缺点不容忽视：

① 核心器件较落后　由于采用的是已被淘汰的 386CPU 产品，势必失去器件厂家的未来技术支持，且会影响后期的产品供货。

② 生产成本及后期维护成本均较高　386CPU采用表贴安装方式，管脚密集不易焊接，要采用波峰焊等设备；同时，由于386CPU与外围电路的连接复杂，各信号间的逻辑关系也很复杂，现场测试比较困难，对维护水平要求高且维护难度大；因为管脚密集不易焊接，所以出现故障以后只能整板更换，备件购置费用和系统的维护费用高。

③ 对运行环境要求较高　386CPU是为计算机设计的，其对运行环境要求比较高，粉尘和高磁场对其运行可靠性有重大影响。

④ 故障率较高　槽控机的接头插件在电解现场强腐蚀、高灰尘的环境中易氧化腐蚀，导致接触不良、信号中断和引发随机性故障，整机的稳定性和可靠性随运行时间延长而降低。

⑤ 运算能力没有充分发挥　由于与之相配的外围设备的运行能力没有提升，其运算能力并没有完全发挥。

⑥ 不易于扩展　铝电解过程控制必然会随着工艺技术的发展而产生许多新的控制点，采用单CPU结构后，对于每一个新的控制点都要重新设计槽控机硬件。

为了解决上述单CPU型的插板式槽控机所存在的接插件多、故障率高的问题，一些厂家推出了大板式槽控机。但"大板"故障风险集中，一旦"大板"中某一局部故障，则整块板均需更换或修理，这可能还会导致工厂的备件购置费用和系统的维护费用增高。

（3）多CPU网络型

20世纪90年代末期，一种多CPU网络型槽控机（全分布式槽控机）被开发，并迅速在我国铝电解行业推广应用。从外观来看，该种槽控机与单CPU型大板式槽控机类似，为壁挂式结构，左、右机箱分别为动力箱、逻辑箱，这两个箱体的外形尺寸相同。但内在的本质区别是，摒弃了流行于80年代的STD总线技术，而采用先进的现场总线（CAN总线）技术和网络通信技术，将槽控机内部结构设计为多CPU的智能分布式网络结构形式。

CAN现场总线技术是一种多主总线技术，符合国际标准（ISO 11898），通信传输速率可达1Mb/s，具有较高的可靠性并能实现通信的实时性，同时网络内节点数不受限制，易于功能的扩展。按智能化、模块化与网络化的硬件设计原则来设计槽控机的逻辑单元。以YFC-99型槽控机为例，将逻辑单元设计为3-CPU网络体系结构，内含3个智能模块：

① 采样模块　完成槽电压和系列电流的采样，并进行槽电阻计算、信号滤波等预处理。

② 主模块　对过程进行解析；接收开关板的输入信号；通过显示面板的数码管和指示灯输出运行信息；实现与外部设备（上位机）的数据交换等。

③ 操作模块　完成所有对动力单元的输入/输出操作，如阳极升降、打壳、下料等动作信号的输出以及执行情况的检测输入。

上述3个智能模块均带有自己的CPU，均能相对独立地运行和发挥自己的功能，彼此之间通过以双绞线或双芯电缆为通信介质的CAN总线互联，实现数据交换和协同工作，从而使整个槽控机的逻辑单元成为一个网络体系。并且，该体系与外设的接口也采用CAN总线协议，以满足构造网络型控制系统的要求。按上述设计方案所设计的槽控机的逻辑单元结构如图9-1所示。可见，在整个槽控机中，电路板数量仅为5块（3个智能模块另加1个触摸开关板和动力箱中的1个信号采集板）。

多CPU网络型槽控机的主要特点是：

① 智能化程度高　多CPU网络体系中的智能模块能并行运行、协同工作，因此综合数

据处理能力强大（多个 CPU 的协同处理能力远远大于单个 CPU），能很好地满足高度智能化控制的要求，避免了单 CPU 型槽控机单纯依赖 CPU 的升级来提高数据处理能力的局限性。例如，使用 16 位或 32 位 CPU 芯片（如 Intel80386 等）来替代单片机芯片虽然可以解决数据处理能力的问题，但带来了结构复杂、高温下运行稳定性较差且维护困难等新问题。

② 结构简单、集成度高、安全可靠、维护性好 智能模块（电路板）采用类似的

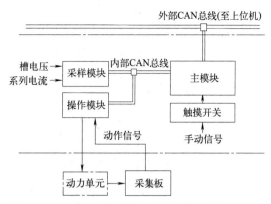

图 9-1 YFC-99 网络型槽控机逻辑单元的基本构成

硬件结构，其 CPU 均采用适合工业现场恶劣环境的单片机系列（如 90C32 系列 CPU），并设计有可编程的电源监视和 WatchDog（防程序走飞）器件；外围接口电路采用高集成化器件（PSD），以简化电路设计，提高可靠性；高集成度器件与网络体系结构的采用使槽控机内部连接线极少，降低了接插性故障，同时该方式使得故障分散，易于维护，维护费用低，而且当某一模块的 CPU 出现故障时，能被其他无故障的模块检出，从而自动采取保护措施。

9.2.2 系统配置实例

（1）一种简单的两级集散式（分布式）控制系统的基本配置

图 9-2 所示的两级分布式铝电解计算机控制系统的一般配置形式是一种最简单的两级集散式（分布式）系统配置形式。它可以分为现场控制级（槽控机）和过程监控级。现场控制级设在电解车间，主体控制装备是每槽配备的一台槽控机（又被称为下位机）。过程监控级设在计算站，它的主要监控设备是一台计算机（一般采用工控微机），又被称为上位机。一

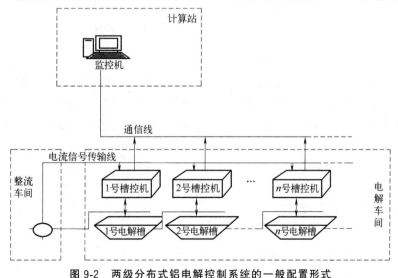

图 9-2 两级分布式铝电解控制系统的一般配置形式

第 9 章 铝电解过程控制

条通信线（包括必要的通信器件）可以将现场控制级中的所有槽控机与过程监控级中的监控微机连接在一起，构成一个完整的控制系统。

上述这种只有一台监控微机作上位机的简单结构适应于铝电解槽数量较少的情形。如果铝电解槽数量较多，一般将铝电解槽按所在地域分区（例如，若一个电解系列中有 200 台铝电解槽分布在两栋厂房中，则可以按 4 个分区），给每个区配备一套如上所述的控制系统。各区的监控微机（即区域监控微机）都安装在计算站，通过局域网将区域监控微机连接在一起，便使整个生产系列的控制系统成为一个整体。

（2）一种两级网络型控制系统的基本配置

大型铝电解企业的铝电解控制系统可采用由现场控制级与过程监控级两级构成的网络结构。图 9-3 是 20 世纪 90 年代后期推出的一种网络型计算机控制系统的基本配置。该系统的过程监控级"融入"到了企业的全厂综合自动化与信息化网络中，该级中的工控微机及服务器通过交换机组成以太网（Ethernet），在网络下并行工作，通过以太网的 TCP/IP 协议进行数据传输。

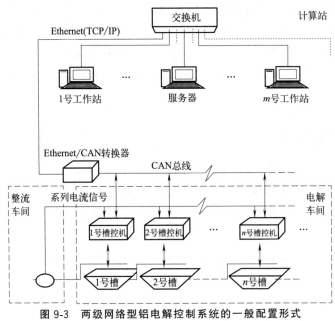

图 9-3　两级网络型铝电解控制系统的一般配置形式

考虑到过程监控级使用的以太网通信方式难以满足电解车间恶劣环境下的稳定可靠通信要求，在现场控制级中采用现场总线（CAN 总线）构成通信网络。为了实现现场控制级的 CAN 总线网络与过程监控级的以太网络的无缝连接，在现场控制级与过程监控级之间安装有若干台 CAN-Ethernet 智能转换器，它们可并行运行，互为备用。也可以使用工控微机充当 CAN-Ethernet 智能转换器（接口机），接口机的扩展插槽中插上 CAN 总线网卡和以太网网卡，分别连接上、下两级。

9.2.3　系统功能设计实例

（1）现代铝电解工艺对控制功能的基本要求

由于铝电解过程复杂且重要参数难以在线检测，所以铝电解槽是一个非线性、多变量、大滞后且具有模型不确定性的复杂被控对象。生产实践与理论研究表明，要获得理想的技术经济指标，关键是控制好铝电解槽的几个主要技术参数，使铝电解槽能在理想的物料平衡与热平衡状态下稳定运行，从而使物理场稳定，使引起电流效率损失的二次反应最大程度地被抑制。为达到这一目标，现代铝电解工艺对控制系统提出了如下基本要求：

① 控制好铝电解槽的物料平衡　由于氧化铝的添加是引起物料平衡变化的主要因素，因此最重要的是控制好氧化铝的添加速率（即下料速率），使氧化铝浓度的变化能维持在预定的一个很窄的范围内，既要尽量避免沉淀的产生，又要尽量避免阳极效应的发生。

② 控制好铝电解槽的极距与热平衡（包括摩尔比）　主要目的是，以移动阳极调整极距和改变输入电功率为手段，维持合适的极距并保持理想的热平衡。同时通过对氟化铝添加的控制，保持电解质成分的稳定，并为热平衡的稳定创造条件。

③ 具备一定的异常槽况分析（病槽诊断）与辅助决策功能　由于至今铝电解槽尚存在不能由计算机直接控制的操作工序和工艺参数，且存在一些检测不到的干扰因素和变化因素，并由于控制误差的积累，铝电解槽的物料平衡、热平衡以及互有关联的物理场会发生缓慢的变化。这些变化积累到一定程度后会导致铝电解槽正常动态平衡的崩溃，即铝电解槽成为病槽。因此计算机应该具有利用各种可获取的信息综合解析铝电解槽的变化趋势，并及时诊断病槽或尽早发现病槽形成趋势的能力，以便能及时地调整有关控制参数或提出人工进行维护性操作的建议。

现代铝电解过程控制系统的功能就是以满足上述要求为目标来设计开发的，到目前，先进控制系统的控制与管理功能逐步发展到包括下列几个方面：①槽电阻解析与控制（包括槽电阻异常分析、效应预报、极距调节等）；②氧化铝浓度控制（即下料控制）；③电解质成分控制（即氟化铝添加控制）；④人工操作工序的辅助管理与监控；⑤槽况诊断（包括单槽及系列槽工况综合分析）；⑥生产管理与辅助决策等。

（2）现场控制级（槽控机）的主要功能

以上述介绍的"现场控制级-过程监控级"两级集散式（或网络型）系统为例，现场控制级的主要功能包括：

① 数据采集　以 1～4Hz 的采样速率，同步采集槽电压及系列电流信号，并进行槽电阻的计算、滤波等。

② 槽电阻解析及不稳定（异常）槽况处理　实时地分析槽电阻的变化与波动，并据此对不稳定及异常槽况（如电阻针振、电阻摆动、阳极效应趋势、阳极效应发生、下料过程的电阻变化异常、极距调节过程的电阻变化异常等）进行预报、报警和自处理。

③ 下料控制（即氧化铝浓度控制）　基于对槽电阻和其他与物料平衡变化相关的因素的解析，判断槽内物料平衡（氧化铝浓度）状态，并据此调节下料器的下料间隔时间，实现对下料速率的控制（即对氧化铝浓度的控制）。

④ 正常槽电阻控制（即极距与热平衡控制）　基于对槽电阻、槽电阻波动和其他与极距或热平衡相关的因素的解析，判断铝电解槽的极距与热平衡状态，并据此进行极距调节（即槽电阻调节），间接地实现对极距与热平衡的控制。

⑤ AlF_3 添加控制　以上位机的 AlF_3 添加控制程序给定（或直接由人工设定）的 AlF_3 基准添加速率作为控制基准，结合自身对槽况及相关事件的判断，调节氟化铝下料器的下料间隔时间，实现对电解质摩尔比的控制。

⑥ 人工操作工序监控　对换阳极、出铝、抬母线等人工操作工序进行监控。
⑦ 数据处理与存储　为上位机监控程序进行数据统计和记录，并制作和储存报表数据。
⑧ 与上位机的数据交换　在联机状态下通过通信接口与上位机交换数据。
⑨ 故障报警与事故保护　诊断、记录和显示自身的运行状态和故障部位，并采取相应的保护措施。

（3）过程监控级（上位机体系）的主要功能

以一个由"现场控制级-过程监控级"构成的两级分布式（或网络型）系统为例，过程监控级的主要功能包括：

① 槽工作状态的实时显示　以动态曲线与图表形式，实时地显示槽电压、槽电阻、系列电流及其他各种动态参数与信息。

② 参数设定、查看与修改　为用户提供丰富的菜单，实现对控制系统（包括槽控机和上位机体系）中参数的设定、查看与修改。设定参数一般分为两大类，即系列参数（全系列通用）和槽参数。

③ 历史数据（信息）查看与输出　为用户提供丰富的菜单及数据库操作手段，以曲线和图表等形式实现对铝电解槽各种历史数据（信息）的查看与输出（打印）。

④ 报表制作与输出　按照规定格式制作和输出（打印）各种类型的报表，如解析记录报、时报、班报、日报、月报、效应报、槽状态报、故障信息报等。

⑤ 自动语音报警　配备有自动语音报警系统，向电解车间广播重要提示信息，包括铝电解槽的异常信息（如效应发生、效应超时、电压越限等）。

⑥ 槽况分析　先进的控制系统提供对各铝电解槽及全系列变化趋势进行分析的功能。例如，基于对历史数据的挖掘与分析，判断单槽、某个区或全系列槽在某一时段的状态（参数）变化趋势，为生产过程优化与控制优化提供指导。

⑦ 生产管理　与企业的局域网联网，实现各类信息的浏览、修改、上传、下载、打印，满足企业实现综合自动化与信息化的要求。

9.3　铝电解生产过程的控制

9.3.1　铝电解过程的诊断与控制

众所周知，铝电解生产的一切技术和技术管理工作都是针对各个铝电解槽的不同情况，使铝电解槽在与其相适应的最佳技术条件下，保持热平衡和物料平衡，这是保证铝电解槽稳定生产和取得良好技术经济指标的根本要求。因此，铝电解生产的过程控制主要体现在这两个平衡上，过程控制的目的就是保证这两个平衡。

但铝电解过程是一个极其复杂的过程，它不仅受铝电解槽内化学和电化学反应的影响，而且也受外界环境、系列电流、阳极质量、阴极电压降、电解质成分、铝液水平以及更换阳极、阳极效应和效应时间、槽底沉淀、阴极电流分布等各种因素的影响。这些因素都可以使铝电解槽的热平衡受到影响和破坏，严重的时候使铝电解槽变成冷行程或热行程，或者出现病槽，如阳极长包、阳极断裂、阳极偏流和常规槽电压的摆动等。对于非正常的铝电解生产过程，目前国内外尚未找到有效的计算机控制和诊断方法。从控制角度来说，对于非正常的铝电解生产过程，首先应诊断出铝电解槽非正常的原因，即"病因"所在，"病因"诊断出来以后，才有可能借助于计算机的指令去处理。

对铝电解槽进行智能诊断，是实现铝电解槽智能控制的基础。目前铝电解槽的智能诊断是建立在对槽电压噪声即电压摆动，槽电阻变化，铝电解槽在线和离线检测数据如铝水平、电解质水平、电解质成分、槽底沉淀、极距等的分析，以及大量操作经验数据之上的。然后，根据诊断出的结果再对铝电解槽进行处理，这就是人们所说的专家智能诊断与控制技术。一种典型的铝电解槽控制系统原理如图9-4所示。目前专家智能诊断控制技术已经成功地用于铝电解槽冷、热行程的判断。

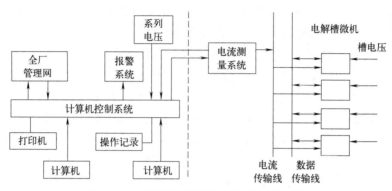

图9-4 一种典型的铝电解槽控制系统原理

9.3.2 槽电压的控制

（1）通常情况槽电压的控制

铝电解生产中，槽电压是一个非常重要的参数，这不仅仅是由于它的高低对铝电解的电能消耗有重要影响，槽电压的经常改变对铝电解槽的热平衡也会产生很大影响。例如，对于一个180kA的铝电解槽来说，槽电压如果比正常时高0.1V，则铝电解槽热平衡体系内的电功率将增加18kW，且这18kW电功率在给定时间所产生的热量完全集中在4.0cm左右的极距范围之内。这会导致在较短的时间内，电解质的温度升高、槽帮结壳熔化、电解质摩尔比升高、槽膛变大、铝水平降低、铝液镜面变大和电流效率降低。

工业铝电解槽的槽电压控制，并非从铝电解槽上直接获取槽电压信号，而是根据实际电压与设定槽电压的偏差大小进行控制的，这是由于槽电压受到系列电流变化的影响较大。工业上槽电压的实际控制是借助于槽电阻，也称为准电阻（或伪电阻）控制而实现的。铝电解槽的槽电阻可以由简单的计算式计算而得：

$$R = \frac{V_槽 - E}{I} \tag{9-1}$$

式中　I——系列电流，A；

　　　$V_槽$——在系列电流为I时的槽电压，V；

E——铝电解槽的反电动势，V。

也有文献将 E 看成是电压-电流曲线上将较高电流-电压直线外延到电流为零时的电压。如果是这样，E 就没有热力学意义。实际上，将 E 看成是给定铝电解槽阳极电流密度和阴极电流密度下的反电动势更为合理。反电动势 E 值并不是一个常数，它随电流密度、电解温度、氧化铝浓度的不同而变化，且各个铝电解槽也不完全一样，其值在 1.60~1.70V 范围之内。不过对于给定的铝电解槽来说，在其稳定运行的情况下，E 值比较稳定，变化范围不大，在利用式（9-1）计算铝电解槽的槽电阻时，只有系统误差，因此，不会影响利用槽电阻对铝电解槽进行控制。只有当铝电解槽成为病槽时，铝电解槽的反电动势才有较大的变化。在这种情况下，对 E 值进行修正是必要的。工业铝电解槽的控制中，一般选取 E 值等于 1.65V。

正像上面所讨论的，由于式（9-1）中 E 值是不确定的，无法精确测量，在铝电解槽的控制过程中，将其看成是某一个常数（1.65V）。这样，利用式（9-1）计算出的电阻 R 并不是铝电解槽的真实电阻，所以称其为准电阻或伪电阻。

槽电压控制的基本原理是由同步测量出的槽电压和系列电流利用式（9-1）计算出槽电阻，与设定的铝电解槽槽电阻相比较，来控制和调节极距，实现控制和调节槽电压的目的。应该说明的是，在设定槽电压的槽电阻时，应该考虑到各电解槽的运行状态是不一样的，它们的电阻也不一样，特别是它们的电阻会因电解槽槽龄的增加而增加。因此，设定的槽电阻宜因槽而异，并应考虑到电阻特别是阴极电阻随槽龄延长而增加。

铝电解槽槽电压通过控制和调节槽电阻进行控制的原理见图 9-5。在图 9-5 中，RK 为设定的铝电解槽槽电阻，R_0 为允许的相对于设定槽电阻的偏差。

因此（RK±R_0）为铝电解槽非控制区。在铝电解槽正常运行期间（常规控制），先计算出给定时间内（几分钟）的铝电解槽槽电阻的平均值 R_m，然后与设定的槽电阻值 RK 进行比较。如果（RK−R_0）≤R_m≤（RK+R_0），则电压不做任何调整；如果 R_m<（RK−R_0）则提升阳极，提高槽电压；如果 R_m>（RK+R_0）则下降阳极，降低槽电压。

（2）槽电压不稳定（摆动）情况的处理

首先对铝电解槽槽电压的不稳定或摆动情况进行判断。如果槽电压的摆动是由于系列电流的变化引起的，则计算机控制不对槽电阻或槽电压做任何调整；如果槽电压的摆动是由于铝液的摆动或极距过短、槽电压过低引起的，槽电阻会有较大的波动。此时，应用计算机控制软件把铝电解槽的设定槽电阻 RK 提高到适当值（RK+R_W），将阳极提高，执行新的控制（如图 9-6 所示）。

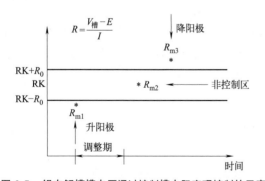

图 9-5　铝电解槽槽电压通过控制槽电阻实现控制的示意　　图 9-6　铝液摆动引起的槽电压非稳定情况的处理

当铝电解槽的槽电压出现较大的摆动时，铝电解槽槽电压的控制系统除自动采取上述调整外，还要及时向操作人员发出报警。操作人员根据报警，对引起槽电压摆动的原因进行检查和分析，并采取相应的技术措施，使铝电解槽的槽电压及时恢复到原控制状态。

（3）槽电压噪声的控制

对铝电解槽而言，其槽电压和槽电阻并不是恒定不变的，只是对正常和比较稳定的铝电解槽来说，其波动幅度非常小而已。一般说来，槽电压噪声是指铝电解槽比较大的槽电压摆动。对出现槽电压噪声的铝电解槽，其槽电压或槽电阻波动的大小和频率可用来诊断铝电解槽运行过程中出现的问题，因为这些信号可提供铝电解槽中的有用信息。识别和利用这些信息并对铝电解槽中出现的问题进行处理，称为槽电压的噪声控制。

比较稳定的铝电解槽，其槽电压的随机摆动频率为 0.5~2.0Hz，其摆动幅度小于 30mV，这是由阴极铝液面的小幅波动以及阴极表面生成和释放的气泡导致铝液面的局部搅动所引起的。

不稳定的铝电解槽展现出另一种槽电压噪声形式，这种噪声的频率比较低。其形态和频率的变化与引起铝电解槽不稳定的原因和铝电解槽的特征有关。大多数情况下，铝电解槽的控制系统会识别和回应低频率的噪声信号，其中最简单的一种是槽电压控制系统识别噪声，如果它在一个合理的时间波动，可以采取提高极距的方法加以消除，如图 9-6 所示。如果槽电压噪声长时间不消除，这就提醒人们需要注意：不同的槽电压噪声频率指示不同的铝电解槽运行情况，要针对不同的情况采取不同的槽电压噪声处理方式。如果槽电压噪声的频率在 0.001~0.05Hz 之间，那么这种噪声通常是由铝电解槽铝液表面较大的波动或滚铝引起的。如果槽电压的频率在 0.2Hz 以下，则这种噪声通常都源自阳极问题，如阳极长包或新阳极安装位置过低等，如图 9-7 所示。

铝电解槽槽电压噪声的形式识别与控制技术的发展需要对铝电解槽槽电阻

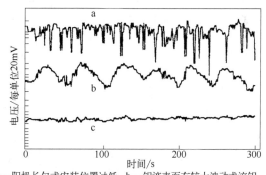

a—阳极长包或安装位置过低；b—铝液表面有较大波动或滚铝；
c—槽电压稳定

图 9-7　稳定铝电解槽和非稳定
铝电解槽的槽电压噪声信号

的变化进行深入的研究和监测，并将它们与铝电解槽运行状态下出现的问题联系起来。一旦这种关系建立起来，就可以用形式识别软件来鉴别铝电解槽的故障。大多数槽电压不稳定的原因仍需要操作人员去查找，因此槽电压的噪声完全由计算机控制是不可能的。

9.3.3　槽电阻控制（极距调节）

槽电阻控制常被分为正常电阻控制（或称常态极距调节）和非正常电阻控制两类。正常电阻控制的目的是，当槽电阻处于允许自动调节的正常范围内时，控制系统用移动阳极的手段将（正常态的）槽电阻控制在目标区域内，从而维持正常极距和能量平衡。

当槽电阻异常（例如 AE 发生、电阻越限等）或者进行正常电阻控制有限制条件（如出铝、换极等人工操作工序的预定）时，计算机仅记录和输出有关警告信息，或者只进行本项中的解析而不进行本项中的调节，或者转入专门的监控程序。

（1）正常电阻控制的基本原理与程序

常规控制方法是将槽电阻维持在以人工设定值（目标值）为中心的非调节区内，即目标控制区域内，如图 9-8 所示。如果电阻超出上限，则下降阳极；反之若电阻低于下限，则提升阳极。电阻升降调节一般均是以将电阻调节到设定值为目标。

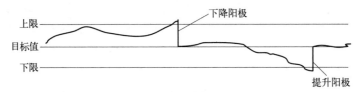

图 9-8 常规电阻控制的原理示意

正常电阻控制的基本程序如图 9-9 所示，分为以下 9 步。

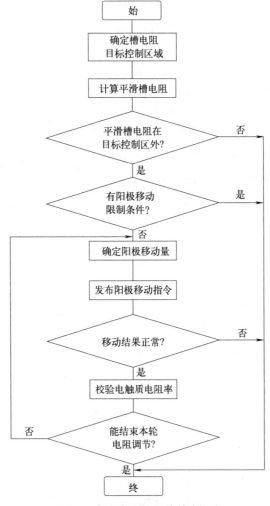

图 9-9 正常电阻控制的基本程序

① 确定槽电阻目标控制区域 目标控制区域（或称非调节区、死区、不敏感区）是一个以目标控制电阻为中心，带有一定上下限的区域。

在生产现场，目标控制电阻的基准值是人工以电压值给定的，而不是以电阻值给定的，因此常被称为设定电压。为了使量纲配套，现今的控制系统多采用"正常化槽电压"来表示槽电阻。由于正常化槽电压与槽电阻具有相同的内涵，因此下面的讨论依然简称为槽电阻。

铝电解槽的设定电压一般由计算机站的操机员来给定（若由电解工通过槽控机按钮来设定与修改，容易出现管理上的漏洞）。上位机的菜单中有专门的槽电阻参数设定菜单，可以针对单台铝电解槽进行。菜单中至少包含用于确定电阻目标控制区域的三个参数，即设定电压（目标控制电阻的基准值）、电压上限和电压下限。电压的上限与下限的取值一般是：设定电压±(20~30)mV。对于电压波动较大的铝电解槽，可以再适当放宽范围。如果企业已经规定了铝电解槽的电阻目标控制区域宽度，那么只要给定设定电压即可，控制系统会采用默认（或沿用先前已设定的）控制区域宽度，即自动确定上限与下限。

控制系统在实际控制过程中会对目标电阻控制区域自动进行适当的调整，例如在较大电阻波动（即电阻针振或摆动）发生时或消失后的一定时间内，出铝或阳极更换后的一定时间内，添加一个修正项（称为附加电阻）到目标控制电阻上，用式（9-2）表达即为：

$$R_{目标} = R_{设定} + R_{波动} + R_{出铝} + R_{换极} \tag{9-2}$$

对于将电阻波动分为电阻摆动（低频噪声）与电阻针振（高频噪声）分别进行解析的控制系统，$R_{波动}$ 可能被分解为 $(R_{针振} + R_{摆动})$ 两项。

② 计算平滑槽电阻（低通滤波电阻） 正常电阻控制所采用的槽电阻不是原始的采样电阻，而是经过低通数字信号滤波去除了采样电阻中的电阻针振与摆动后所得到的滤波电阻，或称平滑槽电阻。换言之，正常电阻控制是以平滑槽电阻作为判断和调节的依据。

③ 检查平滑槽电阻是否在目标控制区域外 若在某一解析周期中发现该周期中的平滑槽电阻在选定的目标控制区域外，则需要进行阳极移动。

④ 检查是否有阳极移动（或阳极下降）的限制条件 这是在决定实施正常电阻控制（即调节极距）前的进一步检查，若有限制条件则不进行阳极移动。例如，在下列情况下不进行阳极移动：

a. 检测到禁止电阻调节的各类标志（如停电标志、停槽标志、停止电阻自动控制的标志等）；

b. 其他解析与控制模块设置的标志表明需要停止电阻调节（例如下料控制模块设定了AE预报加工标志；下料控制进入氧化铝浓度校验关键阶段，为防止阳极移动对电阻跟踪的干扰，可能在电阻偏离目标控制区不大的情况下请求暂停电阻调节）；

c. 阳极移动执行机构故障；

d. 上一轮电阻调节有异常且尚未恢复；

e. 电阻或系列电流出现异常（如电阻越限、系列电流越限、AE电阻等）；

f. 处于电阻调节的最小间隔时间之内，即当前时刻距上一轮电阻调节的时刻未超过设定的电阻调节最小间隔时间（或称"最小RC周期"）。但一般处理电阻大幅度偏离目标控制区域或处理AE后的低电阻时不受此限制。设置该限制条件的目的是防止电阻调节过于频繁，以免影响氧化铝浓度控制和槽况的平稳性。

在有些条件下，控制系统不限制阳极上升，但限制阳极下降，例如：

a. 安排了AE等待；

b. 已作出了AE预报；

c. 停电恢复后的一定时间内；

d. 其他解析与控制模块设置的标志表明需要停止下调电阻（如槽稳定性解析程序设定了电阻针振或摆动起始标志等）。

⑤ 确定阳极移动量　首先根据平滑槽电阻与目标槽电阻的差值确定目标调节量，然后换算为阳极移动持续时间，换算原理见式（9-3）和式（9-4）：

若为阳极下降：
$$t_c = \frac{\Delta R_c}{\overline{ED}} \tag{9-3}$$

若为阳极上升：
$$t_c = \frac{\Delta R_c}{\overline{EU}} \tag{9-4}$$

式中　t_c——阳极移动持续时间，s；

ΔR_c——槽电阻目标调节量，$\mu\Omega$，如果用正常化槽电压代表槽电阻，则单位为 mV；

$\overline{ED}$、$\overline{EU}$——计算阳极下降、上升的电解质电阻率，$\mu\Omega/s$ 或 mV/s。

显然，$\overline{ED}$、$\overline{EU}$ 实际指阳极每移动 1s，电解质电阻的变化值，但其取值主要取决于电解质电阻率，故可视为电解质电阻率的一种量度。在每次阳极移动完成后，控制系统利用新得到的信息自动对 $\overline{ED}$ 或 $\overline{EU}$ 进行校验（见下面将讨论的"校验电解质电阻"）。

程序中一般将阳极移动持续时间分为若干个固定的档次，即时间等级。因此，计算机计算出阳极移动持续时间后再将其调整到最接近的档次上。

⑥ 进行阳极移动　控制系统（槽控机）发布控制指令使槽控机动力箱执行阳极移动指令。

⑦ 检查和处理控制执行的结果　阳极移动完成后等待一定时间（如 1~2 个解析周期），待槽况稳定，通过计算机对控制执行结果进行检查。如果发现有异常，如槽电阻实际调整量远小于目标调节量，或者移动方向（电阻变化方向）错误，或者阳极升降电机上的回转计发出的脉冲数太少（脉冲数与阳极移动量之间存在换算关系），那么计算机经过两次以上解析周期确认异常现象后，记录并输出警告信息，同时结束本轮的电阻调节过程。

⑧ 校验电解质电阻率　在阳极移动后，若槽电阻变化正常，而且槽未临近 AE（即无 AE 预报），控制系统便对用于计算阳极移动时间的电解质电阻率（$\overline{ED}$ 或 $\overline{EU}$）进行修正。以 $\overline{ED}$ 的修正（即本次进行了阳极下降）为例，首先用阳极移动后的槽电阻实际变化量 ΔR_a 除以阳极移动持续时间 t_c，由式（9-5）计算出一个新的阳极下降电解质电阻率值：

$$\overline{ED} = \Delta R_a / t_c \tag{9-5}$$

如果计算得到的 $\overline{ED}$ 在合理的范围，则对 $\overline{ED}$ 进行修正；否则放弃修正。一种常用的修正方法是采用平滑公式（9-6）：

$$\overline{ED}(k) = (1-\Psi) \times \overline{ED}(k-1) + \Psi \times \overline{ED}(k) \tag{9-6}$$

式中　k——采样点的时序；

Ψ——平滑系数（$0 < \Psi < 1$）。

该式的直观含义是本次（k 时刻）的平滑值，即上次（$k-1$）时刻的平滑值与本次计算值的加权平均值。平滑系数 Ψ 由计算机根据 $\overline{ED}$ 或 $\overline{EU}$ 的可信度来计算或取定。显然，调整量愈大槽电阻愈平稳（即电阻波动愈小），则可信度愈高，平滑系数 Ψ 的取值便可以愈大，即增大当前计算的电阻率的加权系数（Ψ），相应地便减小了历史电阻率的加权系数

$(1-\Psi)$。

修正得到的阳极上升/阳极下降电解质电阻率的变化能反映铝电解槽的工作状态的变化，因此一些铝厂的计算机报表上列有该参数栏，以供生产管理者分析槽况使用。

⑨ 检查是否能结束本轮电阻调节过程　结束一轮电阻调节过程的情况有正常结束和非正常结束两大类。非正常结束的情况有：

a. 调节后电阻变化方向错误；

b. 出现了阳极移动（如阳极下降）的限制条件；

c. 出现较大的电阻波动，致使电阻的波动幅度比目标调节量还大。

非上述情况，则检查当前的槽电阻（平滑值）是否已进入目标范围。若是，则结束本轮调节；否则重复上述解析与调节过程直至槽电阻进入目标控制范围，或者调节次数达到每一轮正常电阻控制规定的最大调节次数（如3次）。

（2）改善正常电阻控制效果的措施

① 提高控制系统对槽电阻目标控制区域进行自修正的能力　维持槽电阻在设定区域并非槽电阻控制的真正目的。前面的讨论已指出，槽电阻调节的真正目的是：一方面维持正常的极距；另一方面维持理想的热平衡。但是，因为槽电阻与很多种目前尚不能在线检测的参数有关，所以它与极距和电解质温度并无确定的对应关系，将电阻控制在目标控制区域内并不意味着能维持最佳的极距和热平衡。因此，在传统的控制方法下，当铝电解槽状态或运行条件发生变化时，往往需要手动辅助调节或人工调整设定电压及上下限，即调整目标控制区域。前面已介绍，常规的控制系统一般都考虑了在某些情况下对目标控制电阻进行适当调整，例如采用与电阻针振/摆动、出铝及换极相关的附加电阻，但这显然是低层次的。

使控制系统具备更强的自动修正目标控制区域的能力是否必要，又是否可能呢？

对于一个生产系列，全体铝电解槽的槽电阻越是稳定和一致，则说明该生产系列越是稳定和一致。因此最理想的情况是，正常槽况下的电阻目标控制区域（尤其是设定电压）几乎不需要控制系统来经常变换。然而，由于生产条件的波动以及不稳定和异常槽况的出现，若控制系统具备在一定范围内自动调整目标控制区域的能力，对于及时恢复正常槽况是非常有益的。

随着管控一体化的实现和管理数据化的加强，逐步加大计算机自动调整目标控制区域的"力度"是完全可能的。计算机能在多大范围内和以多大的敏感度调整目标控制区域，主要取决于计算机对槽况的判断能力。而这种判断能力一方面取决于能否获得足够的判据，另一方面取决于槽况诊断软件的优劣。

从电阻控制的目的可知，用于调整电阻目标控制区域的槽况信息主要是与槽稳定性（反映极距）及热平衡相关的信息。

利用槽稳定性（即电阻波动）信息来自动调整电阻目标控制区域的常见做法是：由控制系统按一定周期（如24h）计算周期内的电阻平均波动幅度，然后根据平均波动幅度（并结合当前波动幅度）来调整下一周期内的设定电压。调整原则是：电阻波动幅度大于某一设定上限，则升高设定电压；波动幅度小于某一设定下限，则降低设定电压。生产实践表明，电阻波动幅度的升高与降低不仅反映极距是否合适，而且能反映热平衡的变化。例如，铝电解槽向冷槽发展时，电阻波动往往会加剧；而向热槽发展的初期，电阻波动往往减小，甚至可能变得异常稳定。因此通常情况下，根据电阻波动调整设定电压的原则与根据热平衡来调整设定电压的原则是相容的。

同样，控制系统可按一定的周期（如24h）分析过去的一个周期中铝电解槽的热平衡状态，若铝电解槽呈冷槽状态或向冷槽发展，则升高设定电压；反之，若铝电解槽呈热槽状态或向热槽发展，则降低设定电压。

必须指出，设定电压调整的周期不能太短，也不能仅根据个别测量数据来进行调整。调整周期过短带来的问题是导致振荡式的调整，产生槽况波动；加之信息统计的时间段太短会使统计信息的可信度降低（尤其是对铝电解槽冷热趋势判断的可信度会降低），从而使设定电压调整的正确程度下降。更不能根据个别的人工测量数据进行调整，例如不能以人工定期测量的电解质温度（尤其是过热度）数据作为控制系统调整设定电压的主要依据，因为无论测定值多么准确，它都不能准确反映热平衡状况。这一方面是测定周期长（几小时甚至24h）；另一方面是温度（或过热度）测定时的氧化铝浓度情况未知，而电解质温度（尤其是电解质初晶温度与过热度）受氧化铝浓度变化的影响很大。理论计算表明，在我国目前常用的电解质成分范围内（摩尔比2.1~2.4），氧化铝质量分数变化2%（这是正常变化范围），可使电解质初晶温度（或过热度）相差10~12℃。因此，在氧化铝浓度不能准确测量的情况下，哪怕发现相邻两次的过热度测定值产生了10℃的变化，也无法确定是否需要调整设定电压（因为氧化铝质量分数在3.5%时的过热度比氧化铝质量分数在1.5%时的过热度高10℃是正常的）。可见，即使未来解决了电解质温度或过热度的在线连续检测问题，也不应该过于频繁地随电解质温度或过热度的变化而调整槽电阻的目标控制区域，除非电解质温度、过热度、氧化铝浓度和极距都可以在线准确地测量并能建立起电阻目标控制区域与这些参数间的完整且准确的数学模型。

② 确定合理的槽电阻调节频度 槽电阻调节过于迟钝会使电阻的调节不及时，影响槽况稳定；而过于敏感（调节过于频繁）也会影响槽况的稳定性，更重要的是会严重干扰氧化铝浓度的控制。众所周知，现代铝电解控制系统分析判断氧化铝浓度的主要依据是低通滤波电阻（或称平滑槽电阻）的变化速率（即电阻斜率）和变化范围，而电阻调节会打断正常的槽电阻低通滤波（平滑）过程。因此，从氧化铝浓度控制的角度而言，电阻调节越少越好。

有两个设定参数对电阻调节频度产生重要影响：一个是电阻目标控制区域的宽度（即"死区"宽度）；另一个是电阻调节的最小间隔时间（即最小RC周期）。

为了获得理想的调节频度，一种常见的设定死区宽度的做法是为控制系统给定两个或两个以上的死区宽度。例如，无电阻针振或摆动（即正常槽况）时，使用"窄死区"；而有电阻针振或摆动时，使用"宽死区"。"宽死区"还可以应用于其他情况，例如人工作业（出铝、换极等）后的一定时间内，氧化铝浓度控制的关键阶段，近期电阻调节的效果不好等。更细致地调整死区的做法是，预先建立一种算法，使控制系统能根据近期电阻波动、人工作业、氧化铝浓度控制以及电阻调节频度等情况自动修正死区宽度，使电阻调节频度趋于最佳。例如，当电阻波动加剧或近期电阻调节过于频繁时，控制系统自动加大死区宽度，反之则缩小死区宽度；若电阻调节效果不好（调节后电阻实际变化量与计算的调节量偏差太大，甚至变化方向与预定方向相反），则可能是极距过低（压槽）或阳极效应引起的，因而应自动加大死区宽度，同时禁止下降阳极。

对于最小RC周期这一设定参数，也可使控制系统以"原则性与灵活性相结合的方式"来使用。例如，当电阻严重偏离目标控制区域时，可以不受最小RC周期的限制（可立即启动新一轮电阻调节）。更灵活的做法是，建立一种算法使控制系统能够根据低通滤波电阻偏离死区的程度来修正最小 RC 周期。基本原理是，如果低通滤波电阻偏离死区达到一定程度，那么随着其偏离程度的进一步增大而逐渐缩小最小 RC 周期，以便尽早消除这种偏离死区过大的情形；如果低通滤波电阻偏离死区的程度不大，则不缩小最小 RC 周期。采取这种措施既可防止电阻不稳定时调节过于频繁，又可避免电阻偏离死区过大的情形维持很长时间。

除了采用上述与设定参数相关的措施外，还可以在电阻调节的限制条件中增加一些避免调节过于频繁的策略，例如：如果本次解析周期中发现低通滤波电阻或系列电流有下降趋势（下降速率超过对应的设定值），那么本周期中不进行降低电阻的调节；反之，如果本次解析周期中发现低通滤波电阻或系列电流有上升趋势（上升速率超过对应的设定值），那么本周期中不进行升高电阻的调节。采用这样的限制条件目的很明显，就是先"观察"一下电阻（或电流）的变化是否可以使电阻自动进入到目标控制区域，否则有可能现在降低了电阻，过一会还得升高电阻；或者现在升高了电阻过一会又得降低电阻，导致调节频繁。

③ 智能控制技术的采用　前述介绍的改进电阻控制效果的措施是传统的基于数学模型的控制方法所难以实现的，而使用一些智能控制技术则更容易实现一些智能化的控制策略。智能控制不依赖于被控对象的数学模型，能利用人的经验、知识采用仿人智能控制决策实现复杂和不确定系统的高性能控制，因此很适合于像铝电解槽这样的复杂对象。

④ 加强人机配合　随着智能化程度愈来愈高的新型控制技术的采用，人与机的智能能否和谐统一是至关重要的，故此应该重视现场操作管理人员的技术培训，使他们充分理解和接受新的控制思想，这样才能避免"人机冲突"。

从人工操作维护方面来考虑，首先，要求操作管理人员理解槽电压与摩尔比等工艺参数间的关系，能根据铝电解槽整体技术条件正确地设定电压。其次，操作管理人员要能很好地理解控制系统中电阻控制的基本原理与相关的调节策略，保证人机默契配合，避免人工的随意干预，更要避免人工调节与自动调节的冲突。

操作人员已经发现某些铝电解槽的槽电阻超出了目标控制区域，但控制系统却未及时进行调节，这有可能是控制系统正采用一些限制电阻调节频度的措施，而生产现场的操作与管理人员可能对这些限制措施不熟悉，未观察出来。例如，控制系统中使用了诸如"如果本次解析周期中发现低通滤波电阻的下降速率超过设定值，那么本周期中不进行降低电阻的调节"这样的限制条件，现场操作人员是不容易从槽电压表上观察出当前电阻变化是否符合这样的限制条件的。

人机配合还有很重要的一个方面，就是现场操作人员必须严格执行作业标准，提高操作与管理质量，减少对铝电解槽的干扰，维持正常的工艺技术条件，从而为控制系统创造一个良好的控制环境与条件。

（3）出铝和换极过程中的槽电阻监控

① 出铝过程中的槽电阻监控　出铝与换极过程的电阻监控属于非正常电阻控制。出铝前，需由操作人员手动输入通知控制系统（槽控机），槽控机便运行专门的出铝监控程序，通过跟踪槽电阻曲线来监控出铝的全过程。

出铝监控过程中典型的槽电阻变化曲线如图 9-10 所示。根据图 9-10，可将出铝监控的全过程分为下列 6 个阶段：

a. 出铝初始。计算机接收到出铝预定信号，在有关程序中设定必要的标识符。

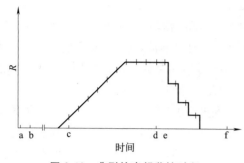

图 9-10 典型的出铝监控过程

b. 出铝准备。程序完成必要的初始化工作（如暂停下料控制和正常电阻控制），进入监控出铝过程的状态。

c. 出铝开始。程序检出槽电阻增加超过某一限值时，确认出铝开始。

d. 出铝结束。程序检出槽电阻已停止增加基本稳定时，出铝结束。

e. 出铝控制。程序在连续数次（如 3 次）的解析周期里都作出了出铝结束的判断后进行槽电阻的调节。先用向下粗调，必要时再用向下或向上微调，分数次将槽电阻调至规定的范围内。

f. 控制完成。当槽电阻调节达到要求后，槽控机确认控制完成，恢复对出铝槽的正常控制。

计算机在下列情况之一出现时，自行中断出铝监控并输出相应信息：

a. 槽电阻异常。

b. 发出阳极移动命令但没有回转计的脉冲信号返回（适合装有回转计的铝电解槽）。

c. 出铝结束时，槽电阻比设定值（或出铝前的电阻）高出太多，超过限度值。

d. 出铝结束后进行槽电阻调节时，阳极总的下降时间超过限值，但槽电阻尚未调至要求的范围。

e. 指示阳极下降但出现槽电阻上升。

f. 出铝过程中发生了阳极效应。

g. 等待出铝开始的时间或出铝过程持续时间超过限值（如 30min）。

出铝监控完成后，或中途退出监控后，计算机还要存储相关信息，例如出铝引起的槽电阻（槽电压）上升量、阳极移动总持续时间和移动量、收到的回转计脉冲数、完成或中断时刻以及中断监控的理由等。

② 预焙槽阳极更换过程的电阻监控　在换阳极操作前，由操作者按下"阳极更换"按钮通知槽控机，槽控机便取消下料控制和正常电阻控制，并监视该槽槽电阻的变化。当发现槽电阻明显上升一个值（旧阳极取出引起），之后又下降一个值（新阳极置入引起）时，便断定新极安装已完成，在一定时间后恢复常态控制。如果其电阻变化值不明显而不能确认时，计算机在更长时间（如 1h）后恢复常态控制。

由于上述利用槽电阻变化判断旧阳极取出与新阳极插入的程序成功率不高，加之即使判断出新阳极插入也可能因槽上操作未完全结束而不能移动阳极，因此，现今都以严格的作业标准要求操作人员在阳极更换结束后再次按下"阳极更换"按钮通知槽控机，使槽控机恢复常态控制。

9.3.4 氧化铝浓度控制

（1）氧化铝下料控制

现代预焙铝电解槽的点式添加氧化铝技术仍是借助于监测铝电解槽的槽电阻实现的。其基本原理是槽电阻随氧化铝浓度（质量分数，以下同）的变化而改变。图 9-11 所示是一个比较有代表性的铝电解槽槽电阻与氧化铝浓度的关系，在氧化铝浓度为3%～4%左右时存在一个最低点，而氧化铝浓度对铝电解槽槽电阻的敏感区域在槽电阻最低点的左边。氧化铝浓度的最佳控制方案应在2%±0.5%之间，但是氧化铝浓度不能控制在低于1%（尽管许多文献认为在低氧化铝浓度范围内，铝电解槽可以获得更高的电流效率）的范围。氧化铝浓度低于1%是阳极效应的风险区，因为在工业铝电解槽阳极电流密度为0.7A/cm^{2}时，发生阳极效应的临界氧化铝浓度就在1.0%左右。

氧化铝的加料方式有三种：一种是欠加料，一种是过加料，还有一种是正常加料（等量加料），这是指氧化铝的加料速度，它是以每分钟或每小时添加的氧化铝质量来表示的（kg/min或kg/h）。铝电解槽上一个成功控制氧化铝浓度的加料方法是欠加料和过加料二者交替进行，这种加料方法可将氧化铝的浓度控制在1.5%～3.0%的范围内。在实际控制过程中，由于每个料斗的料量相同，所以欠加料和过加料是以控制加料的时间间隔实现的。无论是欠加料、过加料，还是正常加料，氧化铝的加料周期都是指一个设定的时间段（一般都是按小时计算）。在同一个加料周期中，加料的时间间隔是一样的，但对不同的加料周期，加料的间隔时间可以是不一样的。所谓欠加料和过加料是相对周期内按铝电解实际消耗的氧化铝量而言的。当铝电解槽执行欠加料周期时，欠加料量为正常加料量的15%～80%左右，而过加料是超过正常加料量的20%～100%左右。因此，一旦确定了欠加料量或过加料量，就可以计算出在该加料周期内氧化铝加料的间隔时间。图9-12所示是法国彼施涅公司氧化铝加料方案原理。

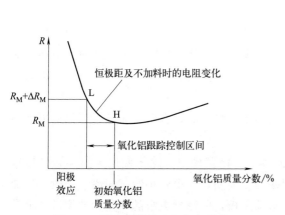

图9-11 铝电解槽槽电阻与氧化铝质量分数关系的曲线

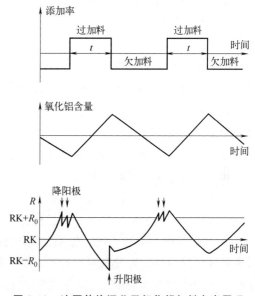

图9-12 法国彼施涅公司氧化铝加料方案原理

由图9-12可以看出，该氧化铝加料方案只使用欠加料和过加料，这是一个欠加料和过加料轮换交替的加料制度。由图也可以看出：

① 在欠加料周期内，电解质中氧化铝的浓度随着电解时间的增加而降低，而槽电阻则随着电解时间的增加而增加；

② 在过加料周期内，氧化铝浓度逐渐增加，而槽电阻则随之降低；

③ 在欠加料周期的后期，往往会出现铝电解槽的槽电阻高于所控制的偏差范围。此时铝电解槽的控制系统会发出指令，使阳极降低一次，让槽电阻进入非调节区，阳极下降的距离仅为十分之几毫米。随着时间的增加，当槽电阻再次升高到超过控制的偏差范围时，阳极再降低。如果槽电阻仍没有进入非调节区，还可再降阳极，但一般最多不超过5次。如果在多次阳极调整后槽电阻再次超过控制的偏差范围时，开始执行过加料过程。

铝电解槽点式下料的程序实际上是一个全程控制槽电阻变化以及当这种变化超过给定值时，产生一个过加料时间段的程序，槽电阻对时间的微分可用式（9-7）表示：

$$\frac{dR}{dt} = \frac{dR}{dw_{Al_2O_3}} \cdot \frac{dw_{Al_2O_3}}{dt} \tag{9-7}$$

由式（9-7）可以看出，在给定的氧化铝欠加料速度 $\frac{dw_{Al_2O_3}}{dt}$ 下，测得了 $\frac{dR}{dt}$，就能确定出 $\frac{dR}{dw_{Al_2O_3}}$ 的斜率。当氧化铝浓度达到很低的值时，即达到一个临界的斜率时，计算机就可以形成一个过加料期。如果氧化铝浓度尚未达到这个临界值，就要利用降阳极的方法迫使槽电阻进入非调节区，因此预焙槽点式下料的计算机控制过程是建立在极距小量降低的基础之上的。通过对过加料前阳极下降的次数、时间和过加料时间段的修正来实现铝电解槽氧化铝下料制度的控制。连续计算 $\frac{dR}{dt}$ 斜率时一般是通过一个临界的斜率值启动过加料。

铝电解槽的稳定性是与铝电解槽合理的加料制度分不开的。铝电解槽控制水平的高低不仅取决于它的硬件设备，还取决于它的软件技术。已有的研究指出，过程控制较好的氧化铝加料制度是欠加料周期的 Al_2O_3 加料速度为 Al_2O_3 消耗速度的75%。在欠加料时，Al_2O_3 的加料速度低于电解消耗速度的50%时，铝电解槽是不稳定的。

（2）氧化铝下料过程控制对极距的影响

如上所述，点式下料的计算机控制是建立在欠加料周期的后期极距少量降低的基础之上的。它给出的极距降低只是十分之几毫米，这一般发生在确认阳极效应发生之前。但在过加料过程中，铝电解槽的极距通常是通过铝电解槽的槽电阻控制的，在这期间，铝电解槽的极距又回到了它原来的目标控制值。

应该说，控制氧化铝浓度的氧化铝加料方法并不是唯一的，虽然现在控制氧化铝浓度的原理没有改变，但控制方法各有其特色：

① 美国凯撒铝业公司的氧化铝加料控制模型 在该模型中，除了使用欠加料、过加料和等量加料周期外，还设置跟踪检查周期。跟踪检查周期是一个较小的时间段，一般以分钟计算。在跟踪检查周期中，停止氧化铝加料和移动阳极，跟踪槽电阻的变化，计算槽电阻对时间的斜率，并根据这种变化制订下一步的氧化铝加料周期和加料速度。

a. 当槽电阻斜率变化较小时，在上一个氧化铝周期采用的时间间隔上加一个 Δt 时间，相对上一个加料周期形成欠加料过程。

b. 当槽电阻斜率变化适中时，仍维持上一个氧化铝加料周期采用的加料间隔时间，相对上一个氧化铝加料周期形成等量加料过程。

c. 当槽电阻斜率变化较大时，在上一个加料周期采用的加料间隔时间减一个 Δt 时间，相对上一个氧化铝加料周期形成过加料周期。

② 挪威海德罗氧化铝浓度控制技术　该技术的自适应控制数学模型为式（9-8）：

$$Y(k)=b_1\mu_1(k-1) \tag{9-8}$$

式中　$Y(k)$——槽电阻变化值，Ω；

　　　b_1——槽电阻对氧化铝浓度变化的斜率，Ω/kg；

$\mu_1(k-1)$——氧化铝消耗量与实际加料量的差，kg。

首先设定 b_1 变化范围最大值为 b_0，通过欠加料过程和过加料过程的交替进行，即改变氧化铝浓度，始终将 b_1 值控制在小于 b_0 的范围内，从而控制氧化铝浓度在 1.5%～3.5% 的区域间。

最后还应该强调的一点是，要想成功地借助槽电阻的变化实现氧化铝浓度的控制，如下两个方面的技术条件是必要的：

a. 尽可能地使供电电流稳定，使铝电解槽热平衡稳定，因为铝电解槽温度变化 10℃，由于电解槽电阻的改变，将会使铝电解槽极距调整 0.4mm 左右。氧化铝在溶解过程中要吸收电解质熔体中的热量，使电解质温度降低。因此，在过加料和欠加料过程中，氧化铝溶解速率对电解温度的影响在借助槽电阻进行控制时进行修正是必要的。

b. 在控制过程中，电解质熔体的体积应尽可能地保持恒定，因为氧化铝浓度随时间的变化 $dw_{Al_2O_3}/dt$ 与电解质熔体的体积有关。

（3）熄灭阳极效应

正常工作的铝电解槽发生阳极效应是电解质熔体中缺少氧化铝导致的。一般认为，过多的铝电解槽阳极效应是不好的，因为阳极效应的发生会使铝电解槽的热平衡产生剧烈波动，电解质温度升高，氟化盐大量挥发，电流效率下降，电能消耗增加。对于恒功率供电的铝电解槽来说，一个铝电解槽发生阳极效应会使整个铝电解槽系列的电流降低，造成系列电流波动，整个系列铝电解槽的槽电压降低，这样会使整个系列铝电解槽的热平衡产生波动。但很多人认为偶尔发生一次阳极效应也是有益的，其理由是阳极效应有分离电解质中的炭渣和清理槽底沉淀的作用。因此，按给定的阳极效应系数，有计划地每隔 3～6d 让铝电解槽发生一次阳极效应也是大多数铝厂惯用的一种技术管理方法，并使用计算机进行控制。该控制原理是超出设定的两次阳极效应发生的时间间隔后，铝电解槽仍未发生阳极效应，这时要让铝电解槽发生阳极效应，采用的方法是停止向铝电解槽中添加氧化铝，直到发生阳极效应为止。

熄灭阳极效应的方法有多种，有传统的人工熄灭法，如向铝电解槽中插入木棒，木棒在插入高温熔体后进行炭化的过程中，产生大量的碳氢化合物气体、H_2 和水蒸气，搅动电解质和铝液使槽底沉淀溶解，提高氧化铝在电解质熔体中的浓度。木棒炭化的同时，大量气体的逸出有吹散阳极表面气膜的作用。此外，将漏铲等铁制工具插入槽底，搅动铝液和电解质，也能够达到熄灭阳极效应的目的，但铁制工具在电解质和铝液中的溶解，会提高铝液中铁的杂质含量，降低阴极铝的纯度，因此，这种方法不宜推广使用。现代化铝电解槽阳极效应的熄灭是借助计算机自动熄灭的，熄灭方法是短时间降阳极（几秒钟）。阳极母线大梁上下连续移动一个回程叫作一个位移循环。图 9-13 所示是计算机自动熄灭阳极效应的原理。

图中纵坐标表示阳极的水平位置，横坐标表示时间。阳极效应的熄灭过程如下：①当阳极效应发生时，首先计算机要根据测定的槽电压大小来判断铝电解槽是否发生了效应，如果槽电压 U 大于设定的效应电压 U_{AE}，计算机控制可确认铝电解槽发生了阳极效应，设定的效应电压一般在 10V 左右。一旦确认铝电解槽发生了效应，即可让铝电解槽加料单元设备进行过加料。

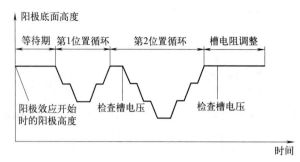

图 9-13 阳极效应自动熄灭原理

②等待一段时间后，开始两次下降阳极，之后再两次提升阳极，使阳极完成一个位移循环。③监测槽电压，看槽电压是否已经恢复到了正常（$U<U_{AE}$）。④如果槽电压仍高于效应电压，表明效应尚未熄灭，此时再进行第二个阳极两次下降、两次上升的连续位移循环。⑤再一次监测槽电压，如果槽电压已经小于效应电压，恢复到了正常槽电压值，则可判定阳极效应熄灭。如果槽电压仍在效应电压范围之内，阳极效应仍未熄灭，可继续第三次阳极下降和上升的位移循环，直到阳极效应熄灭。⑥阳极效应熄灭后，使铝电解槽槽电阻恢复到正常的氧化铝浓度控制范围内，之后，开始进行正常的氧化铝浓度和加料控制程序。

9.3.5　电解质摩尔比控制（AlF_3添加控制）

随着低摩尔比工艺技术的采用，电解质成分（主要是 AlF_3 的添加）的计算机控制愈来愈受到重视。现代铝电解槽的上部结构中安装有独立的 AlF_3 料斗，由计算机控制 AlF_3 作点式添加。AlF_3 添加控制与槽电阻控制的有机结合构成铝电解槽热平衡和电解质组成控制的基础。当前国内外能将摩尔比与热平衡的控制综合起来考虑并加以控制的方法可归纳为下列几种类型：

（1）基于槽温、摩尔比实测值的查表控制法

该法首先针对特定的槽型与工艺建立一个 AlF_3 基准添加速率数学模型，根据氧化铝原料组成和槽龄确定不同槽龄的铝电解槽的 AlF_3 基准添加速率。然后，在实际的控制过程中，再根据各台铝电解槽摩尔比、电解质温度等参数的实际变化情况，对 AlF_3 添加速率在基准速率的基础上做调整。

① AlF_3 基准添加速率的数学模型

a. 槽龄与 AlF_3 消耗速率的关系。新槽启动后，由于阴极内衬吸收钠的速率很大，以致在运行的第一周，需要大量的碳酸钠。钠的吸收速率随槽龄增大而迅速减小，当槽龄大约为 800~1000d 时，钠的吸收几乎停止，因此，尽管槽型、下料方式及使用的 Al_2O_3 原料不同，AlF_3 用量与槽龄之间都存在图 9-14 所示的定性关系，主要区别是，当钠的吸收停止后，AlF_3 的稳定用量值不同。

企业首先根据统计结果列出 AlF_3 用量与槽龄的修正关系表（或者做出拟合曲线），存储在计算机中，供控制系统在确定 AlF_3 基准添加速率时调用。

b. Al_2O_3 原料组成与 AlF_3 消耗速率的关系。铝电解槽在启动初期后，需要添加 AlF_3 控

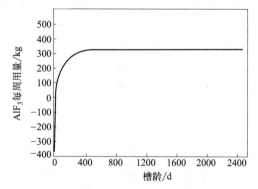

图 9-14　AlF_3 用量与槽龄关系示意

制摩尔比的主要原因是 Al_2O_3 原料中所含的 Na_2O 随添加的原料源源不断地进入电解质。由化学反应式（9-9）可求出用来平衡原料中 Na_2O 和 CaO 所需的 AlF_3 单槽每周用量：

$$AlF_3 \text{每周用量} = \frac{\text{单槽金属日产量} \times 7}{\text{原料中金属总含量}(\%)} \times \left[1.355 \times w(Na_2O) \times \frac{1 + \frac{2}{3} \times \text{质量比}}{\text{质量比}} + 0.9983 \times w(CaO)\right] \quad (9-9)$$

其中，原料中金属总含量[记为 $w(Me)$] 可由式（9-10）从原料的成分分析结果中求出：

$$w(Me) = 0.5293 \times \{1 - w(SiO_2) - w(Fe_2O_3) - w(ZnO) - w[\text{烧损}(1000℃\text{下})] - 0.4516 \times w(Na_2O) - 0.3940 \times w(CaO)\} + 0.4674 \times w(SiO_2) + 0.6994 \times w(Fe_2O_3) + 0.8034 \times w(ZnO) \quad (9-10)$$

针对特定的槽型和工艺制度，由试验与统计分析获得槽龄与钠的吸收速率之间的定量关系后，便可将此与式（9-9）和式（9-10）表达的原料组成与 AlF_3 消耗速率的定量关系相结合，构成 AlF_3 基准添加速率与槽龄和原料组成之间的关系式。

② AlF_3 基准添加速率的调整

a. 调整的主要依据——摩尔比与电解质温度的同步测定值。调整 AlF_3 添加速率的主要依据有两个：一个是摩尔比，另一个是电解质温度。相对于槽电阻、Al_2O_3 浓度等参数而言，摩尔比可视为慢时变参数，因此，在正常槽况下人工定期（如每隔 1d）取样测定电解质组成和同一时刻的电解质温度，便可以满足电解质组成控制的需要。

摩尔比在很大程度上决定着铝电解槽正常运行的电解质温度，反过来，电解质温度的变化也引起摩尔比发生变化。由于偏析导致液态电解质的摩尔比总是低于结壳的摩尔比，因此当铝电解槽走向热行程时，摩尔比会因结壳熔化而升高；反之，槽走向冷行程时摩尔比会降低。这就是用电解质取样分析摩尔比时，必须同时测定电解质温度的缘故。当确定铝电解槽的目标摩尔比时，也必须考虑电解质温度，例如当温度在（$T_{(基准)} \pm \Delta T$）内变化时（如 $\Delta T = 10℃$），摩尔比目标值相应地在（$CR_{(基准)} \pm CR$）的范围内调整（如 $\Delta CR = 0.10$）。

出铝、换阳极、阳极效应等也通过影响热平衡而影响摩尔比。它们的影响作用也可通过试验来确定和建立模型。

b. 调整的算法——查表法。首先计算或查表得到与一定的原料组成和槽龄相对应的 AlF_3 基准速率，然后由槽温与目标槽温的差别、摩尔比与目标摩尔比的差别，用查表方式确定附加在基准添加速率之上的调整量。表 9-1 所示的是一个实例，该表中的添加调整量是指每周的调整量（调整量用袋数表示，每袋 25kg），用该表的调整量加上每周基准用量，再转化为 AlF_3 添加速率（AlF_3 自动下料的间隔时间），输入到计算机中执行。

表 9-1　AlF_3 添加调整量（附加于基准添加袋数之上，25kg/袋）

摩尔比实际值减去目标值得到的偏差	电解质温度		
	低于目标值 10℃ 以上	正常（目标值 ±10℃）	高于目标值 10℃ 以上
	AlF_3 添加袋数调整量		
+0.18~+0.22		+4	+3
+0.13~+0.17	+4	+3	+2

续表

摩尔比实际值减去目标值得到的偏差	电解质温度		
	低于目标值10℃以上	正常(目标值±10℃)	高于目标值10℃以上
	AlF$_3$添加袋数调整量		
+0.08~+0.12	+3	+2	+1
+0.03~+0.07	+2	+1	0
−0.02~+0.02	+1	0	−1
−0.03~−0.07	0	−1	−2
−0.08~−0.12	−1	−2	−3
−0.13~−0.17	−2	−3	−4
−0.18~−0.22	−3	−4	

在实际执行 AlF$_3$ 添加的过程中，还应根据具体情况对添加量作适当调整，例如添加固体电解质时应减小 AlF$_3$ 添加速率，AE 预报后加大 AlF$_3$ 添加速率等。此外，与 AlF$_3$ 添加速率的调整相配合，为了获得理想的摩尔比和热平衡综合控制效果，在确定槽基准时，还应根据摩尔比和阴极压降等情况考虑设定电压的调整方案。

最后，简要地指出，除了摩尔比的调整外，$w(CaF_2)$ 的调整也可交由计算机进行。利用 AlF$_3$ 与 CaO、NaO 的化学反应式和 Al$_2$O$_3$ 原料中 CaO、NaO 的含量（%），可得出估算新产生的电解质中 CaF$_2$ 含量的公式：

$$w(CaF_2)(电解质中) = \frac{1.392 \times w(CaO)}{1.392 \times w(CaO) + 1.355 \times \frac{1+R}{R} \times w(Na_2O)} \quad (9-11)$$

式中 R——质量比。

计算机综合人工取样分析结果，用式（9-11）估算的结果来确定 CaF$_2$ 的添加速率。

（2）基于摩尔比、槽温等参数间的回归方程的控制法

① 基于摩尔比与槽温（测定值）之间的回归方程的控制法 加拿大铝业公司的 Paul Desclaux 提出了一种无需摩尔比分析值，只采用铝电解槽温度测量值来计算 AlF$_3$ 添加速率的摩尔比控制方法。认为槽设计一定时，槽温度仅是电解质成分的函数，且电解质成分与槽温之间能快速达到平衡。而电解质中 CaF$_2$ 等添加剂的含量变化很小，因此槽温可视为摩尔比的函数。根据槽温与摩尔比的回归直线关系，用槽温测量值取代传统的摩尔比分析值来决定 AlF$_3$ 添加量，如式（9-12）所示。

$$A_I = A_0 + 5(T_I - T_t) + 2(T_I - T_{I-1}) \quad (9-12)$$

式中 A_I——当天 AlF$_3$ 添加量，kg；

A_0——由槽龄确定的 AlF$_3$ 基准添加量，kg；

T_I——当天槽温，℃；

T_{I-1}——前一天槽温，℃；

T_t——槽温目标值，℃。

② 基于槽温变化速率回归方程及冷、热行程分析的控制法 M.J.Wilson 提出了另一种仅根据槽温计算 AlF$_3$ 添加速率的摩尔比控制方法。首先根据槽龄和使用的氧化铝的特点

(含钠量、载氟量)确定 AlF₃ 基准添加速率,然后根据槽温的变化趋势对 AlF₃ 添加速率进行修正。当铝电解槽走向热行程时,采用由回归得到的槽温变化速度、回归得到的热行程起始温度和温度控制下限值之差来决定 AlF₃ 添加速率的增加量;当铝电解槽走向冷行程时,采用由回归得到的槽温变化速度、回归得到的冷行程预计最终温度和温度控制上限值之差来决定 AlF₃ 添加速率的减少量。最后还根据槽温与槽温目标值之间的差值来修正 AlF₃ 添加速率,以弥补铝电解槽在不同槽温条件下 AlF₃ 挥发带来的损失。

③ 基于摩尔比与槽温、平均槽电压及 AlF₃ 添加速率之间的回归方程的控制法 P. M. Entner 等根据一段时期内的电解质温度测量值 T、过剩 AlF₃ 浓度分析值 C、AlF₃ 添加速率值 F 和平均槽电压值 U,用线性回归方法得到槽状态方程式 (9-13):

$$T = a_0 + a_1 C + a_2 U \tag{9-13}$$

和过程方程,见式 (9-14):

$$C = b_0 + b_1 F + b_2 T \tag{9-14}$$

式 (9-13) 和式 (9-14) 中,C、U、F、T 为考虑了时间滞后的几天内的平均值。根据设定的目标槽温和过剩 AlF₃ 浓度,按式 (9-13) 和式 (9-14) 迭代计算得出最后一次取样分析过剩的 AlF₃ 浓度,以及测量槽温滞后几天最佳的 AlF₃ 添加速率和最佳的槽电压设定值。该回归模型的参数每隔一定时间重新计算,以跟踪铝电解槽的当前状态和适应槽龄的逐渐变化。当回归模型的回归参数超出设定界限时,视为惰性(不灵敏)的槽状态,此时选用一套标准回归参数来计算 AlF₃ 添加速率和槽电压设定值。槽状态变化也可从电解质高度、铝液高度和出铝比(阳极下降量与出铝质量比)的变化中判断,用以调整 AlF₃ 添加速率和槽设定电压,以维持稳定的热平衡状态。

(3) 基于初晶温度(过热度)实测值的控制法(九区控制法)

德国 TRIMET 铝业公司试验了一种基于电解质初晶温度(过热度)和电解质温度测量值的摩尔比与设定电压的综合控制法,称为九区控制法。根据初晶温度测定值和温度测定值的高、中、低,把控制区域划分为图 9-15 所示的九个区域。其中位于中央的第五区是正常工作区。当铝电解槽位于该区以外的区域时,就需要调整电压或者 AlF₃ 添加速率,使铝电解槽向第五区回归。各区中的调整策略标识在图中,而具体调整量要根据试验确定。

从图 9-15 中标识的控制策略可见,该控制方法主要依据电解质温度与目标值的偏差来调整设定电压,主要依据初晶温度与目标值的偏差调整 AlF₃ 添加速率,并且在某些区域中,过热度的大小是进行决策的依据,即据此确定是调整电压还是调整摩尔比。

据报道,该控制方法有较好的效果,我国的一些铝厂也在试用这种控制方法(包括试用一种可同时测定电解质初晶温度和过热度的装置)。但该方法也存在下列局限性:

① 需要使用专用的过热度测定装置,且该装置需要使用一种一次性的测定探头,因此运行的成本较高。在所报道的试验中,该项控制每天实施一次,但初晶温度(过热度)每隔 1d 才检测一次,没有检测值时,使用初晶温度和过热度与槽电压等参数间的数学模型来计算,这无疑带来较大误差。

② 没有考虑摩尔比以外的因素对摩尔比的影响,尤其是没有考虑氧化铝浓度对初晶温度的强烈影响。即使氧化铝浓度在 ±1% 的正常范围内变化,引起的初晶温度变化也可达 ±(5~6)℃。而过热度测定装置并不能同时测定氧化铝浓度,因此无法修正该影响因素。该影响因素引起的误差与装置的测定误差叠加在一起,可能导致初晶温度的测定值不能真实地反

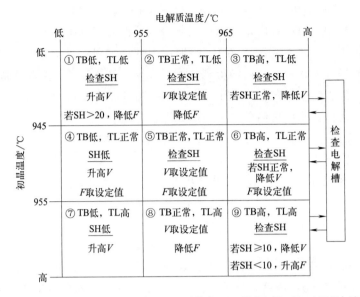

TB—电解质温度；TL—初晶温度；SH—过热度；V—设定电压；F—AlF₃添加速率

图 9-15　九区控制算法

映电解质摩尔比的实际高低，从而引起摩尔比控制失误。虽然通过增加测定频率和数据平滑处理（如使用最近数次测定值的平均值）可以减小氧化铝浓度变化带来的偏差，但测定频率太高则增加测定成本，而测定频率太低则使平滑处理带来的数据滞后性太大。

③ 该控制方法依据电解质温度及过热度的测定值来调整设定电压的做法也过于片面。设定电压调整的其他重要依据（如电压针振与摆动情况）必须加以考虑。此外，槽温发生异常波动时，首先应该查找和消除引起槽温异常波动的其他原因，然后才是考虑设定电压的调整。

（4）基于槽况综合分析的控制法

上述几类控制法所用控制模型或策略都较简单，模型的输入变量主要考虑了槽温和摩尔比的人工定期检测值，这一方面对人工检测的周期及测量精度有较高的要求，另一方面忽略了与摩尔比变化相关联的其他因素，且对摩尔比与其影响因素之间的非线性关系考虑不足。

要真正实现摩尔比的最优控制应该根据槽况（尤其是热平衡状态）综合分析结果来制定摩尔比的调节策略。而电解质温度（包括初晶温度与过热度）测定值虽然是反映铝电解槽热平衡状态的重要参数，但两者之间不能划等号，这不仅因为电解质温度的人工检测周期太长且可能存在较大误差，而且还因为电解质温度不能全面描述铝电解槽的热平衡状态。例如，不能单凭温度升高或降低做出冷行程或热行程的结论；如果两次测定电解质温度时，电解质中的氧化铝浓度相差 2%，也可能引起电解质温度测定值相差 10℃ 以上；设定电压过低引起热收入不够，或者铝液高度过高引起热支出过大，也会引起电解质温度变化，进而引起摩尔比变化。显然，在这些情况下正确的处理方式都不是直接调整摩尔比，而是应该调整影响热平衡的其他因素，如物料平衡、设定电压、出铝量等。

精细的摩尔比控制决策不仅应该考虑热平衡状态，还需考虑铝电解槽槽况的其他方面（如物料平衡、槽稳定性等），也就是说应该全面考虑槽况，例如，如果当前电阻波动严重，或者槽膛不好，或者槽底沉淀严重，也可能需要适当减小 AlF_3 添加速率。

此外，为实现精细的摩尔比控制，不仅要考虑当前槽况，而且要分析预测槽况的变化趋势，例如，出现热平衡向冷槽发展、槽电阻波动或槽底沉淀向严重的方向发展等情况时，那么即使当前摩尔比较高，也不能按常规增大 AlF_3 添加速率。

基于以上考虑，在开发槽况综合诊断与决策系统时，把 AlF_3 添加速率这一参数作为需要通过决策来取值的参数之一。换言之，将摩尔比控制融入槽况诊断与决策之中，这样就能避免使用单一的 AlF_3 添加控制模型"考虑不周"或"顾此失彼"的问题。以开发的一个简单的槽况诊断与决策系统为例。

① 系统采用如下输入变量作为槽况诊断的判据：a. 电解质温度；b. 铝液高度；c. 电解质高度；d. 24h 针摆（包括针振和摆动）的累计时间；e. 阳极上升、阳极下降平均电阻率；f. 摩尔比。

② 以 24h 为周期，进行槽况诊断，诊断当前槽况最符合下列几种类型中的哪一种（或哪两种）：a. 炉膛不好；b. 炉底不好；c. 冷槽；d. 热槽；e. 假热槽（过热度低）；f. 理想槽况；g. 不理想槽况。并用 [0, 1] 之间的取值描述结论的可信程度（若为病槽，也代表病槽的严重程度）。

③ 最后，系统根据输入变量及诊断结论，做出控制决策，即确定下列三个输出变量的取值：a. 设定电压；b. AlF_3 添加速率；c. 出铝量。其中，对 AlF_3 添加速率的决策原则是：如果为炉膛不好、炉底不好、冷槽、针摆严重或者有向病槽发展的趋势，则下个周期（24h）中需减小 AlF_3 添加速率；如果为热槽或有向热槽发展的趋势，则下个周期中需增大 AlF_3 添加速率。

上述的槽况诊断与决策系统安装在上位机中，因此上位机将 AlF_3 基准添加速率决策值发送到槽控机，槽控机在具体执行时，还会根据当前槽况与槽上作业（如阳极效应发生、人工操作工序的进行等）进行 AlF_3 添加速率的二次调整。

（5）改进摩尔比控制效果的措施

要获得理想的摩尔比控制效果，第一要选用先进的控制模型与算法；第二要尽力保障控制模型与算法所需要的输入参数准确可靠，因此要十分重视人工定期检测摩尔比和槽温；第三要确保 AlF_3 下料系统计量准确，运行可靠；第四要加强人工管理，严格遵守作业标准，确保相关技术条件正确且稳定，尽量减少病槽发生，确保人机和谐配合，能正确地设置相关参数（如 AlF_3 基准下料速率），并正确地实施人工辅助调节。

从人工维护的角度考虑，尽可能保持铝电解槽运行稳定和防止病槽发生对于获得理想的摩尔比控制效果是十分重要的。在槽况维护中，保持铝电解槽的热平衡又是最重要的，因为热平衡的波动与摩尔比的变化最容易陷入恶性循环。尤其是采用低摩尔比操作后，熔融电解质组成（强酸性）与凝固的电解质组成（接近中性）差别大，因此摩尔比与热平衡的相互影响和相互作用要比高摩尔比状态下强烈得多；低摩尔比状态下的调整摩尔比操作会引起摩尔比和热平衡出现较长时间和较大幅度的"惯性"变化过程。

对于槽况不稳定、摩尔比偏离正常范围较大的铝电解槽，常常施以人工辅助调节。在进行人工辅助添加时或者人工调整 AlF_3 基准添加速率时，要密切注视摩尔比和热平衡的变化，要用系统的和动态的观点，找准引起摩尔比变化的原因和趋势，不能只看静态值或单靠调整 AlF_3 的添加量来调整摩尔比。由于摩尔比的调整会引起摩尔比和热平衡出现较长时间和较大幅度的"惯性"变化过程，因此人工调整时，每调整一次摩尔比便要等待铝电解槽进入一个相对较平稳的过程，然后再考虑下一次调整。如果两次下调摩尔比的操作没有足够的时间间隔，那么这两次操作对槽温和摩尔比的影响便会叠加在一起，铝电解槽的热平衡便会发生振荡。

思 考 题

1. 按照控制系统的结构形式与控制方式分类，简述铝电解控制系统的发展历程。
2. 现代铝电解工艺对控制系统提出了哪些基本要求？
3. "现场控制级-过程监控级"两级集散式（或网络型）系统的主要功能有哪些？
4. 多 CPU 网络型槽控机的主要特点是什么？
5. 阐述铝电解生产过程中槽电压的控制原理。
6. 阐述铝电解生产过程中正常电阻控制的基本原理与程序。
7. 改善正常电阻控制效果的措施主要有哪些？
8. 根据出铝监控过程中典型的槽电阻变化曲线分析出铝监控的全过程。
9. 若要稳定、有效地借助槽电阻的变化实现对氧化铝浓度的控制，必要的技术条件是什么？
10. 阐述计算机自动熄灭阳极效应的原理？
11. 归纳总结当前能将摩尔比与热平衡控制综合起来考虑并加以控制的方法。

第 10 章 铝电解智能工厂

10.1 铝电解智能工厂概况

10.1.1 铝电解传统工厂现状

目前铝电解整体生产装备水平不高,生产过程没有实现完全自动化,部分操作环境恶劣的工序仍然由人力完成,在自动化和信息化方面还存在较多的问题。主要表现在以下方面:

①自动获取参数少,数据利用率低　控制设备只能在线采集系列电流和槽电压,无法获取能反映铝电解槽运行状态的任何参数,如电解质温度、电解质高度、铝液高度等,这些参数只能依靠工人每天测量,并且人为测量参数的控制系统也未利用。

②自动感知信息少,控制水平低　控制设备无法自动感知铝电解槽内部各种状态信息,所以无法自动控制铝电解槽的运行状态,只能围绕人为设定的参数,在一定范围内进行自动调整。简单地根据铝电解槽电阻与氧化铝浓度的对应关系,围绕人为设定的加料间隔和增减量比例进行增减量期变换,按人为设定输出各类报表,控制水平低。

③自动控制功能少,控制效率低　控制系统仅对槽电压按设定值控制,无法自动控制热平衡;氧化铝浓度随电解质电阻变化控制,无法真正控制物料平衡;其他控制也仅是代替人工劳动的机械控制,无法对铝电解槽运行状态有效控制,所以整体控制效率很低。控制人员和工艺人员之间没有技术方面的交接,形成了控制、工艺两张皮。

④技术管理内容少,无法标准化　控制系统无法自动获取技术参数,无法对铝电解槽进行自动技术管理,铝电解槽的技术管理完全依赖人力。由于每个工人技术水平不同,管理方式各异,根本无法进行完全的标准化技术管理,因此同一企业同样规格的铝电解槽,不同系列会得出不同的管理效果;同一系列中不同工段由不同的人员管理,也会得出不同的效果。

10.1.2 铝电解智能化的发展

自 20 世纪 60 年代起,传统的铝电解产业便开始采用计算机控制技术。随着计算机技术、自动控制理论和技术以及铝电解工艺的发展，20 世纪 70 年代后大多数技术水平先进的国家已普遍实现铝电解生产的计算机控制与管理。计算机控制管理功能的不断加强，不仅逐步把操作者从高温、强磁场和高粉尘环境下繁重的体力劳动中解放出来，而且实现了准确、及时、稳定和精细的控制，也使采用大容量（180～500kA）预焙槽，在低温、低摩尔比、低 Al_2O_3 浓度这些有利于大幅度提高电流效率和降低能耗的技术条件下进行电解成为可能。当前国际上先进的电流效率指标（94%～96%）和直流电耗指标（13000～13300kW·h/t）都是在先进的计算机系统的监控下取得的。铝电解槽自动化操作水平的提高，也使高度封闭式铝电解槽的设计成为了可能，从而有力地推动了铝电解生产朝低污染或无污染的方向迈进。计算机系统的使用，还使铝电解这一传统产业的管理方式迅速走向数据化、标准化和科学化。计算机控制与管理系统已成为现代铝电解生产过程必不可少的自动化装备，它的发展水平已成为当代铝冶炼技术发展水平的重要标志之一。近年来，在"中国制造 2025"和"工业 4.0"等计划的推动下，发展智能制造符合铝行业发展需求，是实现铝行业转型升级的必然选择，实施智能制造是铝电解企业提升核心竞争力的重要途径。

智能制造是指具有信息自感知、自决策、自执行等功能的先进制造过程、系统与模式的总称。具体体现在制造过程的各个环节与新一代信息技术的深度融合，如物联网、大数据、云计算、人工智能等。智能制造大体具有四大特征：以智能工厂为载体，以关键制造环节的智能化为核心，以端到端数据流为基础，以网通互联为支撑。其主要内容包括智能产品、智能生产、智能工厂、智能物流等。

10.1.3　铝电解智能工厂特点

① 自动化　具有先进的工业自动化系统，实现对整个工艺过程的监测与控制。
② 数字化　实现物料、产品、设备、人员、环境的全面数字化，快速掌握生产运行情况，实现生产环境与信息系统无缝对接，提升管理人员对现场的感知监控能力。
③ 模型化　基于工厂模型构建各类工艺、业务的模型与规则，并与各种生产管理活动相匹配，实现标准作业、精准管理。
④ 可视化　对关键生产环节、人员、设备进行视频监视，跟踪生产运行情况，并采用智能特征提取技术及时发现和报警异常，消除安全隐患。
⑤ 集成化　具有信息集成平台，向上支撑企业经营管理，向下与生产过程实时数据高度集成，将各自独立的信息系统连接成一个完整、可靠的整体。
⑥ 决策科学化　具有企业数据中心，利用大数据技术对各应用系统数据进行集中管理和分析，协助企业及时发现问题、分析问题，进行风险预警，实现决策科学化。
⑦ 生产组织模式扁平化　集中企业管理职能，减少管理层级，形成企业-部门（分厂）-工序（班组）三级扁平化管理和作业，管理、服务一体化协同工作模式，实现专业化生产、专业化服务。

10.1.4　铝电解智能工厂管理目标

铝电解智能工厂可实现智能排产、精准控制、消除波动、持续优化、降低成本的价值链生产模式,实现全厂均衡、安全、高效、绿色生产,达到保证安全与环境质量、提高效率、降低劳动强度及成本的目标。具体管理目标如表 10-1 所示。

表 10-1 铝电解智能工厂管理目标

序号	主要工序	目标
1	电解	1. 远程集中管控,现场作业人机配合。 2. 设备状态在线监控,预防性维修,人工手持终端巡检。 3. 铝电解槽工艺参数调整智能化、标准化,管理水平均一化。 4. 生产任务智能排产,多功能机组调度智能化、高效化。 5. 换极、出铝、抬母线作业标准化。
2	铸造	1. 集中自动控制,现场少人值守。 2. 设备状态在线监控,预防性维修,人工手持终端巡检。 3. 能源自动计量、优化、预测。 4. 铝锭铸造实现全自动称重计量、打捆、入库、质量追溯。
3	动力	1. 集中控制,现场无人值守。 2. 空压、供水实现远程自动操控。 3. 设备状态在线监控,预防性维修,人工手持终端巡检。 4. 能源自动计量。
4	供配料与净化	1. 集中控制,现场无人值守。 2. 设备状态在线监控,预防性维修,人工手持终端巡检。 3. 能源自动计量。 4. 环保排放在线监控。
5	组装	1. 远程集中控制。 2. 极上物料自动清理。 3. 设备状态在线监控,预防性维修,人工手持终端巡检。 4. 能源自动计量。 5. 阳极输送自动计量,质量追踪。 6. 组装配方与工艺优化管理。

(1) 电解

全流程监控优化中心通过工艺参数管理监控、操作管理监控,实现出铝、换极、抬母线作业标准化,多功能机组调度智能化、高效化,智能排产及工艺参数调整的标准化;采用大数据分析手段达到趋优控制,减少各工区单槽、班组之间技术经济指标的波动,降低铝液直流电耗和提高电流效率。

采用物联网技术,通过移动手持终端巡检,阴阳极电流在线检测装置,获得铝电解槽上所测阳极导杆电流、电压、温度分布情况,保障设备状态、减少设备故障、提高效率。

(2) 铸造

采用激光打码机、AGV 技术、自动打捆机器人、铝锭码垛机器人等智能机器人与智能装备,实现铝锭铸造全自动称重计量、打捆、入库、质量追溯,达到少人值守、提高效率、降低劳动强度、提高安全性的目的。

（3）辅助车间

在全厂动力、组装、供配料与净化以及全厂物流的建设中，通过集中控制、设备状态在线监控、数据自动采集、环保排放在线监控，实现水、电、气、能源充分利用，提升能源利用率以及降低环保风险；通过物流管理系统的建设、库存的管理，降低物流成本、提高资金周转率。

10.2 铝电解智能工厂总体架构

铝电解智能工厂按照智能工厂整体技术架构进行规划建设，采用基于工业互联网平台的云、边、端架构，建立"平台协同运营、工厂智能生产"两个层面的业务管理控制系统，将企业大量基于传统IT架构的信息系统作为工业互联网平台的数据源，继续发挥系统剩余价值，同时逐步推进传统信息化业务云化部署，实现企业全流程的智能生产和供应链协同。各子系统均按照顶层建设要求的标准接口和协议进行建设，保障将来实施智能工厂改造的扩展性和可持续发展。具体架构如图10-1所示。

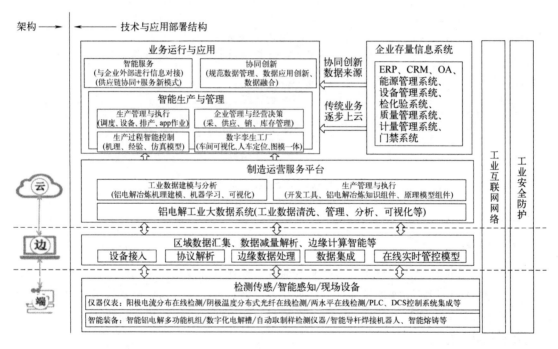

图10-1 智能工厂总体架构

10.2.1 技术架构

（1）端

主要包括数字化铝电解槽、智能铝电解多功能机组、自动取制样检测仪器、智能导杆焊接机器人、智能熔铸（清渣机器人、码垛机器人、称重打标机、打捆机器人和自定位激光导航叉车）等智能装备以及阳极电流分布在线检测、阴极温度分布式光纤在线检测、两水平在线检测和基础自动化相关 PLC、DCS 控制系统等仪器仪表，通过对生产设备进行智能化改造和成套智能装备的应用，进一步利用新型传感等智能感知仪器仪表，实现生产、设备、能源、物流等生产要素的全面感知。

（2）边

将 PLC、DCS、阳极电流在线检测系统、阳极自动测高系统、槽控系统、多功能机组和供电系统等装备和仪表的控制系统运行参数、工艺参数及运行状态经过协议解析、边缘数据处理、数据接口集成，再通过以太网、无线网、5G 上传给云端制造运营服务平台。云端充分利用企业原有以及新建的信息系统和控制系统数据，支撑制造资源泛在连接、弹性供给、高效配置的数据中心，实现互联互通。

（3）云

通过软件重构，基于工业数据建模与分析，开发基于数据驱动的工业应用，实现制造资源的灵活调度和高效配置；通过铝工业大数据系统的部署，对企业的控制、生产管理、运营管理、视频等各类工业数据进行清洗、管理、分析、可视化，为公司管理层的决策提供数据支持。

10.2.2 智能应用

（1）智能生产与管理

聚焦企业生产制造和运营管理层面，部署生产过程智能控制、智能生产管理执行、经营管理决策、数字孪生工厂等应用系统。

生产过程智能控制系统包括基于铝电解、炭素、铸造生产过程的工艺模型先进工业控制，以工艺过程分析和数学模型计算为核心，应用先进工业控制软件，实现先进控制层的参数优化与协同、数据采集与集中监视，实现全流程生产数据的集中监视、设备的远程集中控制以及异常报警提醒，进行生产组织与调度，基于生产过程的实时工艺信息和设备运行状态信息，实现"实时监控、平衡协调、动态调度、协同优化"，全面提升企业的生产组织管理水平。

根据电解、组装、铸造、炭素等工序以及相关职能管理部门的实际需求，采用业务驱动和数据驱动相结合的管理理念，围绕设备、能源、质量、仓储、物流、安全、环保、人员等企业核心业务主线，将智能生产管理执行系统建设为具有计划管理、作业管理、指挥调度、工艺与配方管理、生产过程监控、物料管理、能源管理、安全管理、设备管理、环保监控、统计分析等功能的系统。通过对产品、设备、质量、能源、物流、成本等数据的分析，实现管理决策优化。

经营管理决策系统包括供应商管理、采购管理、产品销售管理、库存管理、报表管理、系统管理六大功能模块，建立集采购、销售、财务、成本、人资、项目、客户、供应商等于一体的企业管理与经营决策系统，形成企业管理驾驶舱，有效降低运营成本，提高经济效益。

数字孪生工厂包括车间可视化、图模一体化、数字资产管理、生产安全管理、信息定制及集成、生产状态查看、生产场景监控、人车定位管理等模块。实现对工厂的运行与维护管理，包括工厂的空间管理、安全管理、能耗管理、维护管理和资产管理。

（2）智能服务

聚焦供应链层面，部署供应链协同、服务新模式，应用铝电解槽远程大数据诊断系统。通过对供需信息、制造资源等数据的分析，实现资源优化配置。

供应链协同系统以数据驱动为理念，优化供应商关系管理（SRM）、客户关系管理（CRM）、供应链管理（SCM）三大系统的管理和操作流程，实现资金流、物流、信息流的有序关联、高效流动，提高企业对市场的应变能力，降低供应链综合成本。

服务新模式，以非核心生产数据以及生产工艺过程控制技术等开发封装应用软件或数据服务接口，将有色金属工业知识和技术模型化、模块化、标准化和软件化，积极与行业工业互联网平台对接，形成工业APP，提高工作效率。

铝电解槽远程大数据诊断包括炉况分析、温度分析、多参数分析、智能出铝、智能下料模块，实现正常生产槽电解工艺自动控制，大幅度减少人工干扰，消除不同工艺思路的控制误差，提高铝电解槽稳定性，提高电流效率，降低能耗。

（3）协同创新

聚焦数据价值挖掘，规范数据管理和数据应用创新，部署数据融合平台，通过对生产过程数据和企业运营数据的分析、挖掘，不断形成创新应用。

数据管理指对产品全生命周期各个环节所产生的企业ERP、CRM、OA、能源、设备、门禁、计量、检化验、质量等各类数据进行汇总，建立统一的数据存储与管理平台，实现对基础数据、实时数据、历史数据等各类数据的集中管理，为开展大数据的全面分析、深度挖掘、情报检索、可视化展示提供数据基础。

数据应用创新基于数据驱动的理念，利用工业大数据挖掘技术从纷繁海量数据中挖掘数据价值，采用描述性分析、预测性分析、诊断性分析和指导性分析等方法，对企业生产制造过程和经营管理活动中的各业务场景进行应用创新，包括设备运行优化、工艺参数优化、质量管理优化、生产管理优化、经营决策优化。

数据融合平台采用数据安全融合相关技术和工具对生产企业的数据进行采集、整理和整合，在数据仓库中，系统实现数据采集、数据整合、数据管理和数据可视化等功能。

10.2.3 工业安全

工业安全主要包括工业生产安全防护和互联网网络安全防护。工业生产安全防护需要严格执行企业安全生产标准化基本规范，加强所有员工的安全意识，规范作业，同时在生产危险区域采用电子围栏等物理隔离方式，杜绝一切安全事故的发生。互联网网络安全防护通过网络隔离、信息内/外网安全管理、防雷防火等物理安全措施以及身份鉴别、访问控制等信息安全手段，提高网络安全保护。

10.3 铝电解智能工厂建设内容

10.3.1 生产数据采集

数据是智能制造的基础,随着铝电解生产和检测装备的自动化与信息化水平不断提升,生产过程每天产生海量数据,生产数据的充分挖掘、利用对于指导铝电解智能生产的改进与优化至关重要,生产数据采集框架如图10-2所示。

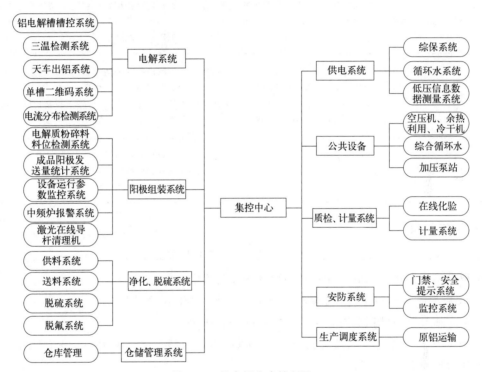

图10-2 铝电解生产控制网

（1）电解系统

① 铝电解槽槽控系统　通过对现有槽控机通信线路及主控软件的改造,实现主控室与电解车间值班室之间的数据通信,最终实现槽控系统远程集中管理,生产数据实时曲线映射。

② 三温、电流分布检测系统　结合光纤测温技术和在线电流检测技术,实现铝电解槽的实时无人测温、测电流分布设计,解决工人每天每槽逐个散热窗人工测温的问题,及时发现电流分布不均衡并及时预警。

③ 天车出铝系统　在出铝天车上安装精准出铝控制系统,通过现场终端输入槽号、出铝量。出铝完成后相关数据存储在数据库服务器中,方便生成出铝报表,解决工区出铝报表人工统计问题,为车辆运输系统中车辆实时状态提供数据支持。

④ 单槽二维码系统　在每台铝电解槽出铝端口处张贴二维码，通过手持终端或者手机扫码使用，查看每台铝电解槽历史数据，如：硅、铁含量，出铝量，平均电压等；随后逐步扩展到全厂设备二维码管理系统，将精益管理的思维融入设备二维码管理，实施前后效果如表 10-2 所示。

表 10-2　电解系统实施前后效果对比

序号	项目	实施前	实施后
1	三温检测系统	人工检测（2 人），逐台检测记录温度，每台约 20min（3 天测 1 遍），平均每天 44 工时	在线实时监测每台铝电解槽三温情况，为槽管理者提供实时预警，实现无人测温，降低漏炉事故发生的风险
2	电流分布检测系统	人工检测（1 人），对异常槽检测，每台约 20min（9 天测 1 遍），平均每天 7.5 工时	在线实时监测每台铝电解槽电流分布情况，为槽管理者提供实时预警，实现无人测量，提前检测阳极异常情况
3	天车出铝系统	出铝工出铝时实时观察出铝量，达到出铝量时，关闭送风手动阀门，存在出铝量误差、计量不准、破坏工艺条件等情况，且需要人工记录出铝量	天车出铝系统精确每台槽出铝量，完成出铝后立即切断供风电磁阀。同时生成单槽出铝量报表。实现准确出铝，便于控制铝电解槽工艺条件
4	单槽二维码系统	单槽信息，只能在区长室通过电脑查看	通过手机扫描槽上的二维码，可在工作现场实时查看单槽信息，方便现场人员了解铝电解槽状态

（2）阳极组装系统

① 成品阳极发送量统计系统　根据电解生产需求及阳极车间的执行情况等信息，生成每班次成品阳极发送日报表，并映射到报表管理系统中。

② 电解质粉碎料料位检测系统　以现有的电解质破碎系统 PLC 为基础，将电解质粉碎料料位显示信号映射到集控室，便于电解车间调剂使用。

③ 中频炉报警系统　通过对设备进行升级改造，报警系统具备上传、保存至集控室功能，便于分析设备运行状况。

④ 设备运行参数监控系统　以车间现有的 PLC 控制网为基础，将车间主要设备的运行参数及报警信息映射至集控室，如除尘器、压脱机、浇注机等。最终实现设备油温、油压、电流、颗粒物排放数值等数据的实时监控。

⑤ 激光在线导杆清理机　增加激光在线导杆清理机，提高导杆清理工作效率及清理质量。

（3）净化、脱硫系统

① 供料系统　以供料系统控制方式为基础，通过网络传输映射到集控室，便于监控供料系统运行的实时数据，如斗式提升机运行参数、空气提升机运行参数、粉碎料料仓料位等。

② 送料系统　以送料系统控制方式为基础，通过网络传输映射到集控室，便于监控送料系统运行的实时数据，如风机振动、轴间温度、电流及料仓料位等。

③ 脱氟系统　以脱氟系统 PLC 控制网为基础，通过网络传输映射到集控室，便于监控脱氟系统运行的实时数据，如风量、风压、负压、烟温、压差、进料等。

④ 脱硫系统　以脱硫系统 PLC 控制网为基础，通过网络传输映射到集控室，便于监控脱硫系统运行的实时数据，如 pH 值、液位高度、料仓料位、进出口信息等效果对比，如表 10-3 所示。

表 10-3　净化、脱硫无人值守系统对比

序号	运行方式	人员方面	备注
1	传统运行	8 人/班	投入大量人力巡视设备、记录物料输送运行情况
2	无人值守	4 人/班	无人值守方式(含净化、脱硫、空压、余热、加压泵站、综合循环水远程监控及巡视)，结合监控和自动化控制系统，提高劳动生产率
3	核减定员 12 人		

（4）供电系统

① 综保系统　在集控室实现对整流机组、整流柜、高压柜、干式变压器等供电设备的遥控、遥信、遥调等。

② 循环水系统　通过对整流循环水系统阀门、控制系统等升级改造，最终在集控室实现循环水系统的无人值守、远程启停控制，并且可以监控水温、水压、流量的实时数据。

③ 低压信息数据测量系统　通过对车间级低压供电计量设备进行升级改造，将能耗数据上传至服务器，便于分析能耗情况、完善管理标准、细化管理单元。

（5）公共设备

① 空压机、余热利用、冷干机　采用自动化控制平台，在集控室实现空压机无人值守、远程启停功能，实现空压机、冷干机、配套余热回收机组、空压机冷却用水泵的数据监控（如压力、流量、温度、振动等数据的实时信息）。

② 综合循环水　通过对综合循环水的仪表、控制部分进行改造，与加压泵站系统建立一个统一控制的自动化平台，最终集控室实现无人值守及远程启停功能，并可实现综合循环水数据监控（如压力、流量、温度、振动等数据的实时信息）。

③ 加压泵站　通过对加压泵站的仪表、控制部分进行改造，与综合循环水系统建立一个统一控制的自动化平台，最终集控室实现无人值守及远程启停功能，并可实现加压泵站数据监控（如压力、流量、温度、振动等数据的实时信息）。

以上三套系统的运行信息集中送至集控室进行运行监控，优势如表 10-4 所示。

表 10-4　公共设备集中控制优势对比

序号	运行方式	人员方面	备注
1	传统控制	3 人/班	易受人员因素影响，诸多方面导致设备误操作，易引起设备故障，造成设备维修成本增加
2	集中控制	无人值守	设备运行参数实时上传，运行过程程序化，提高劳动生产率
3	核减 9 人		

（6）质检、计量系统

① 在线化验——数据不落地　通过设备数据采集，可自动获取检验设备的检验数据并

向系统提交。最终实现化验数据实时上传至服务器，送检单位可以在电脑端、移动终端及报表管理系统中查看化验结果。

② 计量系统　对厂区内的地磅、吊钩磅等称重计量系统进行升级，打造统一计量平台，共享数据，最终实现车辆计量无人值守、自主计量，远程实时数据查询、计量票据自动打印、称重数据接入数据中心，各项工艺管控如表10-5所示。

表10-5　计量系统无人值守对比

序号	运行方式	人员方面	备注
1	传统计量	4人/班	每天大量的手工填单使计算工作极易发生错误，车辆在上磅的过程中不规则的上磅方法改变称重数值
2	无人值守计量	1人/班	可以有效地防止各种作弊行为，结合控制和网络系统实时了解监控录像图像和过磅信息
备注	最终实现只需1人白班，从12人减至1人		

（7）安防系统

① 门禁、安全提示系统　第一类为员工进出入厂区、车间，实行生物识别技术，扫描面部、指纹等方式开门进入厂区、车间，并上传至服务器与考勤制度合并，调取方便。大门处配备对讲装置，另在危险区域、大门对非本单位以外人员施行管控。第二类为车辆进入厂区，实行车牌识别技术，对车辆出入进行管控，门岗实现对讲，重点区域实现语音、激光镭射提醒等。

② 监控系统　监控系统的建设整体遵循安防、计量两大原则，在厂区内主要设备区域、生产区域、道路、大门等部位安装，达到全厂区域内监控无死角。

（8）仓储管理系统

构建数字化仓库，需要对仓库内所有的物料及货架进行编码，并根据编码完成其出入库记录。

① 入库数据采集　进入系统输入界面，根据货物信息进行录入，在输入信息完成后自动生成二维码，并将二维码粘贴到入库的货物包装上。

② 出库数据采集　原材料出库时，采用手持机扫描货物二维码跳转到出库登记界面，填写对应出库信息，如出库备件名称、编号、功能、使用设备、出库人员等数据。

③ 盘点数据采集　采用手持机逐一扫描仓库货物的二维码编号完成货物的清点。

④ 出入库单数据采集　和其他系统对接导入数据，或者提供录入界面填写数据。

（9）生产调度系统

车辆调度数据采集主要是对车辆的状态、位置等基础数据进行采集，实现车辆的监测和跟踪。

① 车辆状态数据采集　在车辆上添加数据采集模块采集车辆状态，并进行回传。

② 位置数据采集　在厂区内设置多个打卡点签到的方式，进行车辆监测，当车辆到达打卡点时自动完成打卡；厂区外采用GPS的方式完成位置信息采集。

③ 打卡数据采集　在厂区内设置读卡设备，并在车辆上安装识别卡，完成点到点的打卡签到。

④ 可视化　调度室内安装电子看板，实时显示所有车辆的位置和状态、运输车辆以及生产车间需求情况等数据。

10.3.2 人工智能控制

(1) 铝电解过程人工智能（AI）控制思路

人工智能（AI）控制，即控制系统完全按照人的思维模式进行控制。铝电解槽运行技术管理过程控制，主要是对铝电解槽运行中的热平衡和物料平衡进行控制，热平衡和物料平衡控制是通过铝电解槽运行的各项技术参数匹配进行控制，铝电解槽的技术管理即为铝电解槽各项运行技术参数匹配管理。如果能够理清工艺技术参数与铝电解槽运行状态之间的内在关系，控制系统能及时、准确、自动获得所需技术参数，让控制系统按照人的思维模式，判断出铝电解槽的运行状态并进行调整。如果实现了这一过程，那么就能实现铝电解过程的人工智能（AI）控制。图10-3为铝电解槽工艺参数与槽状态逻辑关系。铝电解槽技术参数自动测量装置可以同时测量出电解质温度、电解质高度、铝液水平高度、电解质比电阻和铝电解槽炉底压降，每天的测量次数可以按照控制需要来确定。

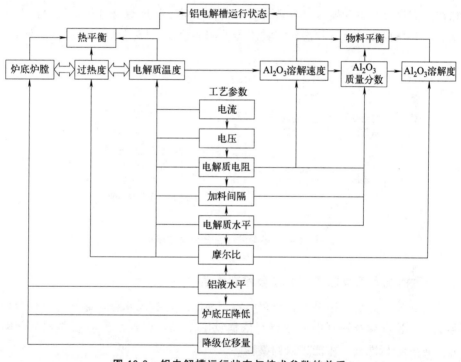

图 10-3　铝电解槽运行状态与技术参数的关系

(2) 构建铝电解过程人工智能（AI）控制信息源

要实现较为完善的铝电解过程人工智能（AI）控制，仅有上述自动测量参数是远远不够的，必须尽可能利用与铝电解槽运行状态有关的信息，这些信息包括实时测量技术数据、化验数据、实时在线采集数据和历史数据深入挖掘（大数据分析）结果（见图10-4），构建起铝电解过程人工智能控制的信息源。

(3) 建立人工智能（AI）控制多参数综合分析模型

根据各种信息与铝电解槽运行状态的逻辑关系，建立多参数综合分析模型。将所获得的

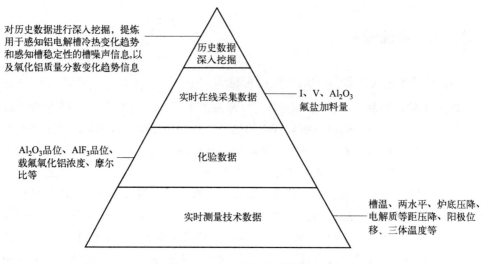

图 10-4 人工智能控制信息源

所有信息按照信息分类自动输入多参数综合分析模型进行智能综合分析，得到铝电解槽的实时运行状态，并根据实时运行状态给出技术参数调整建议。模型结构如图 10-5 所示。

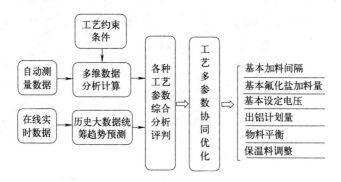

图 10-5 多参数综合分析模型结构

（4）构建槽况人工智能（AI）综合评判体系

多参数分析模型分析的结果是否与铝电解槽实时运行状况相符，必须进行综合评判，以防止调整失误。槽况综合评判内容及评判依据见图 10-6。评判结果与多参数综合模型分析结果一致，证明分析准确，才能进入调整程序。

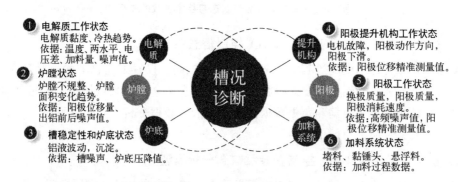

图 10-6 槽况综合评判体系

（5）铝电解槽技术参数人工智能（AI）调整

多参数分析模型分析结果经评判证明准确无误后，自动转入调整程序，按照综合分析给出的建议，自动围绕热平衡和物料平衡进行参数调整，这些参数包括铝电解槽设定电压、基本加料时间间隔、出铝量、电解质摩尔比等。然后，自动清理炉底沉淀和规整炉膛，并给出阳极保温料添加建议，实现铝电解过程的人工智能（AI）实时控制。人工智能（AI）控制过程分为4个环节：槽况动态识别、变化趋势预测、多参数协同优化和实时控制策略，4个环节周而复始，实现长期人工智能（AI）控制，如图10-7所示。

图10-7　人工智能控制过程4个环节

10.3.3　生产管理系统

采用业务驱动和数据驱动相结合的管理理念，围绕设备、能源、质量、仓储、物流、安全、环保、人员等企业核心业务主线，建设集成、智能、协同的生产管理与执行系统。系统架构如图10-8所示。

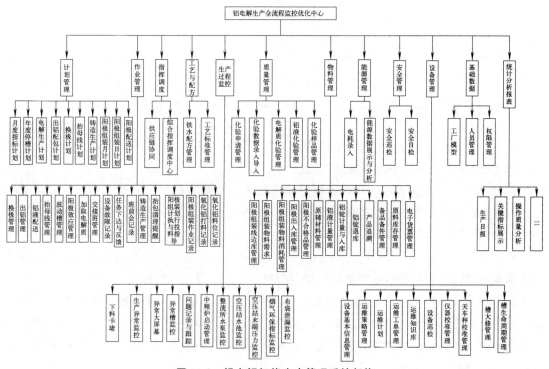

图10-8　铝电解智能生产管理系统架构

10.3.4 智能感知系统

(1) 铝电解槽在线检测系统

在铝电解槽上部署阳极电流分布、阴极温度分布和两水平在线检测系统,以实现对关键运行状态参数的在线实时检测,减少测量人员并降低劳动强度,提高安全性。图10-9 给出了铝电解槽在线检测系统的原理。

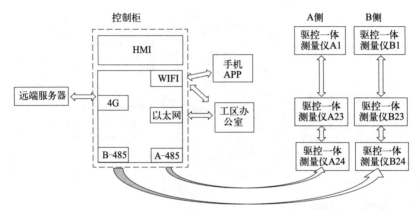

图 10-9 铝电解槽在线检测系统原理

① 阳极电流分布在线检测系统 通过铝电解槽分布式阳极电流智能在线检测与控制系统的部署,能够精确检测阳极分布电流、等距压降、导杆温度、接触压降,实现检测数据的信息传输。与此同时,能够解决高温、强磁、强粉尘和腐蚀环境下的设备稳定性与可靠性的问题。除了信息采集功能外,数据还可以传输到工厂生产过程控制系统,并且通过移动终端实时控制单导杆检测模块,方便工人现场操作作业,提高工作效率。

② 阴极钢棒温度分布式光纤在线检测系统 系统由测温光纤、测温装置、温度监视系统等构成。测温装置发射激光信号经测温光纤返回形成闭环,通过检测光信号历经不同测温点的返回时间精准定位各测温点,并通过分析瑞利线和拉曼线的变化检测各测温点温度,实现对铝电解槽底部或侧部(包括散热孔和阴极钢棒)的温度检测,并在温度监视系统中,可视化连续显示各点的温度,对异常温度进行报警,及时发现铝电解槽潜在漏槽隐患,防止漏槽。图10-10 为分布式光纤测温系统架构。

③ 两水平在线检测系统 目前铝电解槽内铝液、电解质熔体液位基本采用人工测量的方式,测量的结果精度低、主观误差大,测量过程对测量人员的操作要求高,费时低效。虽然有一些自动测量高温熔体的仪器,但不能同时测量两种高温熔体的交界面。

两水平测量系统是一种可同时测量铝液、电解质熔体液位的自动化设备。其工作原理是基于在电解质与铝液两种体系中阻抗的较大差别。将探杆伸入到电解质与铝液中,介质体系变化时阻抗数量级变化明显并反映到电位上,利用电位的变化,可以找到两种物质的分界面,通过行程记忆与测算获得电解质与铝液的高度,实现对电解质与铝液高度的自动测量,并将测量数据及时反馈至数据管理系统。系统由机械单元(探杆和滑轨)、测控单元等部分组成,安装到槽上部结构。

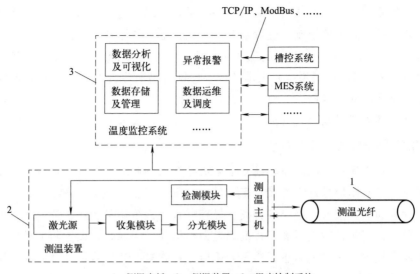

1—测温光纤；2—测温装置；3—温度控制系统

图 10-10　分布式光纤测温系统架构

（2）原铝（及铝合金）全自动制样检测装备

针对原铝（及铝合金）制样检测流程，原料上样、铝原料切样及成分检测［可与现有检测设备进行结合，也可引入激光诱导击穿光谱（LIBS）检测系统］等工序中的物流关系和时序关系，使用合理高效的全自动智能化原铝（及铝合金）制样检测技术和设备，实现整个制样检测流程的智能自动化。使检测结果与样品身份一一对应，并将检测结果自动存储于数据库中，数据库具备手动查询数据和自动生成检测报告功能。铝及铝合金自动制样检测工艺见图 10-11。

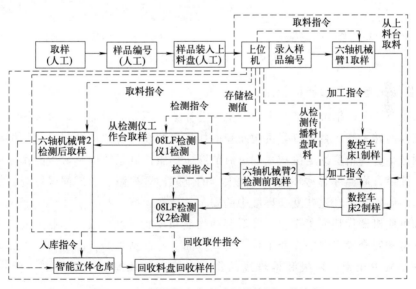

图 10-11　铝及铝合金自动制样检测工艺流程

（3）电解质全自动制样检测装备

针对电解质制样检测工序，原料上料、电解质振动磨样、电解质倒料-推送、电解质压片制样及成分检测等工序中的物流关系和时序关系，使用合理高效的全自动智能化电解质制样检测技术和设备。因电解质制样过程复杂，需包括电解质原料上料模块、电解质振动磨样模块、电解质倒料-推送模块、电解质压片制样模块、成分检测模块（可与现有检测设备进行结合，也可引入LIBS检测系统）及清洁模块，同时需时序控制系统，实时追踪样品身份信息，使检测结果与样品身份一一对应，并将检测结果自动存储于数据库中，数据库具备手动查询数据和自动生成检测报告功能。

（4）阳极导杆自动焊接生产线

为了提高生产效率和产品质量，建立了阳极导杆组件修复生产线，实现该工序的智能化和自动化操作。针对阳极导杆组件修复工艺特点，研究该过程时序、物流、节拍等的关系，通过优化设计和布局，实现阳极导杆分离、导杆矫直、钢爪切割、各位置焊接等工序自动化操作。阳极导杆修复包括对钢爪和导杆的修复。根据现场需求，将设置阳极导杆钢爪焊接工作站，采用深窄缝焊工艺对钢爪进行修复，阳极导杆修复工艺流程及导杆自动焊接线应用现场如图10-12所示。

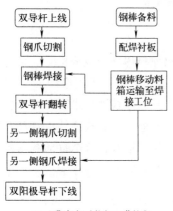

(a) 双阳极钢爪修复工艺流程　　(b) 导杆自动焊接线应用现场

图10-12　阳极导杆修复流程

（5）智能铝电解多功能机组

在现有生产工艺、铝电解槽和多功能机组总体架构不变的前提下，对智能大小车行走系统、智能工具回转系统、智能打壳机构及智能扭拔机构在现有的铝电解多功能机组上进行技术集成。通过结合高精度的定位技术、可靠的液压伺服控制系统以及智能的作业路径规划算法，可以在强磁、高温等恶劣环境中实现大车的空间位置检测、液压伺服控制以及作业路径规划等需求，确保大车在这些复杂环境中的安全、高效运行。

一方面可使机器代替人工作业，降低劳动强度和技能要求，减少作业工人，让工人尽可能地远离恶劣和安全隐患多的作业工位；另一方面，通过高效的智能工作，提高多功能机组的工作效率，减少出铝、换极和抬母线的作业时间，有效提高串联铝电解槽物理场的稳定性。

（6）铝电解槽智能打壳下料技术

根据铝电解槽不同区域的氧化铝浓度分布特点，进行下料组合次数的增/减调整，促使全槽氧化铝浓度分布均匀。智能打壳下料系统采用气压识别＋槽控系统智能控制技术方案，不改变正运行的打壳和下料硬件设备，可实现堵卡的准确识别与处理，"包锤头"现象大幅减少。图 10-13 为智能打壳下料原理。

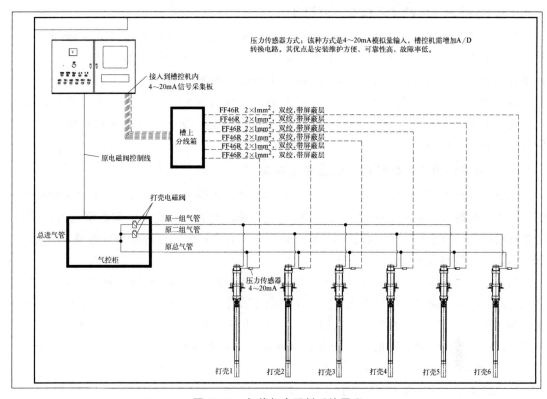

图 10-13　智能打壳下料系统原理

通过智能打壳下料达到如下效果：

① 减少打壳头包裹现象　根据铝电解槽过热度的大小，采用变频式打壳控制时序，改变打壳的控制时序，降低打壳头与电解质的接触时间，有效降低包裹打壳头的概率。

② 实现下料点的氧化铝浓度均匀控制　通过识别过热度变化，在氧化铝浓度控制过程中，采用打壳头的智能卡堵巡检，采取单点打壳、下料不同的控制节奏，即根据识别结果对单个火眼进行只打壳不下料、只下料不打壳，实现各下料点的氧化铝浓度的均匀控制。

③ 节省打壳用气量 20%，延长气缸和打壳头寿命 20% 以上。

（7）电解精准出铝系统

传统出铝作业出铝工按手写出铝指示量出铝，通过风管人工开关控制流量，受人工操作影响大，出铝精度低，数据反馈慢，操作人员多（2~3 人）。智能工厂出铝系统具备出铝量自动识别、自动上传、自动关风、槽号自动识别、抬包号自动识别等功能，单槽出铝精度在 ±30kg 以内，大大提高出铝精度。通过精准出铝系统，可达到如下效果：

① 具备自动出铝控制功能，单槽出铝精度 ±20kg 达到 90% 以上；

② 可自动识别槽号和抬包号，并根据对应的出铝指示量，自动控制风量、铝液流量和开闭；

③ 系统提供电解车间生产数据、铸造车间生产数据，实现电解车间、铸造车间、清包

车间产量数据实时交换，各级管理人员能够准确、实时掌握铝电解槽出铝情况，一方面提升出铝精确度，另一方面提升出铝作业信息化水平。

（8）电解多功能机组阳极自动测高技术

目前，换阳极作业需要人工测量残极高度，通过划线确定新阳极底掌高度和安装高度，费时费力，天车占用时间长且操作必须有人员介入。采用阳极测高装置非接触式激光反射定位技术，可在现有电解多功能机组上改造，使用设备代替人工，采集原点、残极、新极的位置高度数据，实现自动非人工阳极底掌高度测量，提升换极作业自动化程度，提高阳极高度安装精准度，同时减轻工人劳动强度，提升工作效率和避免人员烧烫伤害，降低安全风险。

（9）铝电解槽多参数平衡控制技术与装备

摒弃传统人工经验化管理模式，基于铝电解槽"动态平衡"和"电流效率"之间的逻辑关系，深入挖掘不同工艺类型下电解计算机识别技术，建立不同类型电解数字化管理模型，制备高精度阳极位移行程测定装置和精确出铝装置，有序辨识铝电解槽炉膛类型，实现对铝电解槽生产参数的数字化管理和标准化高效生产。

铝电解槽"多参数平衡"控制技术，是建立在铝电解槽"静态平衡"和"电流效率"最佳关系的基础上，通过离线、在线直接测量数据和云计算产生的数据控制反馈，实现铝电解槽"动态平衡"、"炉膛类型"、"氧化铝浓度"、"过热度"和"噪声"的实时监测与控制。同时还可以针对不同铝电解厂的实际情况，留有双循环控制系统相关的氧化铝输送与控制接口，从而能够实现高电流效率下的最低单位能耗指标，使铝电解生产工艺和控制技术上升到一个更高的水平。工艺控制模型如图10-14所示。

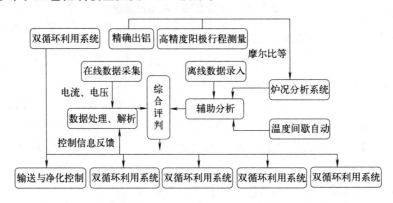

图10-14 铝电解槽多参数平衡控制技术与装备工艺控制模型

（10）电解车间残极冷却技术

残极冷却箱是一种专用设备，用于铝电解槽换极时对残极散发的有害气体进行有组织的回收利用。残极冷却箱由冷却框架、车轮、折叠罩板、活动盖板等组成，由机械装置自动推至工作位置并接管工作，与残极冷却烟气管道系统配套使用。

通常铝电解槽更换下来的热残极都放置在电解车间中冷却。温度高达700℃的残极将大量热量释放到环境中，更为严重的是残极携带的氟化物与空气中的水蒸气反应产生有毒的HF气体。研究资料表明，铝电解车间残极产生的氟化物约占电解车间排放氟化物的1/3，而排放主要集中在残极从铝电解槽取出后的30min内，大约50%的HF会在2~3h以内挥发掉，并且释放量随着残极所带电解质的增加而增加。通过将电解车间有害气体从无组织排放改为有组织排放，从而降低全厂的氟化物排放。而残极烟气在无组织排放中占有较大的比重，因此应进行残极烟气的收集与处理。

残极烟气收尘冷却装置在不工作时不占用工作面、不挡通道，收尘罩竖直放置于厂房两立柱之间，残极烟气收尘冷却装置整体不超出立柱。阳极拖车将阳极托盘放置在指定区域后，残极烟气收尘冷却装置通过平移小车对托盘进行定位，调整收尘罩与托盘间的相对位置，以利于残极收尘。多功能机组吊出残极放置在托盘的过程中，通过多功能机组调节残极导杆与收尘罩导杆缺口处于同一中心，放下残极，多功能机组移开后，驱动机构带动连杆机构使收尘罩旋转90°水平放置，收尘罩罩住托盘，开启收尘蝶阀，关闭收尘罩上密封门，对该组残极进行收尘、排烟、冷却处理。

残极冷却装置技术特点：

① 残极烟气收尘冷却装置不改变现有的工艺操作。

② 残极烟气收尘冷却装置不工作时放置在厂房两立柱之间，不占用人员通道，不影响其他车辆在厂房内的正常行驶，不影响多功能机组操作。

③ 对位功能：托盘放置后，即使托盘沿厂房通道方向放置位置有偏差，可通过控制收尘罩左右移动，找正、对准托盘，采用轨道导向，对位准确，无需二次调整。

④ 每个阳极托盘放置三组（或四组）残极，残极烟气收尘冷却装置都能对每组（两块）残极进行单独收尘。每组残极烟气收尘冷却装置设单独控制阀门，当残极烟气收尘冷却装置到位后开启阀门进行收尘、排烟工作。电控阀门可根据收尘需要调整开度，以适应对收尘排风风量的不同需求。

⑤ 根据生产实际，残极烟气收尘冷却装置正常工作时对电解残极进行有效包裹，避免有害气体外逸。

⑥ 残极烟气收尘冷却装置具有较高的自动化程度，操作人员通过遥控控制或电控箱就地控制，即可完成残极烟气收尘冷却装置的全部操作，不增加工人工作量。

⑦ 适应多种残极摆放形式。

⑧ 罩体内部采用钢制骨架，外部采用铝板蒙罩，防止高温变形。残极冷却装置通过其设计创新和技术应用，不仅提高了操作效率，还改善了工作环境。

控制上，收尘罩放下时自动打开电动蝶阀。运行2h后，自动关闭50%电动蝶阀，减轻净化系统负荷。4h后，自动关闭蝶阀，声光报警后，自动抬起收尘罩。

（11）数字铝电解槽APC技术

利用现有控制和工艺数据（槽电压、电流、下料量、出铝量、效应等），阳极电流分布、铝电解槽三温（即铝电解槽阴极方钢温度、炉底温度和散热窗温度）、两水平、槽温等检测到的数字化信息，搭建出一套数字化的铝电解槽熔体区模型，实现对铝电解槽运行状态的分析与评判，结合历史数据挖掘分析和评判结果实现槽控系统的优化控制，如设定电压寻优、计划出铝量精确下达、氟化铝精准按需控制，也为今后在虚拟空间建立能反映铝电解槽运行状态的数字孪生系统提供重要数据和模型支撑。数字铝电解槽APC系统界面如图10-15所示。

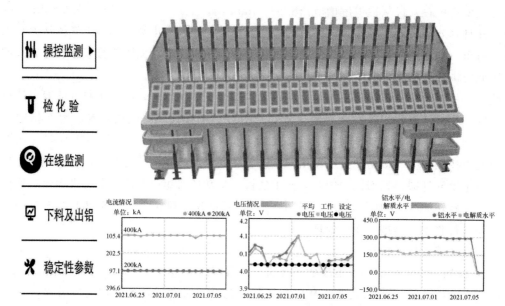

图 10-15 数字铝电解槽 APC 系统界面

10.3.5 数字孪生工厂

针对铝冶炼行业,从传统工厂到数字化工厂再到智能工厂,工厂的发展与演变是一个螺旋式上升的过程。传统工厂重视工厂的设计与建造,到了智能工厂时期,更加重视工厂的全生命周期建设,认识到工厂运营维护的重要性。

工厂的全生命周期包括决策、设计、施工、运营维护,其中运营维护约占工厂全生命周期 90% 以上。以往受制于技术的局限性,工厂的运营维护往往是单一的、人工的、机械的,随着 BIM 技术、传感器、大数据、信息化平台的不断发展,工厂的运营维护更加多样化、信息化、数据化、智能化,尤其是 BIM 技术在智能工厂运维阶段的应用,更是为工厂构建了可视化的数字孪生体。利用 BIM 技术,构建工厂所具有的真实信息:包括空间结构的位置信息、几何信息、用途参数及属性;构件的位置信息、几何信息、用途参数及属性;综合管线系统信息等,为维修或改造涉及的工程设计和施工提供协同一致的信息模型。

通过数字孪生平台建设,可以很好地将工厂中的智能化设备、系统、传感器、数据库、基础应用串联起来,形成统筹协调的工厂智能化运营维护管理中枢,通过数据的实时传输与分析,让静态的工厂信息模型动起来、活过来,从而实现对工厂的运行与维护管理,包括工厂的空间管理、安全管理、能耗管理、维护管理和资产管理等,以满足各利益相关者的需求。通过开展数字孪生平台建设,以期达到如下目标:

(1) 生产状态查看

生产状态查看主要包括对生产节拍、线上物流及生产负荷进行可视化查看。数字孪生系统依据从 IMES 和 SCADA 获取的实时数据驱动虚拟生产线运动和显示实时业务数据,依据预设统计条件和参数阈值进行判断,并可视化地显示生产线的设备利用率和瓶颈。

（2）车间和生产数据可视化

以所有车间的 BIM 模型为载体，通过平台可视化技术展现车间实况，以生产线或工段为单元，采用信息面板、数据标签及数据图表（例如曲线、直方图和雷达图）等方式对车间的生产数据进行展示，例如生产运作、库存运作、维护运作和质量运作等生产实际数据，实现生产数据的可视化，展示信息和方式可根据实际需要进行调整。

（3）生产过程监控

针对生产设备的运行状态、工艺参数及综合效率等实时数据进行可视化监控。

（4）图模一体化

通过平台将 BIM 模型、图纸、文档、计算书、企业宣传视频等进行整合，打造一体化交付系统，形成模型与图纸、文档、计算书、企业宣传视频的关联，提高各类资料的流通速度，最终提高管理效率。

（5）数字资产管理

工厂信息模型资产包括各专业在各阶段产生的工程数据、图纸、文档、模型，借助平台建立相互之间的关联，形成对象间的神经网络，按项目各阶段应用视角建立多种对象管理结构，使工程信息模型成为一个有机的整体。

（6）信息定制及集成

利用数据库技术和可视化技术进行交互式、可视化管理，做到设施、设备信息和 BIM 模型一一对应，浏览设备的台账信息、资产状态等信息，做到模型空间信息和设施、设备台账信息的双向查询分析。

（7）安全生产管理

通过 ERP 系统、厂级监控信息 SIS 系统、巡点检系统、门禁系统、人脸识别系统、视频系统等技术，依托数字孪生平台开展安全生产管理，根据需要设置安全需求功能，包括温度报警可视化、故障报警可视化、数据异常报警可视化、设备温度云图可视化等。

（8）人车定位可视化

通过接口读取人员的名字、坐标（xyz），再从中读取作业信息等，点击人员标签时，数字孪生平台上的小窗口显示人员的详细信息，设置电子围栏技术，具备超员报警、离线报警、越线报警、闯入报警等功能。

10.3.6　远程大数据炉况诊断

铝电解槽以炉膛控制为根本，炉膛形状的好坏直接关系到生产操作管理的稳定运行和技术指标的高低，及时识别炉膛变化趋势并加以控制，就可以获得高效稳定的指标。铝电解槽远程大数据炉况诊断分析控制技术，能够对铝电解槽炉况进行自动识别，更加精准地对铝电解槽进行工艺控制；实现正常生产槽电解工艺自动控制，大幅度减少人工干扰，消除不同工艺思路的控制误差，提高铝电解槽稳定性，提高电流效率，降低能耗。系统平台网络架构如图 10-16 所示。

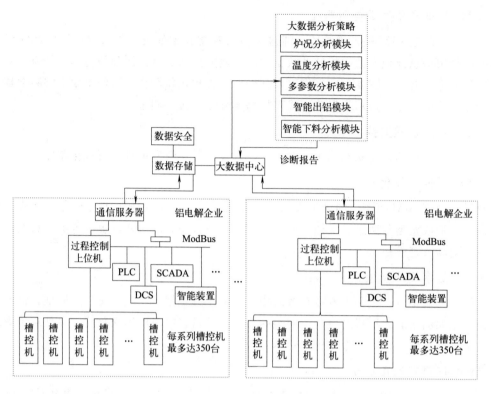

图 10-16　系统平台网络架构

10.3.7　数据融合平台

采用数据安全融合相关技术和工具对生产企业的数据进行采集、整理和整合，系统实现数据采集、数据整合、数据管理和数据可视化等功能。按照行业规范与企业数据标准将自动化系统、信息化系统数据及各种检测数据进行集成，将化验系统、质检系统、自动化控制系统、信息化管理系统和在线监测等数据进行采集、整理、清洗，并在转换后加载到数据仓库中，评估和管理数据质量，保证决策和分析的准确性。

（1）系统架构

系统架构分为四层：基础设施、系统支撑、数据管理和应用与服务层，满足数字化工厂目前所有数据全生命周期管理的需要，以及具备高度可靠的开放性、灵活扩展性和兼容通用性等。数据融合平台组成如图 10-17 所示。

（2）功能架构

以工业大数据技术规范为指导，围绕数据资源、基础平台、分析应用、安全保障、便捷运营维护、标准体系几个方面建设，支持硬件资源和网络资源的解耦，支持平台和应用的解耦，形成集强大计算能力、海量数据资源、高度信息共享、深度智能分析、严密安全保障、便捷运营维护管理于一体的工业大数据智能应用生态，系统提供标准的工业大数据管理功能及应用组件。数据融合平台功能架构如图 10-18 所示。

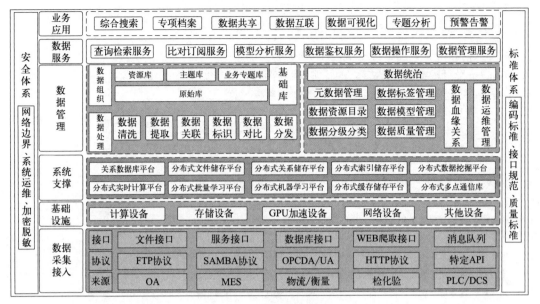

图 10-17　数据融合平台

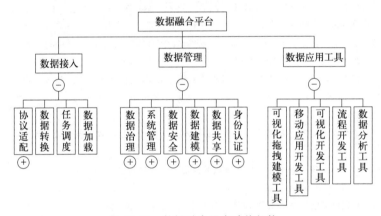

图 10-18　数据融合平台功能架构

思 考 题

1. 铝电解传统工厂在自动化和信息化方面主要存在哪些问题？
2. 智能制造的概念是什么？
3. 智能工厂的主要特点有哪些？
4. 铝电解智能工厂电解工序和铸造工序的管理目标分别有哪些？
5. 铝电解智能工厂集控中心需要采集哪些生产系统的生产数据？
6. 什么是铝电解过程人工智能（AI）控制？
7. 请阐述两水平在线检测系统的工作原理。
8. 智能铝电解多功能机组相较于现有铝电解多功能机组的优势是什么？
9. 铝电解智能打壳下料技术能达到怎样的效果？
10. 铝电解车间残极冷却装置技术特点有哪些？

参 考 文 献

[1] 杨重愚. 轻金属冶金学 [M]. 北京：冶金工业出版社，2019.

[2] Jomar T，等. 铝电解理论与新技术 [M]. 邱竹贤，等译. 北京：冶金工业出版社，2010.

[3] 刘业翔，李劼. 现代铝电解 [M]. 北京：冶金工业出版社，2008.

[4] 邱竹贤. 铝电解 [M]. 北京：冶金工业出版社，2005.

[5] 王捷. 铝电解生产工艺与设备 [M]. 北京：冶金工业出版社，2006.

[6] 冯乃祥. 现代铝电解——理论与技术 [M]. 北京：化学工业出版社，2020.

[7] 李旺兴. 氧化铝生产理论与工艺 [M]. 长沙：中南大学出版社，2010.

[8] 刘风琴. 铝用炭素生产技术 [M]. 长沙：中南大学出版社，2011.

[9] 蒋文忠. 炭素工艺学 [M]. 北京：冶金工业出版社，2009.

[10] 陈万坤. 有色金属进展轻金属卷 [M]. 长沙：中南大学出版社，1995.

[11] 王平甫，宫振. 铝电解炭阳极技术（一）[M]. 北京：冶金工业出版社，2002.

[12] 殷恩生. 160kA 中心下料预焙铝电解槽生产工艺及管理 [M]. 长沙：中南大学出版社，2003.

[13] 王红霞，贾石明. 新型铝电解槽技术与节能新概念 [J]. 世界有色金属，2022（1）：1-5.

[14] 杨健壮，魏致慧. 铝电解节能降耗技术研究与应用现状 [J]. 甘肃冶金，2020，42（4）：44-47.

[15] 宋杨. 新型阴极结构铝电解槽物理场研究 [D]. 沈阳：东北大学，2019.

[16] 陶文举. 大型预焙阳极铝电解槽水平电流的研究 [D]. 沈阳：东北大学，2016.

[17] 徐宇杰. 大容量节能铝电解槽多物理场耦合建模及结构优化研究 [D]. 长沙：中南大学，2014.

[18] 李剑虹. 大型铝电解槽多物理场的工业测试分析及反映铝液液面状态新方法的研究 [D]. 沈阳：东北大学，2014.

[19] 刘正华. 铝电解槽熔体流动和稳定性研究 [D]. 长沙：中南大学，2014.

[20] 李劼，丁凤其，霍本龙，等. 基于现场总线的全分布式铝电解槽自动控制机 [J]. 轻金属，2001（4）：36-38.

[21] 丁凤其，李劼，邹忠，等. 基于 CAN 总线的全分布式控制器及其在铝电解过程控制中的应用. 自动化仪表，2001，22（7）：42-43.

[22] 刘业翔，陈湘涛，张文根，等. 基于数据仓库的铝电解网络监控系统的设计与实现 [J]. 轻金属，2003，（9）：25-29.

[23] 李劼，张文根，丁凤其，等. 基于在线智能辨识的模糊专家控制方法及其应用 [J]. 中南大学学报（自然科学版），2004，35（6）：911-914.

[24] 李民军. 大型预焙铝电解槽模糊专家控制器及新颖热平衡控制模型的研究 [D]. 长沙：中南大学，1999.

[25] Frost F, Kani V. Intelligent control of aluminium reduction cells using backpropagation neural networks [C]//Mohammadian M. International Conference on Advances in Intelligent Systems: Theory and Applications. Australia: IOS Press, 2000: 34-39.

[26] Frost F, Karri V. Identifying significant parameters for Hall-Heroult process modelling using general regression neural network [C]//Logananthara R, Palm G, Ali M. Thirteenth International Conference on Industrial and Engineering Applications of Artificial Intelligence and Expert Systems. USA: Springer, 2000: 73-78.

[27] Rieck T, Iffert M, White P, et al. Increased current efficiency and reduced energy consumption at the TRIMET smelter essen using 9 box matrix control [R]. TMS Light Metals, 2003: 449-456.

[28] Meghlaoui A, Aljabri N. Aluminum fluoride control strategy improvement [R]. TMS Light Metals, 2003: 425-429.

[29] 周诗国. 预焙铝电解槽热平衡诊断专家系统的研究 [D]. 长沙：中南大学，2001.

[30] 陈湘涛. 数据仓库与数据挖掘技术在新型铝电解控制系统中的应用研究 [D]. 长沙：中南大学，2004.

[31] 刘业翔，陈湘涛，张更容，等. 铝电解控制中灰关联规则挖掘算法的应用 [J]. 中国有色金属学报，2004，14（3）：494-498.

[32] Chen X L, Li J, Zhang W G, et al. The development and application of data warehouse and data mining in aluminum electrolysis control systems [R]. TMS Light Metals, 2006: 515-519.

[33] 周亮. 智能控制技术在铝电解过程中的应用探讨 [J]. 世界有色金属，2022（07）：4-6.

[34] 谢春. 基于槽状态综合评估模型的铝电解过程槽电压优化控制策略研究 [D]. 南宁：广西大学，2019.

[35] 张芬萍，汪艳芳，张亚楠，等. 铝电解过程中杂质的影响及其控制 [J]. 轻金属，2018（7）：27-32.

[36] 刘克军. 铝电解过程优化控制的思考 [J]. 世界有色金属，2018（1）：248-250.

[37] 王乐. 基于数据挖掘的铝电解过程槽电压智能优化控制策略研究 [D]. 南宁：广西大学，2017.

[38] 李越. 铝电解过程的建模与控制 [D]. 沈阳：东北大学，2017.

[39] 黄超. 铝电解过程优化控制研究 [D]. 郑州：郑州大学，2016.

[40] 倪亚超. 基于模糊神经网络的铝电解过程温度控制 [D]. 北京：北方工业大学，2014.

[41] 任晓宁. 铝电解过程氧化铝浓度自适应控制研究 [D]. 北京：北方工业大学，2012.

[42] 张东. 基于CAN总线的分布式铝电解控制系统 [J]. 中国金属通报，2021（9）：56-57.

[43] 程若军. 基于铝电解知识的过程状态故障诊断方法研究 [D]. 南宁：广西大学，2021.

[44] 李文. 变流器中铝电解电容的参数辨识与寿命预测 [D]. 赣州：江西理工大学，2021.

[45] 王鹏. 交流电源中铝电解电容性能退化评估与在线监测技术研究 [D]. 成都：电子科技大学，2021.

[46] 苏义鹏. 复杂电解质体系下铝电解工艺控制技术研究 [J]. 中国金属通报，2021（2）：30-31.

[47] 马永田. 槽控机控制技术在铝电解生产中的应用研究 [J]. 世界有色金属，2019（10）：44-46.

[48] 张磊. 铝电解中阳极效应的原因及控制措施分析 [J]. 世界有色金属，2018（23）：13-15.

[49] Li J J，Han X Y，Zhou P，et al. Comprehensive analysis of fault diagnosis methods for aluminum electrolytic control system [J]. Advances in Materials Science and Engineering，2014（2）：975317.

[50] Modrak V，Soltysova Z. Algorithms and methods for designing and scheduling smart manufacturing systems [J]. Applied Sciences，2022，12（6）：3011.

[51] Tsanousa A，Bektsis E，Kyriakopoulos C，et al. A review of multisensor data fusion solutions in smart manufacturing：systems and trends [J]. Sensors，2022，22（5）：1734.

[52] 韩启勇，林学会，林学亮，等. 铝电解过程人工智能（AI）控制 [C]//2021年铝工业技术与发展国际会议论文（摘要）集，2021：7-13.

[53] 黄克勤，吴海洋，贾德庚. 铝电解企业智能制造建设实践 [J]. 四川有色金属，2021（3）：52-56.

[54] 刘强. 智能制造理论体系架构研究 [J]. 中国机械工程，2020，31（1）：24-36.

[55] 路辉. 复杂铝电解质关键物化参数预报和测定新方法 [D]. 北京：北京科技大学，2021.

[56] 楚文江，高军永，柴婉秋，等. 铝电解多功能机组智能定位控制系统设计与实践 [J]. 有色设备，2020（2）：12-15.